Training

mit Original-Prüfungen

Realschule Niedersachsen

Mathematik 10. Klasse

LÖSUNGEN

STARK

19. ergänzte Auflage
www.stark-verlag.de

Inhalt

Sobald die Original-Prüfungsaufgaben 2023 zur Veröffentlichung freigegeben sind, kannst du die Lösungen als PDF auf der Plattform MyStark herunterladen. Den benötigten Code findest du auf der Umschlaginnenseite.

Vorwort

Liebe Schülerin, lieber Schüler,

dies ist das Lösungsbuch zum Band **Original-Prüfungen und Training Abschlussprüfung Realschule 2024 - Mathematik 10. Klasse - Niedersachsen** (Best.-Nr.: D03100).

Es enthält zu allen Aufgaben von unseren Autoren ausgearbeitete Lösungen, die jeden Rechenschritt ausführlich erklären. Zahlreiche Skizzen zur Veranschaulichung dienen dem besseren Verständnis der Lösungen und helfen dir beim Nachvollziehen von Sachverhalten.

Versuche stets, jede Aufgabe zunächst selbstständig zu lösen, und erst dann deine Lösung mit der Lösung im Buch zu vergleichen. Nur was du dir selbst erarbeitet hast, bleibt im Gedächtnis und du lernst dazu. Halte dich deswegen konsequent daran, jede Aufgabe zunächst selbst zu rechnen. Hast du eine Aufgabe nicht richtig gelöst, ist es ganz wichtig, diese zu einem späteren Zeitpunkt noch einmal durchzurechnen.

Durch das Üben wirst du dich sicher fühlen und kannst beruhigt in die Prüfung gehen.

Wir wünschen dir viel Erfolg!

Autoren: Jan-Hinnerk Ahlers, Michael Heinrichs

1 Wiederholung Grundlagen

1 a) $145+236=381$
b) $23{,}05+200+8{,}1=231{,}15$
c) $15+(-22)=-7$
d) $-17+25{,}5=8{,}5$

---

2 a) $786-389=397$
b) $356{,}7-12{,}5=344{,}2$
c) $17{,}05-0{,}5-8=8{,}55$
d) $-8-3=-11$

---

3 a) $89\cdot 37=3\,293$
b) $23{,}5\cdot 57=1\,339{,}5$
c) $2{,}5\cdot(-8)=-20$
d) $-0{,}3\cdot(-12)=3{,}6$

---

4 a) $623:7=89$
b) $4\,104:9=456$
c) $50:(-2{,}5)=-20$
d) $-14:3{,}5=-4$

---

5 a) $41{,}6\cdot 10=416$
b) $100\cdot 7{,}210=721$
c) $1{,}49\cdot 1\,000=1\,490$
d) $0{,}1\cdot 0{,}1=0{,}01$

---

6 a) $3{,}9:1\,000=0{,}0039$
b) $0{,}45:100=0{,}0045$
c) $396{,}9972:10=39{,}69972$
d) $62{,}5:0{,}5=625:5=125$

---

7 a) $3{,}26\cdot\mathbf{1\,000}=3\,260$
b) $\mathbf{0{,}1}\cdot 68{,}329=6{,}8329$
c) $48{,}72:\mathbf{100}=0{,}4872$
d) $\mathbf{500\,000}:1\,000=500$
e) $-14:(\mathbf{-2})=7$
f) $\mathbf{4}\cdot(-3)=-12$

---

8 a) z. B.: $-5+10=5$; $-5\cdot(-1)=5$; $-10:(-2)=5$
b) z. B.: $-6+3=-3$; $3-6=-3$; $12:(-4)=-3$
c) z. B.: $-121:(-11)=11$; $-2\cdot(-5{,}5)=11$
$-22+33=11$
d) z. B.: $-3\cdot 6=-18$; $3\cdot(-6)=-18$; $-6-12=-18$

---

9 a) $(2{,}5-0{,}5)\cdot 14=2\cdot 14=28$
b) $180:(29-23)=180:6=30$
c) $254\cdot(29+51)=254\cdot 80=20\,320$
d) $208+3\cdot 14+81+22\cdot 52=208+42+81+1144=1\,475$

---

10 a) $785+698\approx 790+700=1\,490$
Genaues Ergebnis: 1 483
b) $569{,}55-178{,}65\approx 570-180=390$
Genaues Ergebnis: 390,9
c) $67\cdot 23\approx 70\cdot 20=1\,400$
Genaues Ergebnis: 1 541
d) $8{,}362:1{,}85\approx 8:2=4$
Genaues Ergebnis: 4,52

---

11 Überschlag: $800+6\,000=6\,800$
Genaues Ergebnis: $750+6\,499=7\,249$
749 würde man auf 700 abrunden. 6 500 würde man auf 7 000 aufrunden.

---

12 $2{,}10\,€+2\cdot 1{,}19\,€+5\cdot 0{,}85\,€+3\cdot 2{,}49\,€\approx 2\,€+2\,€+5\,€+6\,€=15\,€$
Das Geld reicht noch für ein Eis.

13

	a)	b)	c)	d)	e)	f)
Bruch	$\frac{3}{4}$	$\frac{1}{10}$	$\frac{1}{5}$	$\frac{3}{10}$	$\frac{1}{3}$	$\frac{1}{20}$
Dezimalbruch	0,75	0,1	0,2	0,3	0,33…	0,05
Hundertstelbruch	$\frac{75}{100}$	$\frac{10}{100}$	$\frac{20}{100}$	$\frac{30}{100}$	$\frac{33,33}{100}$	$\frac{5}{100}$
Prozent	75 %	10 %	20 %	30 %	33,33 %	5 %

14 a) $\frac{3}{4}$ b) $\frac{3}{8}$ c) $\frac{5}{16}$ d) $\frac{9}{15}=\frac{3}{5}$

15
a) $\frac{4}{7}=\frac{12}{21}$, $\frac{4}{7}=\frac{16}{28}$, $\frac{4}{7}=\frac{24}{42}$, $\frac{4}{7}=\frac{32}{56}$

b) $\frac{3}{5}=\frac{6}{10}$, $\frac{3}{5}=\frac{21}{35}$, $\frac{3}{5}=\frac{24}{40}$, $\frac{3}{5}=\frac{30}{50}$

c) $\frac{5}{8}=\frac{10}{16}$, $\frac{5}{8}=\frac{15}{24}$, $\frac{5}{8}=\frac{25}{40}$, $\frac{5}{8}=\frac{30}{48}$

d) $\frac{3}{4}=\frac{18}{24}$, $\frac{3}{4}=\frac{27}{36}$, $\frac{3}{4}=\frac{36}{48}$, $\frac{3}{4}=\frac{45}{60}$

16 a) $\frac{3}{4}=\frac{15}{20}$ b) $\frac{2}{5}=\frac{8}{20}$ c) $\frac{1}{2}=\frac{10}{20}$ d) $\frac{7}{10}=\frac{14}{20}$

17 a) $\frac{3}{10}=\frac{3\cdot5}{10\cdot5}=\frac{15}{50}$ b) $\frac{3}{8}=\frac{3\cdot6}{8\cdot6}=\frac{18}{48}$ c) $\frac{3}{4}=\frac{3\cdot3}{4\cdot3}=\frac{9}{12}$ d) $\frac{5}{6}=\frac{5\cdot5}{6\cdot5}=\frac{25}{30}$

18 a) $\frac{2}{4}=\frac{1}{2}$ b) $\frac{3}{9}=\frac{1}{3}$ c) $\frac{6}{8}=\frac{3}{4}$ d) $\frac{4}{10}=\frac{2}{5}$

19
a) $\frac{2}{5}; \frac{5}{10}$

Hauptnenner: 10

$\frac{2}{5}=\frac{2\cdot2}{5\cdot2}=\frac{4}{10}$

$\frac{2}{5}<\frac{5}{10}$

b) $\frac{1}{2}; \frac{3}{8}$

Hauptnenner: 8

$\frac{1}{2}=\frac{1\cdot4}{2\cdot4}=\frac{4}{8}$

$\frac{3}{8}<\frac{1}{2}$

c) $\frac{5}{6}; \frac{7}{8}$

Hauptnenner: 24

$\frac{5}{6}=\frac{5\cdot4}{6\cdot4}=\frac{20}{24}$

$\frac{7}{8}=\frac{7\cdot3}{8\cdot3}=\frac{21}{24}$

$\frac{5}{6}<\frac{7}{8}$

d) $\frac{3}{4}; \frac{9}{10}$

Hauptnenner: 20

$\frac{3}{4}=\frac{3\cdot5}{4\cdot5}=\frac{15}{20}$

$\frac{9}{10}=\frac{9\cdot2}{10\cdot2}=\frac{18}{20}$

$\frac{3}{4}<\frac{9}{10}$

20 a) $\frac{4}{6}; \frac{5}{9}$

Hauptnenner: 18

$\frac{4}{6} = \frac{4\cdot 3}{6\cdot 3} = \frac{12}{18}$

$\frac{5}{9} = \frac{5\cdot 2}{9\cdot 2} = \frac{10}{18}$

Dazwischen liegt $\frac{11}{18}$.

b) $\frac{2}{3}; \frac{2}{5}$

Hauptnenner: 15

$\frac{2}{3} = \frac{2\cdot 5}{3\cdot 5} = \frac{10}{15}$

$\frac{2}{5} = \frac{2\cdot 3}{5\cdot 3} = \frac{6}{15}$

Dazwischen liegt $\frac{8}{15}$.

c) $\frac{2}{5}; \frac{3}{5}$

Hauptnenner: 10

$\frac{2}{5} = \frac{2\cdot 2}{5\cdot 2} = \frac{4}{10}$

$\frac{3}{5} = \frac{3\cdot 2}{5\cdot 2} = \frac{6}{10}$

Dazwischen liegt $\frac{5}{10}$.

d) $\frac{1}{2}; \frac{1}{3}$

Hauptnenner: 6

$\frac{1}{2} = \frac{1\cdot 3}{2\cdot 3} = \frac{3}{6}$

$\frac{1}{3} = \frac{1\cdot 2}{3\cdot 2} = \frac{2}{6}$

Hauptnenner: 12

$\frac{3}{6} = \frac{3\cdot 2}{6\cdot 2} = \frac{6}{12}$

$\frac{2}{6} = \frac{2\cdot 2}{6\cdot 2} = \frac{4}{12}$

Dazwischen liegt $\frac{5}{12}$.

---

21 a) $\frac{3}{8}; \frac{2}{5}; \frac{3}{10}$

Hauptnenner: 40

$\frac{3}{8} = \frac{15}{40}; \frac{2}{5} = \frac{16}{40}; \frac{3}{10} = \frac{12}{40}$

$\frac{3}{10} < \frac{3}{8} < \frac{2}{5}$

b) $\frac{4}{5}; \frac{1}{3}; \frac{3}{10}$

Hauptnenner: 30

$\frac{4}{5} = \frac{24}{30}; \frac{1}{3} = \frac{10}{30}; \frac{3}{10} = \frac{9}{30}$

$\frac{3}{10} < \frac{1}{3} < \frac{4}{5}$

---

22 Am einfachsten ist es, die Brüche zu vergleichen:

$\frac{7}{8}, \quad \frac{4}{6} = \frac{2}{3}, \quad 75\,\% = \frac{75}{100} = \frac{3}{4}, \quad \frac{1}{2}$

Erweitern auf den Hauptnenner 24:

$\frac{7}{8} = \frac{21}{24}, \quad \frac{2}{3} = \frac{16}{24}, \quad \frac{3}{4} = \frac{18}{24}, \quad \frac{1}{2} = \frac{12}{24}$

$\frac{7}{8} > 75\,\% > \frac{4}{6} > \frac{1}{2}$

Die Wahl von sieben Achteln der Gewinnsumme bringt den höchsten Geldbetrag.

---

23 a) $\frac{3}{4} + \frac{9}{12}$

Hauptnenner: 12

$\frac{3\cdot 3}{4\cdot 3} + \frac{9}{12} = \frac{9+9}{12} = \frac{18}{12} = \frac{3}{2} = 1\frac{1}{2}$

b) $\frac{3}{4} + \frac{5}{8} + \frac{11}{16}$

Hauptnenner: 16

$\frac{3\cdot 4}{4\cdot 4} + \frac{5\cdot 2}{8\cdot 2} + \frac{11}{16} = \frac{12+10+11}{16} = \frac{33}{16} = 2\frac{1}{16}$

c) $\frac{5}{8} - \frac{1}{3}$

Hauptnenner: 24

$\frac{5\cdot 3}{8\cdot 3} - \frac{1\cdot 8}{3\cdot 8} = \frac{15-8}{24} = \frac{7}{24}$

d) $\frac{11}{12} - \frac{1}{6} - \frac{3}{4}$

Hauptnenner: 12

$\frac{11}{12} - \frac{1\cdot 2}{6\cdot 2} - \frac{3\cdot 3}{4\cdot 3} = \frac{11-2-9}{12} = \frac{0}{12} = 0$

24 a) $5\frac{2}{5}+7\frac{1}{2}=\frac{27}{5}+\frac{15}{2}$

Hauptnenner: 10

$\frac{27\cdot 2}{5\cdot 2}+\frac{15\cdot 5}{2\cdot 5}=\frac{54+75}{10}=\frac{129}{10}=12\frac{9}{10}$

b) $6\frac{2}{3}+2\frac{4}{5}=\frac{20}{3}+\frac{14}{5}$

Hauptnenner: 15

$\frac{20\cdot 5}{3\cdot 5}+\frac{14\cdot 3}{5\cdot 3}=\frac{100+42}{15}=\frac{142}{15}=9\frac{7}{15}$

c) $6\frac{4}{5}-5\frac{7}{12}=\frac{34}{5}-\frac{67}{12}$

Hauptnenner: 60

$\frac{34\cdot 12}{5\cdot 12}-\frac{67\cdot 5}{12\cdot 5}=\frac{408-335}{60}=\frac{73}{60}=1\frac{13}{60}$

d) $3\frac{4}{7}-1\frac{5}{6}=\frac{25}{7}-\frac{11}{6}$

Hauptnenner: 42

$\frac{25\cdot 6}{7\cdot 6}-\frac{11\cdot 7}{6\cdot 7}=\frac{150-77}{42}=\frac{73}{42}=1\frac{31}{42}$

---

25 a) $\frac{7}{8}\cdot\frac{3}{7}=\frac{\cancel{7}\cdot 3}{8\cdot\cancel{7}}=\frac{3}{8}$

b) $\frac{5}{6}\cdot\frac{3}{5}=\frac{\cancel{5}\cdot\cancel{3}^1}{\cancel{6}^2\cdot\cancel{5}}=\frac{1}{2}$

c) $\frac{5}{9}\cdot 3=\frac{5}{9}\cdot\frac{3}{1}=\frac{5\cdot\cancel{3}^1}{\cancel{9}^3\cdot 1}=\frac{5}{3}$

d) $\frac{1}{8}\cdot\frac{4}{5}=\frac{1\cdot\cancel{4}^1}{\cancel{8}^2\cdot 5}=\frac{1}{10}$

---

26 a) $\frac{7}{8}\cdot\frac{3}{7}\cdot\frac{2}{3}=\frac{\cancel{7}\cdot\cancel{3}\cdot\cancel{2}^1}{\cancel{8}^4\cdot\cancel{7}\cdot\cancel{3}}=\frac{1}{4}$

b) $\frac{5}{6}\cdot\frac{3}{5}\cdot\frac{10}{3}=\frac{\cancel{5}\cdot\cancel{3}\cdot\cancel{10}^5}{\cancel{6}^3\cdot\cancel{5}\cdot\cancel{3}}=\frac{5}{3}=1\frac{2}{3}$

c) $\frac{3}{4}\cdot\frac{2}{5}\cdot\frac{1}{6}=\frac{\cancel{3}^1\cdot\cancel{2}^1\cdot 1}{\cancel{4}^2\cdot 5\cdot\cancel{6}^2}=\frac{1}{2\cdot 5\cdot 2}=\frac{1}{20}$

d) $\frac{8}{9}\cdot\frac{3}{4}\cdot\frac{5}{6}=\frac{\cancel{8}^2\cdot\cancel{3}\cdot 5}{9\cdot\cancel{4}\cdot\cancel{6}^2}=\frac{10}{18}=\frac{5}{9}$

---

27 a) $\frac{7}{8}:\frac{3}{7}=\frac{7}{8}\cdot\frac{7}{3}=\frac{49}{24}=2\frac{1}{24}$

b) $\frac{5}{6}:\frac{3}{5}=\frac{5}{6}\cdot\frac{5}{3}=\frac{25}{18}=1\frac{7}{18}$

c) $\frac{3}{5}:\frac{11}{15}=\frac{3}{5}\cdot\frac{15}{11}=\frac{3\cdot\cancel{15}^3}{\cancel{5}^1\cdot 11}=\frac{9}{11}$

d) $\frac{3}{4}:\frac{5}{6}=\frac{3}{4}\cdot\frac{6}{5}=\frac{3\cdot\cancel{6}^3}{\cancel{4}^2\cdot 5}=\frac{9}{10}$

---

28 a) $\frac{7}{12}:2=\frac{7}{12}\cdot\frac{1}{2}=\frac{7}{24}$

b) $\frac{9}{8}:3=\frac{9}{8}\cdot\frac{1}{3}=\frac{\cancel{9}^3\cdot 1}{8\cdot\cancel{3}}=\frac{3}{8}$

c) $\frac{5}{6}:\frac{1}{4}=\frac{5}{6}\cdot\frac{4}{1}=\frac{5\cdot\cancel{4}^2}{\cancel{6}^3\cdot 1}=\frac{10}{3}=3\frac{1}{3}$

d) $6:\frac{3}{2}=\frac{6}{1}\cdot\frac{2}{3}=\frac{\cancel{6}^2\cdot 2}{1\cdot\cancel{3}}=\frac{2\cdot 2}{1}=4$

---

29 a) $400\text{ m}\cdot\frac{1}{8}=\frac{400\text{ m}}{8}=50\text{ m}$

b) $400\text{ m}\cdot 2\frac{1}{4}=400\text{ m}\cdot\frac{9}{4}=\frac{400\text{ m}\cdot 9}{4}=900\text{ m}$

---

30 a) Der Tank ist halb voll: $60\,\ell\cdot\frac{1}{2}=30\,\ell$

$8\,\ell \mathrel{\widehat{=}} 100\text{ km}$

$2\,\ell \mathrel{\widehat{=}} 100\text{ km}:4=25\text{ km}$

$30\,\ell \mathrel{\widehat{=}} 25\text{ km}\cdot 15=375\text{ km}$

Mit einem halben Tank kommt man noch 375 km weit.

b) Ein Drittel des Tanks ist noch voll: $60\,\ell\cdot\frac{1}{3}=20\,\ell$

$8\,\ell \mathrel{\widehat{=}} 100\text{ km}$

$2\,\ell \mathrel{\widehat{=}} 100\text{ km}:4=25\text{ km}$

$20\,\ell \mathrel{\widehat{=}} 25\text{ km}\cdot 10=250\text{ km}$

Man kommt noch 250 km weit.

c) Ein Viertel des Tanks ist noch voll: $60\,\ell \cdot \frac{1}{4} = 15\,\ell$
$8\,\ell \mathrel{\hat{=}} 100$ km
$1\,\ell \mathrel{\hat{=}} 100 \text{ km} : 8 = 12{,}5$ km
$15\,\ell \mathrel{\hat{=}} 12{,}5 \text{ km} \cdot 15 = 187{,}5$ km
Man kommt noch 187,5 km weit.

---

31 a) $7^2 = 49$ b) $5^3 = 125$ c) $9^0 = 1$ d) $8^2 = 64$
e) $\sqrt{4} = 2$ f) $\sqrt{64} = 8$ g) $\sqrt{36} = 6$ h) $\sqrt{100} = 10$

---

32 a) $5^3 = 125$ b) $3^3 = 27$ c) $6^3 = 216$ d) $2^5 = 32$

---

33 a) $16 = 4^2 = 2^4$ b) $36 = 6^2$ c) $0{,}16 = 0{,}4^2$ d) $0{,}0256 = 0{,}16^2 = 0{,}4^4$

---

34 a) a = 3 cm; denn $3 \text{ cm} \cdot 3 \text{ cm} = 9 \text{ cm}^2$
b) a = 9 cm; denn $9 \text{ cm} \cdot 9 \text{ cm} = 81 \text{ cm}^2$
c) a = 12 cm; denn $12 \text{ cm} \cdot 12 \text{ cm} = 144 \text{ cm}^2$
d) a = 20 cm; denn $20 \text{ cm} \cdot 20 \text{ cm} = 400 \text{ cm}^2$

---

35 5 Kinder · 5 Enkel*innen pro Kind · 5 Urenkel*innen pro Enkel*in = $5^3 = 125$
Die Urgroßmutter hat 25 Enkel*innen und 125 Urenkel*innen.

---

36 Anzahl der Durchgänge: $7^n = 100\,000$
Lösung durch Probieren: Wir setzen n = 5 für 5 Durchgänge: $7^5 = 16\,807$ → zu wenig!
Wir setzen n = 6 für 6 Durchgänge: $7^6 = 117\,694$
Wenn sich alle an die Regel halten, sind 7 „Durchgänge" nötig, damit 100 000 Menschen die Mail bekommen.

---

37 a) $800\,000 = 8 \cdot 10^5$
b) $300\,000\,000 = 3 \cdot 10^8$
c) $53\,000\,000 = 53 \cdot 10^6 = 5{,}3 \cdot 10^7$
d) $145\,000\,000 = 145 \cdot 10^6 = 14{,}5 \cdot 10^7 = 1{,}45 \cdot 10^8$
e) $0{,}0004 = 4 \cdot 10^{-4}$
f) $0{,}000035 = 35 \cdot 10^{-6} = 3{,}5 \cdot 10^{-5}$

---

38 a) $6 \cdot 10^5 = 600\,000$
b) $8 \cdot 10^8 = 800\,000\,000$
c) $3{,}8 \cdot 10^9 = 3\,800\,000\,000$
d) $7{,}85 \cdot 10^{12} = 7\,850\,000\,000\,000$
e) $2 \cdot 10^{-3} = 0{,}002$
f) $9{,}1 \cdot 10^{-2} = 0{,}091$

39

$3{,}7 \cdot 10^6$	$40 \cdot 10^5$	$5{,}1 \cdot 10^4$	$0{,}36 \cdot 10^7$	$210 \cdot 10^3$
3 700 000	4 000 000	51 000	3 600 000	210 000

$51\,000 < 210\,000 < 3\,600\,000 < 3\,700\,000 < 4\,000\,000$
$5{,}1 \cdot 10^4 < 210 \cdot 10^3 < 0{,}36 \cdot 10^7 < 3{,}7 \cdot 10^6 < 40 \cdot 10^5$

---

40 a) $4 \cdot (3x + 5) = 12x + 20$
b) $12x + (8x - 5) = 20x - 5$
c) $7 \cdot (3x + 4) = 21x + 28$
d) $12 - (4 + 3x) = 12 - 4 - 3x = 8 - 3x$
e) $(5x - 6) \cdot 3 = 15x - 18$
f) $8 - (-5 - 3x) + 7 = 8 + 5 + 3x + 7 = 20 + 3x$

---

41 a) $15x + 10 = 5 \cdot (3x + 2)$
b) $16x - 12 = 4 \cdot (4x - 3)$
c) $9 + 3y = 3 \cdot (3 + y)$
d) $22 - 11y = 11 \cdot (2 - y)$

42

a) $(3x+4)^2=9x^2+24x+16$

b) $(2x-4)^2=4x^2-16x+16$

c) $(5x+4)\cdot(5x-4)=25x^2-16$

d) $(-5x+3)^2=25x^2-30x+9$

e) $(-4x-5)^2=16x^2+40x+25$

f) $(-2x+4)\cdot(-2x-4)=4x^2-16$

43

a) $x^2+6x+9=(x+3)^2$

b) $4x^2-16x+16=(2x-4)^2$

c) $x^2+14+49=(x+7)^2$

d) $x^2-16=(x+4)\cdot(x-4)$

44

a) $5(\mathbf{2x+5})=10x+25$

b) $\mathbf{5x}(3x-5)=15x^2\mathbf{-25x}$

c) $(4x+7)(\mathbf{4x}-5)=16x^2\mathbf{-20x}+28x-35$

d) $(-5x\mathbf{+3})(\mathbf{3}-2x)=-15x+10x^2+9-6x$

e) $(\mathbf{2}+5x)^2=4+\mathbf{20x}+\mathbf{25x^2}$

f) $(3x-\mathbf{2})^2=\mathbf{9x^2}-\mathbf{12x}+4$

45

a)
$$\begin{aligned} 2x+52&=146 &&|-52\\ 2x&=94 &&|:2\\ x&=47 \end{aligned}$$

b)
$$\begin{aligned} 46+2x&=104 &&|-46\\ 2x&=58 &&|:2\\ x&=29 \end{aligned}$$

c)
$$\begin{aligned} 108&=45+3x &&|-45\\ 63&=3x &&|:3\\ 21&=x \end{aligned}$$

d)
$$\begin{aligned} 52&=20+16x &&|-20\\ 32&=16x &&|:16\\ 2&=x \end{aligned}$$

e)
$$\begin{aligned} 6x-20&=100 &&|+20\\ 6x&=120 &&|:6\\ x&=20 \end{aligned}$$

f)
$$\begin{aligned} 48-16x&=16 &&|-48\\ -16x&=-32 &&|:(-16)\\ x&=2 \end{aligned}$$

g)
$$\begin{aligned} 30&=57-3x &&|-57\\ -27&=-3x &&|:(-3)\\ 9&=x \end{aligned}$$

h)
$$\begin{aligned} 28&=15x-92 &&|+92\\ 120&=15x &&|:15\\ 8&=x \end{aligned}$$

46

a)
$$\begin{aligned} 5x-4+4x&=87-4x\\ 9x-4&=87-4x\\ 13x&=91\\ x&=7 \end{aligned}$$

b)
$$\begin{aligned} x-29+7x&=2x+61\\ 8x-29&=2x+61\\ 6x&=90\\ x&=15 \end{aligned}$$

c)
$$\begin{aligned} 4x+79-2x&=5x+95-4x\\ 2x+79&=x+95\\ x&=16 \end{aligned}$$

d)
$$\begin{aligned} 120-3x-40&=4x+104-9x\\ 80-3x&=-5x+104\\ 2x&=24\\ x&=12 \end{aligned}$$

e)
$$\begin{aligned} 22x-56-2x&=8x-14-2x\\ 20x-56&=6x-14\\ 14x&=42\\ x&=3 \end{aligned}$$

f)
$$\begin{aligned} x+60-5x&=10x-10-7x\\ -4x+60&=3x-10\\ -7x&=-70\\ x&=10 \end{aligned}$$

47

a)
$$\begin{aligned} 14x-3(2x-9)&=4(4x-16)+11 && \text{multiplizieren}\\ 14x-(6x-27)&=(16x-64)+11 && \text{Klammern auflösen}\\ 14x-6x+27&=16x-64+11 && \text{zusammenfassen}\\ 8x+27&=16x-53 && |-27-16x\\ -8x&=-80 && |:(-8)\\ x&=10 \end{aligned}$$

b)
$$\begin{aligned} 7(2x+15)-28&=35(1-x)-7 && \text{multiplizieren}\\ (14x+105)-28&=(35-35x)-7 && \text{Klammern auflösen}\\ 14x+105-28&=35-35x-7 && \text{zusammenfassen}\\ 14x+77&=28-35x && |+35x-77\\ 49x&=-49\\ x&=-1 \end{aligned}$$

c) $5x-(9-2x)\cdot 6=5(5x+12)-4x$
$5x-(54-12x)=(25x+60)-4x$
$5x-54+12x=25x+60-4x$
$17x-54=21x+60$
$-4x=114$
$x=-28{,}5$

d) $-9(1-x)+15x=8(2x+9)-65$
$-(9-9x)+15x=(16x+72)-65$
$-9+9x+15x=16x+72-65$
$24x-9=16x+7$
$8x=16$
$x=2$

e) $-(11x-13)+45-x=3(6-9x)+17x+10$
$-11x+13+45-x=(18-27x)+17x+10$
$-12x+58=18-27x+17x+10$
$-12x+58=-10x+28$
$-2x=-30$
$x=15$

f) $8x+31-2(6-5x)=18(4-5x)+27x+28$
$8x+31-(12-10x)=(72-90x)+27x+28$
$8x+31-12+10x=72-90x+27x+28$
$18x+19=-63x+100$
$81x=81$
$x=1$

---

48 a) $x+x+x+x=24\text{ cm}$
$4x=24\text{ cm} \;\Rightarrow\; x=6\text{ cm}$

b) $x+(x+4)+x+(x+4)=36$
$4x+8=36 \quad |-8$
$4x=28 \quad |:4$
$x=7 \quad \Rightarrow \quad a=7\text{ cm};\ b=11\text{ cm}$

c) $(x-5)+x+(x-5)+x=26$
$4x-10=26 \quad |+10$
$4x=36 \quad |:4$
$x=9 \quad \Rightarrow \quad a=9\text{ cm};\ b=4\text{ cm}$

d) $x+(x+1)+(x-2)=23$
$3x-1=23 \quad |+1$
$3x=24 \quad |:3$
$x=8 \quad \Rightarrow \quad a=8\text{ cm};\ b=9\text{ cm};\ c=6\text{ cm}$

---

49 a) $2x-6=14 \quad |+6$
$2x=20 \quad |:2$
$x=10$

b) $2\cdot(2x+3)=22$
$4x+6=22 \quad |-6$
$4x=16 \quad |:4$
$x=4$

c) $4\cdot(3x+5)=44$
$12x+20=44 \quad |-20$
$12x=24 \quad |:12$
$x=2$

d) Petra: 3x; Nina: x
$3x+x=60$
$4x=60 \quad |:4$
$x=15$

Nina ist 15 Jahre alt und Petra ist 45 Jahre alt.

e) Jonas: x; Thomas: x – 3; Lukas: 2x

$x + (x - 3) + 2x = 69$

$4x - 3 = 69 \quad | +3$

$4x = 72 \quad | :4$

$x = 18$

Jonas hat 18 €, Thomas 15 € und Lukas 36 € gespart.

50
a) 9 cm = 90 mm
b) 9 cm^2 = 900 mm^2
c) 4,95 m = 49,5 dm
d) 35 dm^3 = 35 000 cm^3
e) 3,18 dm = 31,8 cm
f) 5,125 km = 5 125 m
g) 23,28 m^3 = 23 280 dm^3
h) 7,1 m^2 = 710 dm^2

51
a) 370 dm = 37 m
b) 700 cm^3 = 0,7 dm^3
c) 4 500 m^2 = 45 a
d) 81 cm = 8,1 dm
e) 64 mm = 6,4 cm
f) 300 cm^2 = 3 dm^2
g) 6 ha = 0,06 km^2
h) 720 ℓ = 7,2 hℓ

52
a) 7 300 m + 2 km + 700 m = 7,3 km + 2 km + 0,7 km = 10 km
b) 3,4 km + 250 m + 3 500 dm = 3 400 m + 250 m + 350 m = 4 000 m
c) 2 500 km^2 + 250 ha + 250 a = 250 000 ha + 250 ha + 2,5 ha = 250 252,5 ha
d) 1 700 mm^2 – 7 cm^2 + 70 dm^2 = 17 cm^2 – 7 cm^2 + 7 000 cm^2 = 7 010 cm^2
e) 3 000 cm^3 + 2 ℓ + 5,5 m^3 = 3 dm^3 + 2 ℓ + 5 500 dm^3 = 3 ℓ + 2 ℓ + 5 500 ℓ = 5 505 ℓ
f) 4 500 mm^3 – 0,5 cm^3 + 1 dm^3 = 4,5 cm^3 – 0,5 cm^3 + 1 000 cm^3 = 1 004 cm^3
g) 0,5 t + 4 500 g + 95,5 kg = 500 kg + 4,5 kg + 95,5 kg = 600 kg

---

53
a) 8 300 kg = 8,3 t
b) 4 080 g = 4,08 kg
c) 6,32 t = 6 320 kg
d) 89,9 kg = 89 900 g

54
a) 180 s = 3 min
b) 10 h = 600 min
c) 9 min = 540 s
d) 144 h = 6 d

55

	Abfahrt	Ankunft	Fahrzeit
a)	13:45	21:15	7 h 30 min
b)	0:10	8:45	8 h 35 min
c)	6:12	11:38	5 h 26 min
d)	21:35	3:45	6 h 10 min
e)	21:25	4:20	6 h 55 min
f)	19:10	2:55	7 h 45 min
g)	21:02	9:09	12 h 7 min

56

kg	1	2	3	4	5	6	7	8	9	10
€	0,90	1,80	2,70	3,60	4,50	5,40	6,30	7,20	8,10	9

57 a)

Menge [kg]	Preis [€]
4	4,80
2	2,40
6	7,20
8	9,60
12	14,40

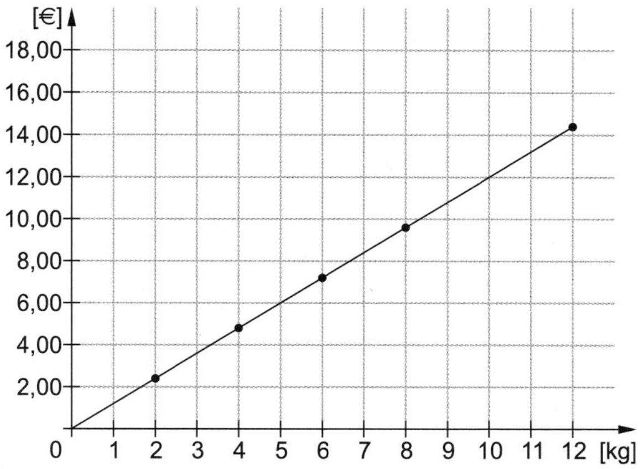

b)

Liter [ℓ]	Preis [€]
50	70,00
10	14,00
30	42,00
15	21,00
60	84,00

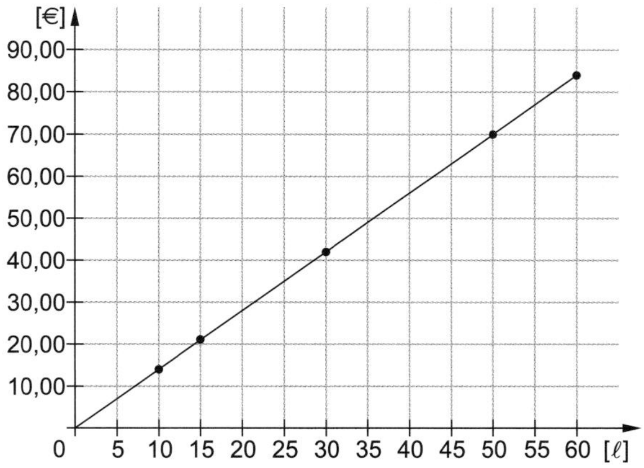

c)

Stück	Preis [€]
5	12,50
1	2,50
3	7,50
8	20
4	10

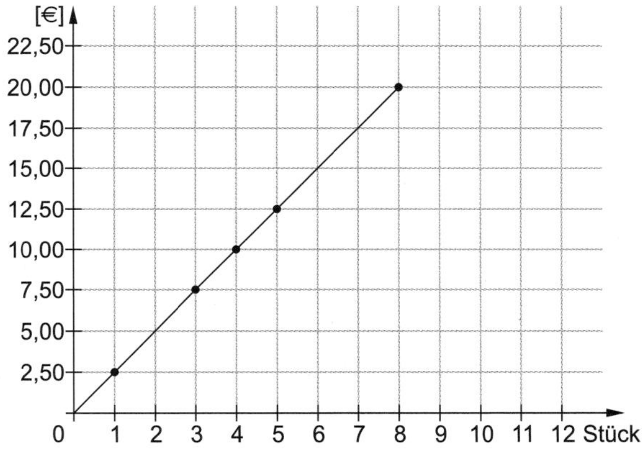

58 a)

Anzahl LKW	Fahrten pro LKW
6	15
1	90
9	10
5	18

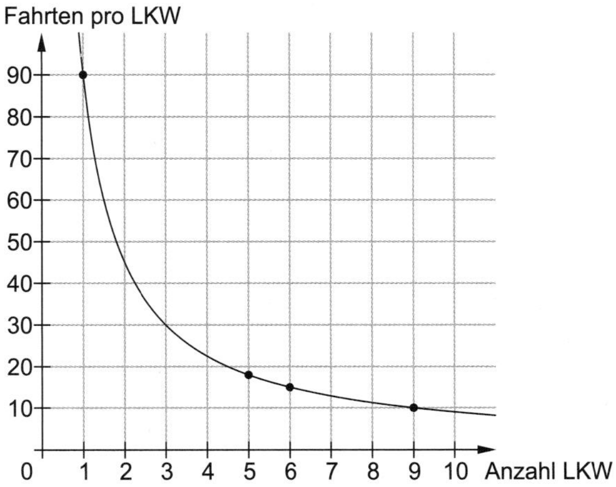

b)

Gruppengröße	Anzahl der Gruppen
5	6
1	30
6	5
3	10

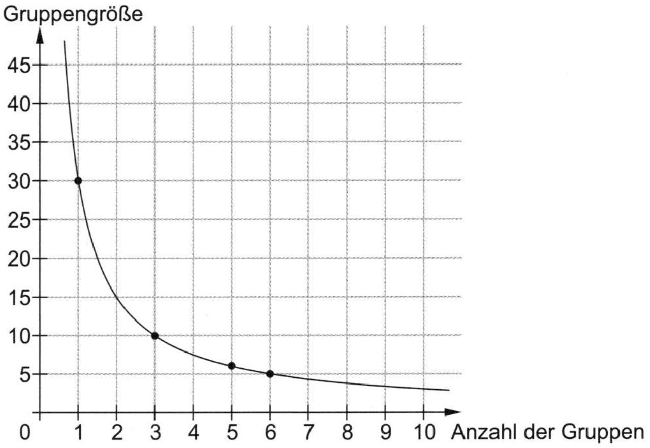

c)

Arbeiter *innen	Anzahl der Tage
3	9
1	27
9	3
6	4,5

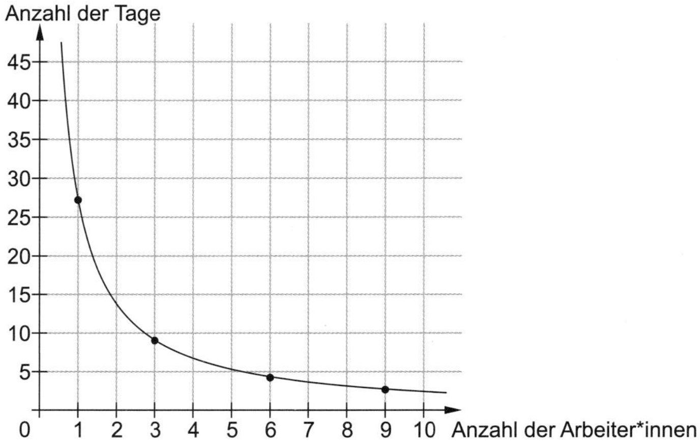

59

Zuordnung	proportional	antiproportional	nicht proportional
Alter eines Menschen – Schnelligkeit	☐	☐	☒
Anzahl der Pumpen – Dauer Füllvorgang	☐	☒	☐
Liter – Preis	☒	☐	☐

60 proportionale Zuordnung:

7 Riegel ≙ 3,15 €
1 Riegel ≙ 0,45 €
5 Riegel ≙ 2,25 €

Fünf Schokoladenriegel kosten 2,25 €.

61 proportionale Zuordnung:

4 Rollen ≙ 176 €
1 Rolle ≙ 44 €
15 Rollen ≙ 660 €

Die Druckerei muss für das Papier 660 € bezahlen.

62 antiproportionale Zuordnung:

a) 24 Pferde ≙ 25 Tage
1 Pferd ≙ 25 Tage · 24 = 600 Tage
30 Pferde ≙ 600 Tage : 30 = 20 Tage
Für 30 Pferde reicht der Vorrat 20 Tage.

b) 25 Tage ≙ 24 Pferde
1 Tag ≙ 24 Pferde · 25 = 600 Pferde
40 Tage ≙ 600 Pferde : 40 = 15 Pferde
Der Vorrat reicht 40 Tage lang für 15 Pferde.

63 proportionale Zuordnung:

a) $25\text{ m} \mathrel{\hat{=}} 28\text{ €}$
$1\text{ m} \mathrel{\hat{=}} 28\text{ €} : 25$
$40\text{ m} \mathrel{\hat{=}} 28\text{ €} : 25 \cdot 40 = 44{,}80\text{ €}$
40 m Kabel kosten 44,80 €.

b) $28\text{ €} \mathrel{\hat{=}} 25\text{ m}$
$1\text{ €} \mathrel{\hat{=}} 25\text{ m} : 28$
$16{,}80\text{ €} \mathrel{\hat{=}} 25\text{ m} : 28 \cdot 16{,}80 = 15\text{ m}$
Für 16,80 € bekommt man 15 m Kabel.

---

64 antiproportionale Zuordnung:
$3\text{ Bagger} \mathrel{\hat{=}} 60\text{ h}$
$1\text{ Bagger} \mathrel{\hat{=}} 60\text{ h} \cdot 3$
$5\text{ Bagger} \mathrel{\hat{=}} 60\text{ h} \cdot 3 : 5 = 36\text{ h}$
Fünf Bagger benötigen 36 Stunden.

---

65 a) 3 Gärtner*innen $\hat{=}$ 8 Tage
1 Gärtner*innen $\hat{=}$ 8 Tage $\cdot$ 3 = 24 Tage
2 Gärtner*innen $\hat{=}$ 24 Tage : 2 = 12 Tage
Zwei Gärtner*innen brauchen 12 Tage.

b) 8 Tage $\hat{=}$ 3 Gärtner*innen
1 Tag $\hat{=}$ 3 Gärtner*innen $\cdot$ 8 = 24 Gärtner*innen
6 Tage $\hat{=}$ 24 Gärtner*innen : 6 = 4 Gärtner*innen
Es müssen vier Gärtner*innen eingesetzt werden.

---

66 a) Frau Dehns Durchschnittsgeschwindigkeit beträgt 90 $\frac{\text{km}}{\text{h}}$.

b) Ein kleiner Teilstrich auf der x-Achse entspricht 6 Minuten, ein großer Teilstrich entspricht 0,5 h.
Ein kleiner Teilstrich auf der y-Achse entspricht 10 km:
45 km – 30 min; 120 km – 1 h 20 min; 225 km – 2,5 h; 360 km – 4 h; 405 km – 4,5 h

c) 40 min – 60 km; 90 min – 135 km; 2 h – 180 km; 2 h 20 min – 210 km; 3 h – 270 km; 4 h 30 min – 405 km

---

67 a)

Strecke (km)	5	12	15	24	30
Fahrpreis (€)	1,50	3,60	4,50	7,20	9,00

b)

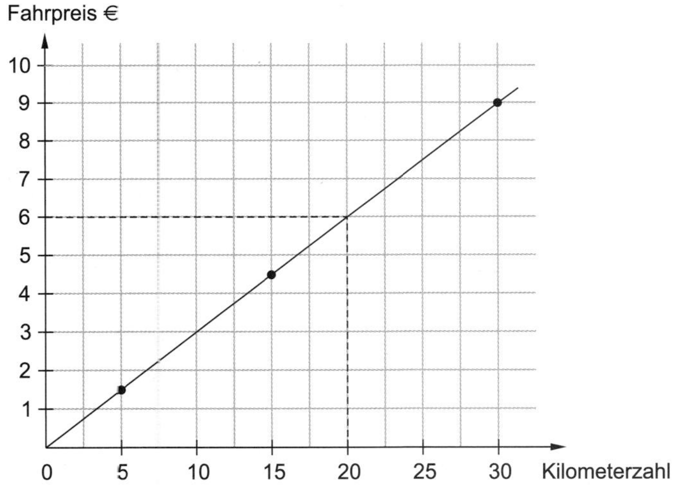

c) siehe b

68

	a)	b)	c)	d)	e)	f)	g)	h)	i)	j)	k)
G	140	600	1 600	720	500	2 000	50	80	400	500	150
p %	10 %	10 %	25 %	50 %	60 %	75 %	500 %	150 %	3 %	500 %	500 %
W	14	60	400	360	300	1 500	250	120	12	2 500	750

69 a) $100\ \% \mathrel{\hat{=}} 999\ €$
$1\ \% \mathrel{\hat{=}} 9{,}99\ €$
$3\ \% \mathrel{\hat{=}} 29{,}97\ €$
Frau Kling spart 29,97 €.

b) $999\ € - 29{,}97\ € = 969{,}03\ €$
Die Waschmaschine kostet sie 969,03 €.

---

70 a) $100\ \% \mathrel{\hat{=}} 1150\ €$
$1\ \% \mathrel{\hat{=}} 11{,}50\ €$
$19\ \% \mathrel{\hat{=}} 218{,}50\ €$
Die Mehrwertsteuer beträgt 218,50 €.

b) $1150\ € + 218{,}50\ € = 1\,368{,}50\ €$
Frau Grimm muss 1 368,50 € überweisen.

---

71 $160\ \text{a} \mathrel{\hat{=}} 100\ \%$
$1\ \text{a} \mathrel{\hat{=}} 100\ \% : 160 = 0{,}625\ \%$
Blumen: $40\ \text{a} \mathrel{\hat{=}} 0{,}625\ \% \cdot 40 = 25\ \%$
Gemüse: $50\ \text{a} \mathrel{\hat{=}} 0{,}625\ \% \cdot 50 = 31{,}25\ \%$
Gewächshäuser:
$160\ \text{a} - (40\ \text{a} + 50\ \text{a}) = 70\ \text{a}$
$70\ \text{a} \mathrel{\hat{=}} 0{,}625\ \% \cdot 70 = 43{,}75\ \%$
oder:
$100\ \% - 25\ \% - 31{,}25\ \% = 43{,}75\ \%$

---

72 a) $G = \frac{W \cdot 100}{p}$
$G = \frac{219{,}78\ € \cdot 100}{22}$
$G = 999\ €$
Der Computer kostete vorher 999 €.

b) $999\ € - 219{,}78\ € = 779{,}22\ €$
Tina bezahlt 779,22 €.

---

73 a) $W = \frac{G \cdot p}{100}$
$W = \frac{4\,800 \cdot 70}{100}$
$W = 3\,360$

Es gingen 3 360 Personen zur Wahl.

b) $3\,360 - (1\,350 + 750 + 1\,100) = 3\,360 - 3\,200 = 160$
160 Stimmen waren ungültig.

c) $3\,200\ \text{Stimmen} \mathrel{\hat{=}} 100\ \%$
$1\ \text{Stimme} \mathrel{\hat{=}} 0{,}03125\ \%$
$1\,350\ \text{Stimmen} \mathrel{\hat{=}} 42{,}1875 \approx 42{,}2\ \%$ (Kandidatin A)
$750\ \text{Stimmen} \mathrel{\hat{=}} 23{,}4375 \approx 23{,}4\ \%$ (Kandidatin B)
$1\,100\ \text{Stimmen} \mathrel{\hat{=}} 34{,}375 \approx 34{,}4\ \%$ (Kandidatin C)

---

74 Mehrwertsteuer:
$100\ \% \mathrel{\hat{=}} 1\,456\ €$
$1\ \% \mathrel{\hat{=}} 14{,}56\ €$
$119\ \% \mathrel{\hat{=}} 1\,732{,}64\ €$
Herr Kölle muss 1 697,99 € bezahlen.

Skonto:
$100\ \% \mathrel{\hat{=}} 1\,732{,}64\ €$
$1\ \% \mathrel{\hat{=}} 17{,}3264\ €$
$98\ \% \mathrel{\hat{=}} 1\,697{,}9872\ € \approx 1\,697{,}99\ €$

75 Schlussverkauf:

$p_1\,\% = 25\,\%$

$G_1 = 39{,}80\,€$

$W_1 = \frac{G_1 \cdot p_1}{100}$

$W_1 = \frac{39{,}80\,€ \cdot 25}{100}$

$W_1 = 9{,}95\,€$

$39{,}80\,€ - 9{,}95\,€ = 29{,}85\,€$

Mitarbeiterrabatt:

$p_2\,\% = 12\,\%$

$G_2 = 29{,}85\,€$

$W_2 = \frac{G_2 \cdot p_2}{100}$

$W_2 = \frac{29{,}85\,€ \cdot 12}{100}$

$W_2 = 3{,}582\,€ \approx 3{,}58\,€$

$29{,}85\,€ - 3{,}58\,€ = 26{,}27\,€$

Elena muss 26,27 € für die Lampe bezahlen.

76

	a)	b)	c)	d)	e)	f)
Kapital	45 785 €	37 855 €	15 526,67 €	25 897 €	450 000 €	35 885,17 €
Zinssatz	2,5 %	2,25 %	3,75 %	8,25 %	10,58 %	6,27 %
Jahreszinsen	1 144,63 €	852,25 €	582,25 €	2 136,50 €	47 589 €	2 250 €

---

77 $Z = \frac{K \cdot p}{100}$

$Z = \frac{12\,000\,€ \cdot 8{,}25}{100} = 990\,€$

$12\,000\,€ + 990\,€ = 12\,990\,€$

Herr Berger zahlt 12 990 € zurück.

---

78 a) $Z = \frac{K \cdot p}{100}$

$Z = \frac{25\,000\,€ \cdot 9{,}8}{100} = 2\,450\,€$

Herr Götze muss jährlich 2 450 € Zinsen an seine Hausbank zahlen.

b) $p\,\% = \frac{Z \cdot 100}{K}$

$p\,\% = \frac{2\,437{,}50 \cdot 100}{25\,000}\,\% = 9{,}75\,\%$

Herr Götze hätte bei der Kreditbank einen Zinssatz von 9,75 % bekommen.

---

79 Angebot 1: $Z = 55\,000\,€ - 50\,000\,€ = 5\,000\,€$

Angebot 2: $Z = \frac{K \cdot p}{100}$

$Z = \frac{50\,000\,€ \cdot 9{,}75}{100} = 4\,875\,€$

Das zweite Angebot ist günstiger.

---

80 z. B.:

α und γ sind Scheitelwinkel und damit gleich groß.

γ und γ' sind Stufenwinkel und damit gleich groß.

α und β sind Nebenwinkel, deren Winkelsumme 180° ergibt.

δ und β' sind Wechselwinkel und damit gleich groß.

γ' und δ' sind Nebenwinkel, deren Winkelsumme 180° ergibt.

81

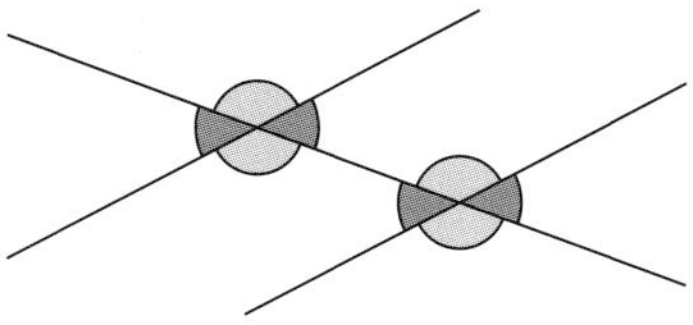

82 a)

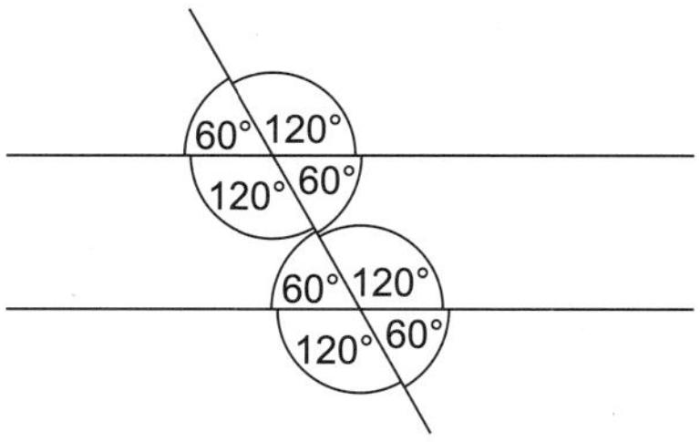

b)

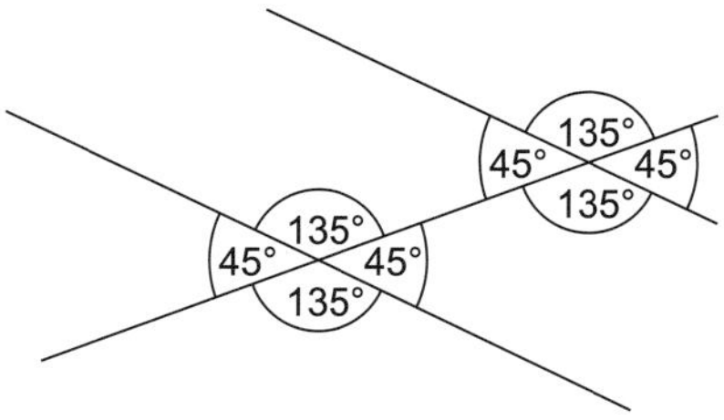

83 Ein Nebenwinkel, der genauso groß ist wie der Winkel selbst, muss ein rechter Winkel sein:
$90° + 90° = 180°$

84 a) $70° + 42° + \gamma = 180°$
$112° + \gamma = 180°$
$\gamma = 68°$

b) $90° + \beta + 51° = 180°$
$141° + \beta = 180°$
$\beta = 39°$

85 $\beta = 35° + 35° = 70°$

$\gamma = 25° + 30° = 55°$

$\alpha = 180° - (\beta + \gamma)$
$\alpha = 180° - (70° + 55°) = 180° - 125° = 55°$

$\delta_1 = 180° - (35° + \alpha)$
$\delta_1 = 180° - (35° + 55°) = 180° - 90° = 90°$

$\delta_2 = 180° - (35° + \gamma)$
$\delta_2 = 180° - (35° + 55°) = 180° - 90° = 90°$
(oder $\delta_2 = 180° - \delta_1 = 90°$)

$\varepsilon_2 = 180° - (35° + 25°) = 180° - 60° = 120°$

$\varepsilon_1 = 180° - (30° + \delta_2)$
$\varepsilon_1 = 180° - (30° + 90°) = 180° - 120° = 60°$
(oder $\varepsilon_1 = 180° - \varepsilon_2 = 60°$)

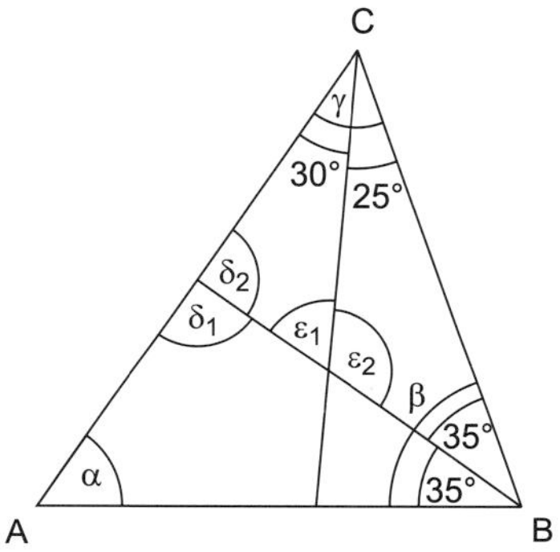

86 a) $104° + 98° + \gamma + 107° = 360°$
$\gamma + 309° = 360°$
$\gamma = 51°$

b) $\beta = \delta = 62°$ Wechselwinkel
$\alpha = \gamma$ Wechselwinkel
$2\alpha + 62° + 62° = 360°$
$2\alpha + 124° = 360°$
$\alpha = 118°$

c) $\alpha + 135° + 65° + 90° = 360°$
$\alpha + 290° = 360°$
$\alpha = 70°$

d) Im gleichschenkligen Trapez sind je zwei Winkel gleich groß:
$\alpha = \beta = 60°$
$\gamma = \delta$
$\alpha + \beta + \gamma + \delta = 360°$
$120° + 2\gamma = 360°$
$\gamma = 120°$
$\delta = 120°$

2 Lineare Funktionen – Lineare Gleichungssysteme

87

x	–3	–2	–1	0	1	2	3
a) $y = 3x + 1$	–8	–5	–2	1	4	7	10
b) $y = -2x + 4$	10	8	6	4	2	0	–2
c) $y = 0{,}5x - 3$	–4,5	–4	–3,5	–3	–2,5	–2	–1,5

Setze bei den Funktionsgleichungen jeweils für x die vorgegebene Zahl ein.

Beispiel:

$y = 3x + 1$

$y = 3 \cdot (-3) + 1$

$y = -9 + 1$

$y = -8$

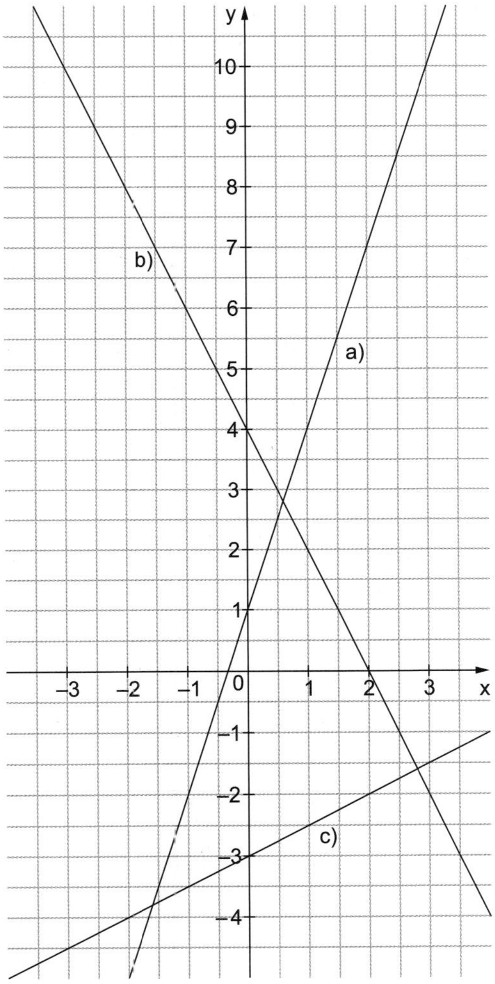

88

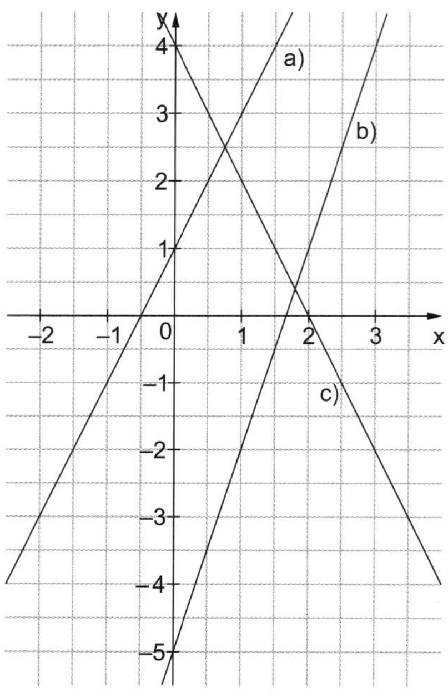

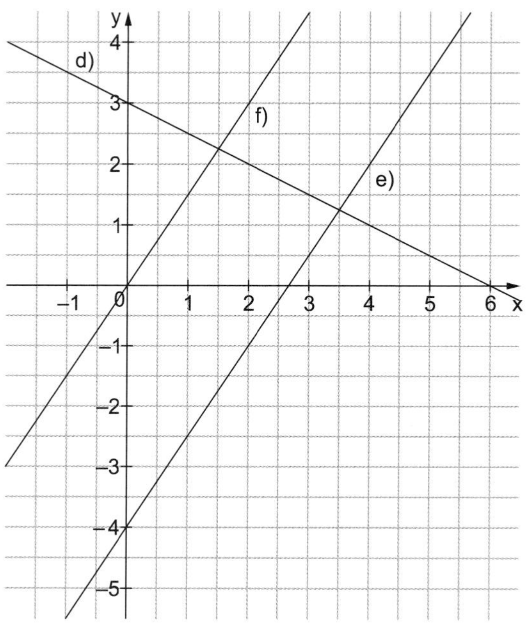

89 Damit die Funktionen parallel zueinander liegen, müssen sie die gleiche Steigung haben.

a) $y = 1{,}5x - 2 \quad \Rightarrow \quad$ z. B. $y = 1{,}5x - 1$ und $y = 1{,}5x + 3$

b) $y = -4x + 5 \quad \Rightarrow \quad$ z. B. $y = -4x + 1$ und $y = -4x$

c) $y = -8x + 10 \quad \Rightarrow \quad$ z. B. $y = -8x + 8$ und $y = -8x + 1$

d) $y = \frac{1}{4}x + 3 \quad \Rightarrow \quad$ z. B. $y = \frac{1}{4}x + 1$ und $y = \frac{1}{4}x - 1$

90 **A** $y = 3x$

A ist eine Ursprungsgerade (b muss 0 sein) und steigt von links nach rechts ($m > 0$).

B $y = -3x + 2$

B schneidet die y-Achse bei $y = 2$ und fällt von links nach rechts ($m < 0$).

C $y = \frac{2}{3}x - 3$

C schneidet die y-Achse bei $y = -3$.

D $y = -\frac{1}{3}x + 4$

D schneidet die y-Achse bei $y = 4$ und fällt von links nach rechts ($m < 0$).

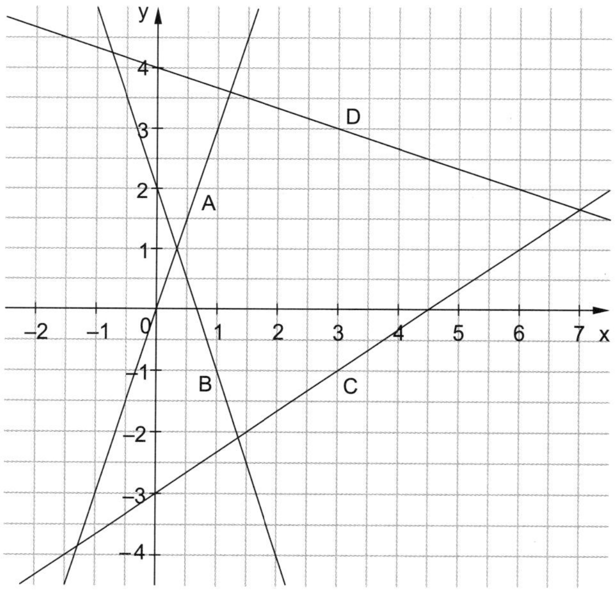

91 a) y = 60x + 40 €
Kosten pro m^2 + einmalige Versandkosten

b)

Bodenfläche	5 m^2	10 m^2	15 m^2	20 m^2	25 m^2
y = 60x + 40 €	300 € + 40 € = 340 €	600 € + 40 € = 640 €	900 € + 40 € = 940 €	1 200 € + 40 € = 1 240 €	1 500 € + 40 € = 1 540 €

c)

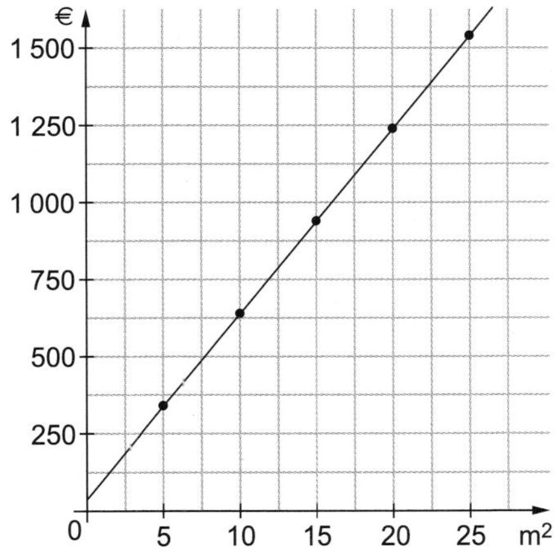

92 a) Firma Seven: y = 0,5x + 30
x: gefahrene km Preis pro km + einmalige Grundgebühr
Firma Carry: y = 50
Firma Drive: y = 0,75x + 20

b)

x	10 km	20 km	30 km	50 km
Firma Seven y = 0,5x + 30	35 €	40 €	45 €	55 €
Firma Carry y = 50	50 €	50 €	50 €	50 €
Firma Drive y = 0,75x + 20	27,50 €	35 €	42,50 €	57,50 €

c)

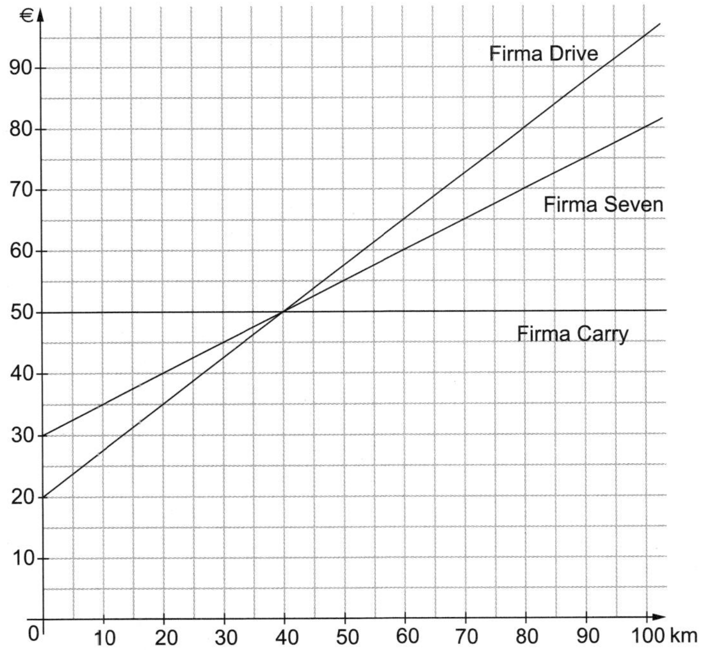

d) Weil sich die Funktionen alle bei 40 km schneiden, ist es egal, welche Firma sie nimmt: alle drei Firmen kosten bei 40 km 50 €. Falls sie mehr als geplant fahren sollte, wäre Firma Carry am günstigsten.

93 a)

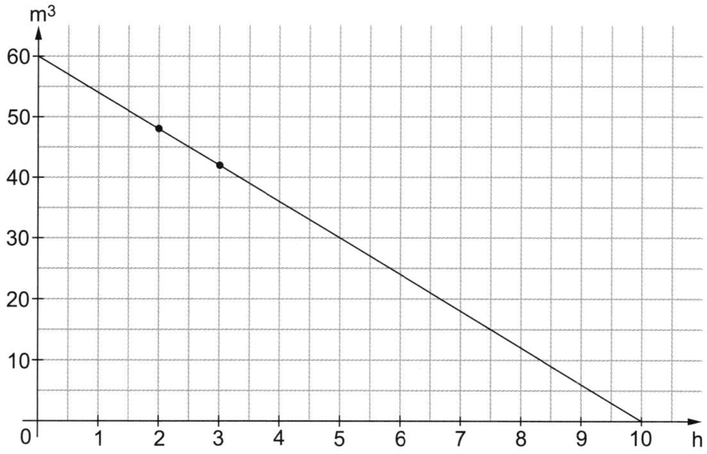

b) y = −6x + 60
6 m³ pro Stunde weniger + Füllmenge vor Beginn des Abpumpvorgangs (abgelesen)

c) Die Lösung kann entweder durch Ablesen aus dem Graphen oder rechnerisch erfolgen. Zur Berechnung muss man die Funktionsgleichung gleich 0 setzen.

$0 = -6x + 60 \quad | +6x$

$6x = 60 \quad | :6$

$x = 10$

Der Pool ist nach 10 Stunden vollständig leer gepumpt.

d) Der Quader muss ein Volumen von 60 m³ haben.

Ein mögliches Maß wäre: a = 3 m; b = 10 m; c = 2 m ⇒ 3 m · 10 m · 2 m = 60 m³

Eine weitere Möglichkeit wäre: a = 6 m; b = 10 m; c = 1 m ⇒ 6 m · 10 m · 1 m = 60 m³

Alle weiteren sinnvollen Maße für die gilt a · b · c = 60 m³ sind korrekt.

---

94 a)

x	−3	−2	−1	0	**1**	2	3
y = 3x − 4	−13	−10	−7	−4	**−1**	2	5
y = −2x + 1	7	5	3	1	**−1**	−3	−5

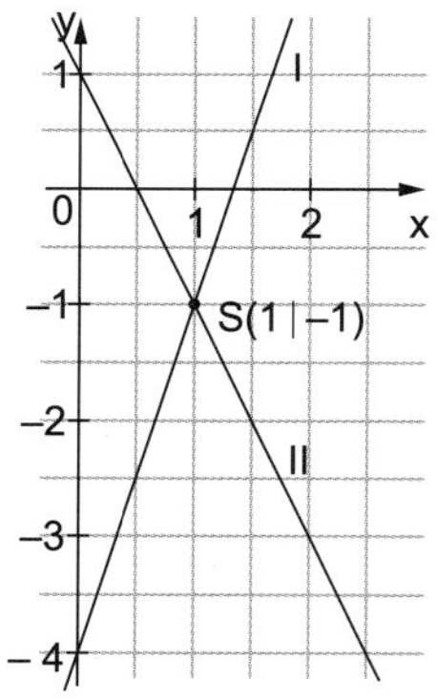

b)

x	−3	−2	−1	0	1	**2**	3
y = 0,5x + 3	1,5	2	2,5	3	3,5	**4**	4,5
y = 2x	−6	−4	−2	0	2	**4**	6

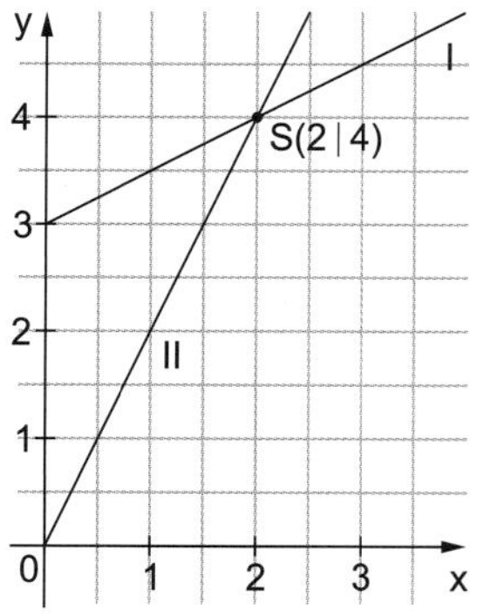

c) I $2y + 2x = -4 \quad |-2x$ II $y - 2x = 4 \quad |+2x$
I $2y = -2x - 4 \quad |:2$ II $y = 2x + 4$
I $y = -x - 2$

x	–3	**–2**	–1	0	1	2	3
y = –x – 2	1	**0**	–1	–2	–3	–4	–5
y = 2x + 4	–2	**0**	2	4	6	8	10

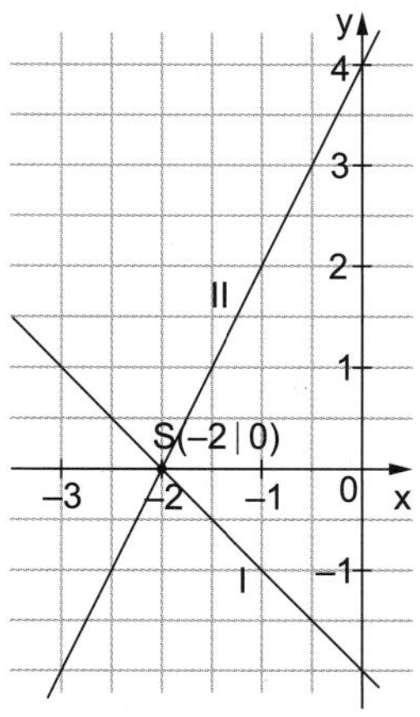

d) I $3y - 6x = 12 \quad |+6x$ II $2y = 2x + 2 \quad |:2$
I $3y = 6x + 12 \quad |:3$ II $y = x + 1$
I $y = 2x + 4$

x	**–3**	–2	–1	0	1	2	3
y = 2x + 4	**–2**	0	2	4	6	8	10
y = x + 1	**–2**	–1	0	1	2	3	4

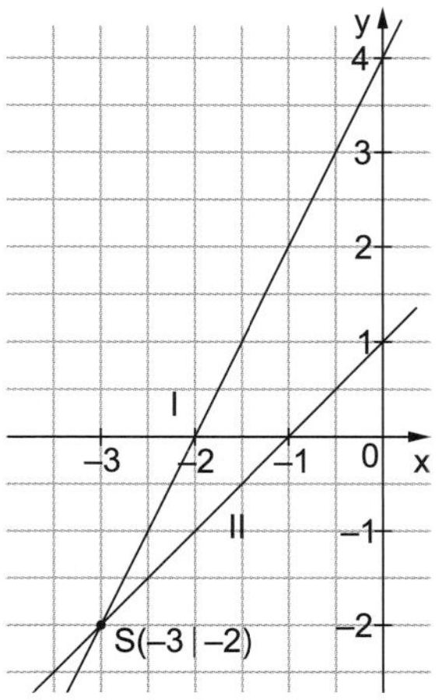

95 a) I $x = \mathbf{2y - 6}$
II $-4x - 7y = 9$

Einsetzen von $x = \mathbf{2y - 6}$ in Gleichung II:
II $-4 \cdot (\mathbf{2y - 6}) - 7y = 9$
II $-8y + 24 - 7y = 9 \quad |$ zusammenfassen
II $-15y + 24 = 9 \quad |-24$
II $-15y = -15 \quad |:(-15)$
II $y = 1$

Einsetzen von $y = 1$ in Gleichung I:
I $x = 2 \cdot 1 - 6$
I $x = -4 \quad \Rightarrow \quad S(-4\,|\,1)$

b) I $3x + y = 14 \quad \Rightarrow \quad y = \mathbf{14 - 3x}$
II $4x + 2y = 20$

Einsetzen von $y = \mathbf{14 - 3x}$ in Gleichung II:
II $4x + 2(\mathbf{14 - 3x}) = 20$
II $4x + 28 - 6x = 20 \quad |$ zusammenfassen
II $-2x + 28 = 20 \quad |-28$
II $-2x = -8 \quad |:(-2)$
II $x = 4$

Einsetzen von $x = 4$ in Gleichung I:
I $y = 14 - 3 \cdot 4$
I $y = 2 \quad \Rightarrow \quad S(4\,|\,2)$

96 a)

$$\begin{array}{lrl} \text{I} & y = 3x + 5 & \\ \text{II} & y = 2x - 4 & \\ \hline \text{I} = \text{II} & 3x + 5 = 2x - 4 & |-2x \\ & x + 5 = -4 & |-5 \\ & x = -9 & \end{array}$$

Einsetzen von $x = -9$ in I:

$$\begin{array}{lll} \text{I} & y = 3 \cdot (-9) + 5 & \\ \text{I} & y = -22 & \Rightarrow S(-9\,|\,-22) \end{array}$$

b)

$$\begin{array}{lrl} \text{I} & -3x - 6y = -30 & |+3x \\ \text{II} & 2x - 6y = -60 & |-2x \quad \text{beide Gleichungen nach } -6y \text{ auflösen} \\ \hline \text{I} & -6y = -30 + 3x & \\ \text{II} & -6y = -60 - 2x & \\ \text{I} = \text{II} & -30 + 3x = -60 - 2x & |+2x \\ & -30 + 5x = -60 & |+30 \\ & 5x = -30 & |:5 \\ & x = -6 & \end{array}$$

Einsetzen von $x = -6$ in II:

$$\begin{array}{lll} \text{II} & -6y = -60 - 2 \cdot (-6) & \\ \text{II} & -6y = -48 & |:(-6) \\ \text{II} & y = 8 & \Rightarrow S(-6\,|\,8) \end{array}$$

---

97 a)

$$\begin{array}{lrl} \text{I} & 3x + 4y = 10 & \\ \text{II} & 2x - 4y = 0 & \\ \hline \text{I} + \text{II} & 5x = 10 & |:5 \\ & x = 2 & \end{array}$$

Einsetzen von $x = 2$ in I:

$$\begin{array}{lrl} \text{I} & 3 \cdot 2 + 4y = 10 & \\ \text{I} & 6 + 4y = 10 & |-6 \\ \text{I} & 4y = 4 & |:4 \\ \text{I} & y = 1 & \Rightarrow S(2\,|\,1) \end{array}$$

b)

$$\begin{array}{lrl} \text{I} & 2x + 3y = 20 & \\ \text{II} & 5x - y = 33 & |\cdot 3 \quad \text{damit y bei I + II wegfällt} \\ \hline \text{I} & 2x + 3y = 20 & \\ \text{II} & 15x - 3y = 99 & \\ \hline \text{I} + \text{II} & 17x = 119 & |:17 \\ & x = 7 & \end{array}$$

Einsetzen von $x = 7$ in I:

$$\begin{array}{lrl} \text{I} & 2 \cdot 7 + 3y = 20 & \\ \text{I} & 14 + 3y = 20 & |-14 \\ \text{I} & 3y = 6 & |:3 \\ \text{I} & y = 2 & \Rightarrow S(7\,|\,2) \end{array}$$

---

98 a)

$$\begin{array}{lrl} \text{I} & 2x-3y=9 & \\ \text{II} & 2x+4y=2 & \\ \hline \text{I}-\text{II} & -7y=7 & |:(-7) \\ & y=-1 & \end{array}$$

Es eignet sich das Subtraktionsverfahren, weil dann x wegfällt. Dieses funktioniert analog zum Additionsverfahren, jedoch werden die beiden Gleichungen voneinander abgezogen statt addiert.

Einsetzen von $y=-1$ in I:

$$\begin{array}{lrl} \text{I} & 2x-3\cdot(-1)=9 & \\ \text{I} & 2x+3=9 & |-3 \\ \text{I} & 2x=6 & |:2 \\ \text{I} & x=3 & \Rightarrow\ S(3\,|-1) \end{array}$$

b)

$$\begin{array}{lrl} \text{I} & 2x-7y=0 & \\ \text{II} & x+4y=30 & |\cdot 2 \\ \hline \text{I} & 2x-7y=0 & \\ \text{II} & 2x+8y=60 & \\ \hline \text{I}-\text{II} & -15y=-60 & |:(-15) \\ & y=4 & \end{array}$$

Nachdem man II mit 2 multipliziert hat kann man das Subtraktionsverfahren anwenden, weil dann x wegfällt.

Einsetzen von $y=4$ in II:

$$\begin{array}{lrl} \text{II} & 2x+8\cdot4=60 & \\ \text{II} & 2x+32=60 & |-32 \\ & 2x=28 & |:2 \\ & x=14 & \Rightarrow\ S(14\,|\,4) \end{array}$$

c)

$$\begin{array}{lrl} \text{I} & x-3y=-15 & |+3y \\ \text{II} & x-2y=-9 & |+2y \\ \hline \text{I} & x=-15+3y & \\ \text{II} & x=-9+2y & \\ \hline \text{I}=\text{II} & -15+3y=-9+2y & |-2y \\ & -15+y=-9 & |+15 \\ & y=6 & \end{array}$$

Beide Gleichungen nach x auflösen und dann das Gleichsetzungsverfahren anwenden.

Einsetzen von $y=6$ in II:

$$\begin{array}{lrl} \text{II} & x=-9+2\cdot6 & \\ \text{II} & x=3 & \Rightarrow\ S(3\,|\,6) \end{array}$$

d)

$$\begin{array}{lr} \text{I} & 4x-8y=-20 \\ \text{II} & y=4x-8 \\ \hline \end{array}$$

Da eine Gleichung bereits nach y aufgelöst ist:
⇒ Einsetzungsverfahren

II in I:

$$\begin{array}{rl} 4x-8(4x-8)=-20 & \\ 4x-32x+64=-20 & |\text{zusammenfassen} \\ -28x+64=-20 & |-64 \\ -28x=-84 & |:(-28) \\ x=3 & \end{array}$$

Einsetzen von $x=3$ in II:

$$\begin{array}{lrl} \text{II} & y=4\cdot3-8 & \\ \text{II} & y=4 & \Rightarrow\ S(3\,|\,4) \end{array}$$

99 Eintritt Erwachsene: x
Eintritt Kinder: y

- I $2x + y = 68$
- II $x + 3y = 79 \quad |-3y$
  II $x = 79 - 3y$

II in I:
$2(79 - 3y) + y = 68$
$158 - 6y + y = 68 \quad |-158$
$-5y = -90 \quad |:(-5)$
$y = 18$

$\Rightarrow$ Kinder zahlen 18 €.

Einsetzen von $y = 18$ in II:
II $x = 79 - 3 \cdot 18$
II $x = 25$

$\Rightarrow$ Erwachsene zahlen 25 €.

---

100 Anzahl Kirschsaft: k
Anzahl Apfelsaft: a

I $1a + 1{,}5k = 21$ [€]
II $a + k = 18$ [Flaschen]

I – II $0{,}5k = 3 \quad |\cdot 2$
$k = 6$

$\Rightarrow$ 6 Kirschsaftflaschen

Einsetzen von $k = 6$ in II:
II $a + 6 = 18 \quad |-6$
$a = 12$

$\Rightarrow$ 12 Apfelsaftflaschen

---

101 Alter Leyla: x
Alter Lisa: y
I $x + y = 34$
II $y + 6 = x$

II in I:
$y + 6 + y = 34$
$2y + 6 = 34 \quad |-6$
$2y = 28 \quad |:2$
$y = 14$

$\Rightarrow$ Lisa ist 14 Jahre alt.

Einsetzen von $y = 14$ in II:
II $14 + 6 = x$
II $20 = x$

$\Rightarrow$ Leyla ist 20 Jahre alt.

102 I $2a + 2b = 24$ [cm]
II $a = 2b$

II in I:

$$
\begin{aligned}
2 \cdot 2b + 2b &= 24 \\
4b + 2b &= 24 \\
6b &= 24 \qquad |:6 \\
b &= 4 \qquad \Rightarrow b = 4\text{ cm}
\end{aligned}
$$

Einsetzen von b = 4 in II:

II $a = 2 \cdot 4 \;\Rightarrow\; a = 8\text{ cm}$

Flächeninhalt:

$A = a \cdot b = 8\text{ cm} \cdot 4\text{ cm} = 32\text{ cm}^2$

---

103 Anzahl Doppelzimmer: d
Anzahl Vierbettzimmer: v

I $d + v = 10$ [Zimmer] $|-d$
II $2d + 4v = 28$ [Betten]

I $v = 10 - d$
II $2d + 4v = 28$

I in II:

$$
\begin{aligned}
\text{II} \quad 2d + 4(10 - d) &= 28 \\
\text{II} \quad 2d + 40 - 4d &= 28 \\
-2d + 40 &= 28 \qquad |-40 \\
-2d &= -12 \qquad |:(-2) \\
d &= 6 \qquad \Rightarrow \text{ 6 Doppelzimmer}
\end{aligned}
$$

Einsetzen von d = 6 in I:

I $v = 10 - 6$
I $v = 4$ $\Rightarrow$ 4 Vierbettzimmer

---

3 Quadratische Funktionen und Gleichungen

104 Normalparabel: $y=x^2$

a) $P(3|9)$ b) $Q(2|4)$ c) $R(8|64)$ d) $T(1|1)$

---

105 a) $S(0|2)$ $y=x^2+2$ b) $S(0|-8)$ $y=x^2-8$ c) $S(0|6)$ $y=-x^2+6$ d) $S(0|-2)$ $y=-x^2-2$

106

II	$y=x^2$	Normalparabel nach oben geöffnet
	$y=-3x^2$	ist nicht abgebildet
IV	$y=-x^2$	Normalparabel nach unten geöffnet
I	$y=2x^2$	gestreckte, nach oben geöffnete Parabel
III	$y=0{,}5x^2$	gestauchte, nach oben geöffnete Parabel

---

107 a) $y=x^2-4$

x	−3	−2	−1	0	1	2	3
y	$9-4=5$	$4-4=0$	$1-4=-3$	$0-4=-4$	$1-4=-3$	$4-4=0$	$9-4=5$

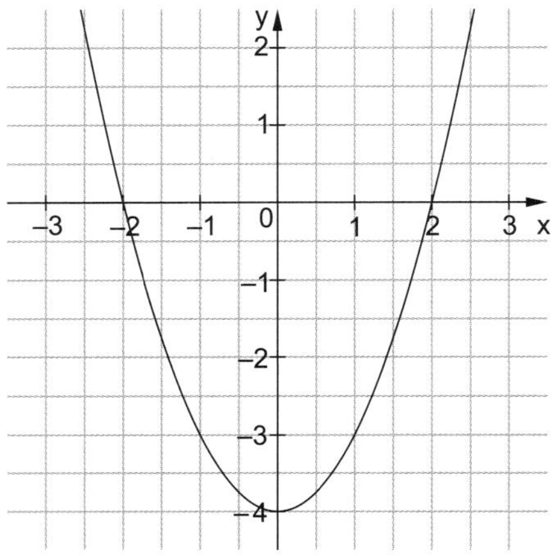

b) $y=3x^2-3$

x	−3	−2	−1	0	1	2	3
y	$3\cdot 9-3=24$	$3\cdot 4-3=9$	$3\cdot 1-3=0$	$3\cdot 0-3=-3$	$3\cdot 1-3=0$	$3\cdot 4-3=9$	$3\cdot 9-3=24$

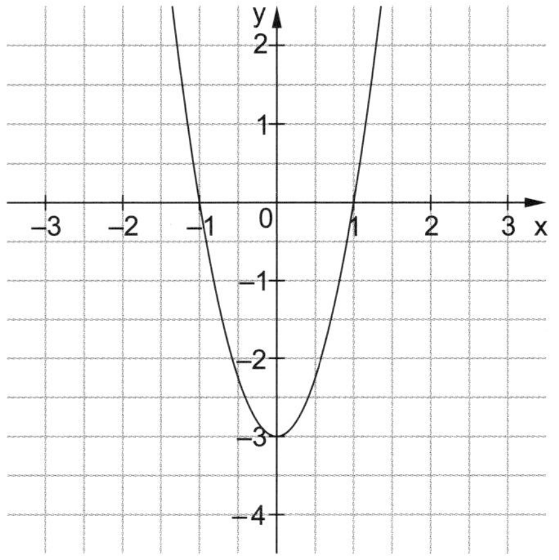

c) $y=0{,}5x^2+2$

x	–3	–2	–1	0	1	2	3
y	$0{,}5\cdot 9+2=6{,}5$	$0{,}5\cdot 4+2=4$	$0{,}5\cdot 1+2=2{,}5$	$0{,}5\cdot 0+2=2$	$0{,}5\cdot 1+2=2{,}5$	$0{,}5\cdot 4+2=4$	$0{,}5\cdot 9+2=6{,}5$

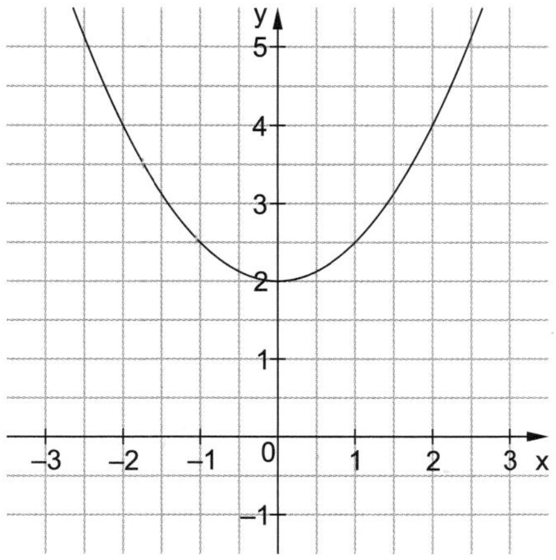

d) $y=-2x^2+4$

x	–3	–2	–1	0	1	2	3
y	$-2\cdot 9+4=-14$	$-2\cdot 4+4=-4$	$-2\cdot 1+4=2$	$-2\cdot 0+4=4$	$-2\cdot 1+4=2$	$-2\cdot 4+4=-4$	$-2\cdot 9+4=-14$

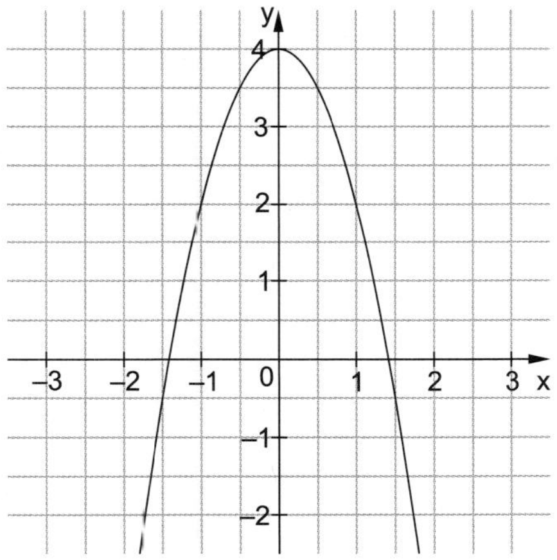

108 a) $y=x^2+2$ ☒ P(0 | 2) ☐ Q(1 | 4) ☒ R(–1 | 3)

b) $y=5x^2$ ☐ P(5 | 1) ☐ Q(0 | 5) ☒ R(–2 | 20)

c) $y=-3x^2-1$ ☐ P(2 | 5) ☐ Q(0 | –3) ☒ R(–1 | –4)

109 a) $y = x^2$
gespiegelt: $y = -x^2$

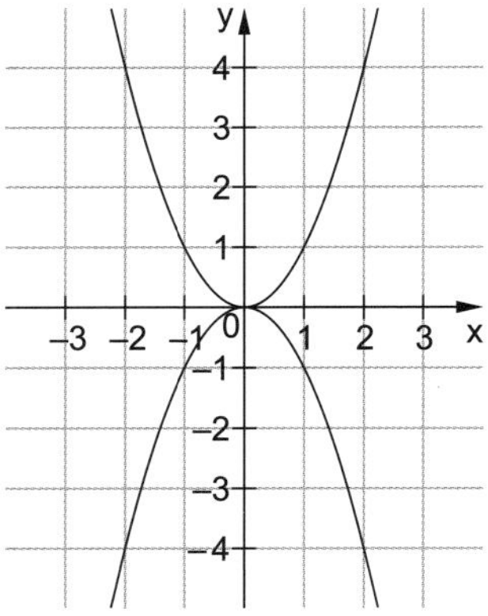

b) $y = x^2 + 1$
gespiegelt: $y = -x^2 - 1$

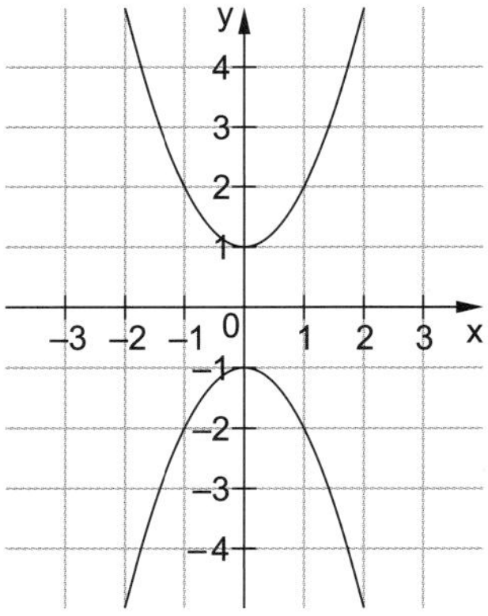

c) $y = -x^2 - 3$
gespiegelt: $y = x^2 + 3$

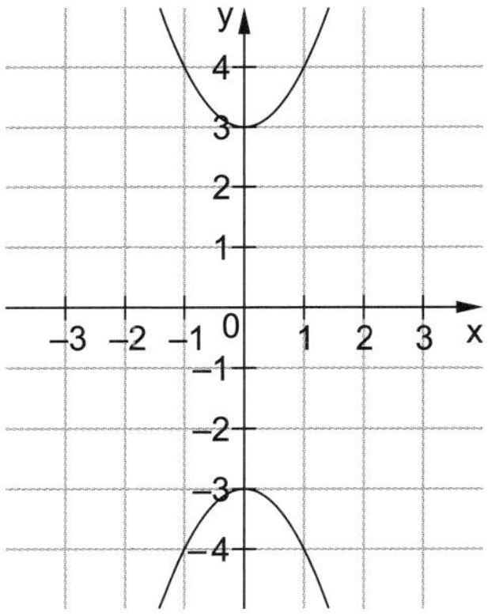

110

	Funktion	Scheitelpunkt	Öffnung	Form
a)	$y = 0{,}2x^2 + 6$	S(0 | 6)	nach oben geöffnet	gestaucht ($-1 < a < 1$)
b)	$y = -2{,}5x^2 + 1{,}5$	S(0 | 1,5)	nach unten geöffnet	gestreckt ($a < -1$)
c)	$y = 2{,}3x^2 - 1{,}4$	S(0 | –1,4)	nach oben geöffnet	gestreckt ($a > 1$)
d)	$y = -0{,}3x^2 - 0{,}2$	S(0 | –0,2)	nach unten geöffnet	gestaucht ($-1 < a < 1$)

111 a) Scheitelpunkt bei (0 | 2) $\Rightarrow$ $c = 2$
Der Graph verläuft durch P(–1 | 1).
Setze diesen Punkt in die Funktionsgleichung $y = ax^2 + 2$ ein und löse nach a auf.

$1 = a \cdot (-1)^2 + 2$
$1 = a + 2$
$-1 = a$
$\Rightarrow$ f: $y = -x^2 + 2$

b) Scheitelpunkt bei (0 | –3) $\Rightarrow$ $c = -3$
Der Graph verläuft durch P(2 | –1).
Setze diesen Punkt in die Funktionsgleichung $y = ax^2 - 3$ ein und löse nach a auf.

$-1 = a \cdot 2^2 - 3$
$-1 = 4a - 3$
$0{,}5 = a$
$\Rightarrow$ g: $y = 0{,}5x^2 - 3$

112 a) P(0 | 0,5)

b) $\overline{P_1P_2} = 1{,}5$ m

c)
- ☐ $y = -0{,}125x^2 + 0{,}5$ Falsch, weil sich die Parabel dieser Funktion nach unten öffnet.
- ☒ $y = 0{,}125x^2 + 0{,}5$ Richtig. Die Parabel der Funktion ist nach oben geöffnet und um 0,5 nach oben verschoben.
- ☐ $y = 1{,}125x^2 - 0{,}5$ Falsch, weil die Parabel dieser Funktion um 0,5 nach unten verschoben ist.

113 a) S(5 | 2) $\Rightarrow$ $y = (x - 5)^2 + 2$ allgemeine Form: $y = (x - d)^2 + c$
Die Normalparabel ist um 5 nach rechts in x-Richtung und um 2 nach oben in y-Richtung verschoben.

b) S(–4 | 1) $\Rightarrow$ $y = (x + 4)^2 + 1$
Die Normalparabel ist um 4 nach links in x-Richtung und um 1 nach oben in y-Richtung verschoben.

c) S(–2,5 | –1,5) $\Rightarrow$ $y = (x + 2{,}5)^2 - 1{,}5$
Die Normalparabel ist um 2,5 nach links in x-Richtung und um 1,5 nach unten in y-Richtung verschoben.

114
a) $y = (x-3)^2 + 1 \Rightarrow S(3\,|\,1)$
b) $y = (x+2)^2 - 1 \Rightarrow S(-2\,|\,-1)$
c) $y = (x-2)^2 + 0{,}5 \Rightarrow S(2\,|\,0{,}5)$
d) $y = (x+1{,}5)^2 - 2 \Rightarrow S(-1{,}5\,|\,-2)$
e) $y = (x+3)^2 \Rightarrow S(-3\,|\,0)$
f) $y = (x-4)^2 \Rightarrow S(4\,|\,0)$

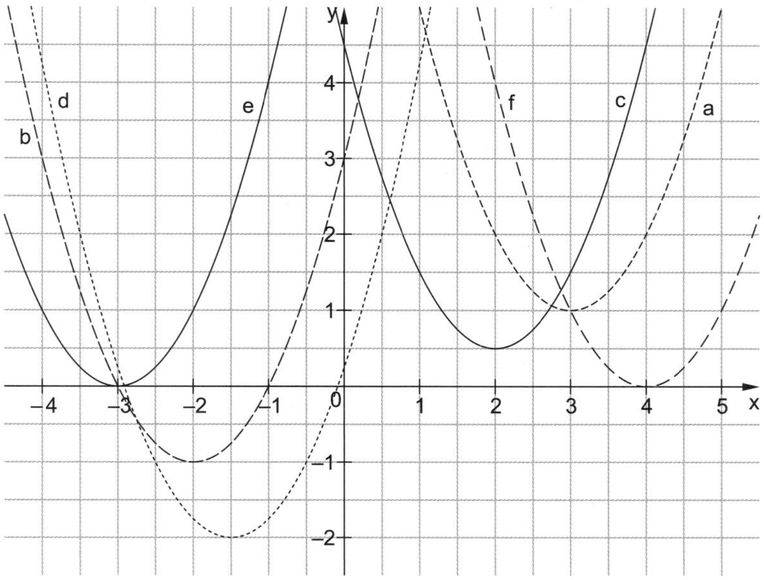

115
a) $S(2\,|\,3) \Rightarrow y = (x-2)^2 + 3$
b) $S(-2\,|\,-4{,}5) \Rightarrow y = (x+2)^2 - 4{,}5$
c) $S(-3{,}5\,|\,2) \Rightarrow y = (x+3{,}5)^2 + 2$
d) $S(0\,|\,-1) \Rightarrow y = (x+0)^2 - 1 \Rightarrow y = x^2 - 1$

116
a) $y = (x+4)^2 + 3$ $\quad P(-2\,|\,7)$
$7 \stackrel{?}{=} (-2+4)^2 + 3$
$7 \stackrel{?}{=} 4 + 3$
$7 \stackrel{!}{=} 7$
Der Punkt P(–2 | 7) liegt auf der Parabel.

b) $y = (x-5)^2 - 4$ $\quad P(8\,|\,5)$
$5 \stackrel{?}{=} (8-5)^2 - 4$
$5 \stackrel{?}{=} 9 - 4$
$5 \stackrel{!}{=} 5$
Der Punkt P(8 | 5) liegt auf der Parabel.

c) $y = (x-2)^2 - 4$ $\quad P(4\,|\,-1)$
$-1 \stackrel{?}{=} (4-2)^2 - 4$
$-1 \stackrel{?}{=} 4 - 4$
$-1 \neq 0$
Der Punkt P(4 | –1) liegt nicht auf der Parabel.

d) $y = (x+4)^2 - 8$ $\quad P(-6\,|\,-4)$
$-4 \stackrel{?}{=} (-6+4)^2 - 8$
$-4 \stackrel{?}{=} 4 - 8$
$-4 \stackrel{!}{=} -4$
Der Punkt P(–6 | –4) liegt auf der Parabel.

117

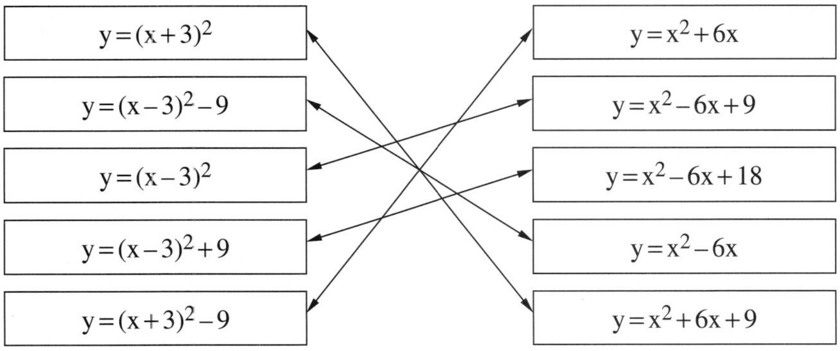

118

	Scheitelpunktform	Normalform	
a)	$y=(x+6)^2-5$	$y=x^2+12x+36-5$ $y=x^2+12x+31$	1. binomische Formel anwenden
b)	$y=(x-8)^2+7$	$y=x^2-16x+64+7$ $y=x^2-16x+71$	2. binomische Formel anwenden
c)	$y=(x-10)^2-66$	$y=x^2-20x+100-66$ $y=x^2-20x+34$	2. binomische Formel anwenden
d)	$y=(x+3)^2-12$	$y=x^2+6x+9-12$ $y=x^2+6x-3$	1. binomische Formel anwenden

119 a) $x^2+6x+9=(x+\mathbf{3})^2$
b) $x^2+8x+\mathbf{16}=(x+\mathbf{4})^2$
c) $x^2-12x+\mathbf{36}=(x-\mathbf{6})^2$
d) $x^2+10x+8=(x+\mathbf{5})^2-\mathbf{17}$
e) $x^2-4x+2=(x-\mathbf{2})^2-\mathbf{2}$
f) $x^2+2x+5=(x+\mathbf{1})^2+\mathbf{4}$

120

	Normalform	Scheitelpunktform
a)	$y=x^2+6x+4$	$y=(x+3)^2-5$
b)	$y=x^2+6x+36$	$y=(x+3)^2+27$
c)	$y=x^2-12x+34$	$y=(x-6)^2-2$
d)	$y=x^2-8x+34$	$y=(x-4)^2+18$
e)	$y=x^2-7x+2{,}25$	$y=(x-3{,}5)^2-10$
f)	$y=x^2+9x-5{,}25$	$y=(x+4{,}5)^2-25{,}5$

Quadratische Ergänzung:
p aus der Normalform halbieren und q entsprechend anpassen

121

	Funktionsgleichung (Normalform)	Scheitelpunktform	Scheitelpunkt	Graph
a)	$y=x^2+8x+16$	$y=(x+4)^2$	$S(-4\,|\,0)$	I
b)	$y=x^2-4x+4$	$y=(x-2)^2$	$S(2\,|\,0)$	IV
c)	$y=x^2+6x+8$	$y=(x+3)^2-1$	$S(-3\,|\,-1)$	II
d)	$y=x^2-2x-1$	$y=(x-1)^2-2$	$S(1\,|\,-2)$	III

122

	Scheitelpunkt	Scheitelpunktform	Normalform
a)	$S(8\,|\,4)$	$y=(x-8)^2+4$	$y=x^2-16x+64+4$ $y=x^2-16x+68$
b)	$S(6\,|\,5)$	$y=(x-6)^2+5$	$y=x^2-12x+36+5$ $y=x^2-12x+41$
c)	$S(-4\,|\,-2)$	$y=(x+4)^2-2$	$y=x^2+8x+16-2$ $y=x^2+8x+14$
d)	$S(-10\,|\,80)$	$y=(x+10)^2+80$	$y=x^2+20x+100+80$ $y=x^2+20x+180$

123 a) $y=0^2+2\cdot 0+5=5 \Rightarrow (0\,|\,5)$
b) $y=(0+4)^2+1=4^2+1=16+1=17 \Rightarrow (0\,|\,17)$
c) $y=0^2-0-12=-12 \Rightarrow (0\,|\,-12)$
d) $y=(0-9)^2+3=81+3=84 \Rightarrow (0\,|\,84)$

124 a) $y=x^2-4$

$x^2-4=0 \quad |+4$

$x^2=4 \quad |\sqrt{\ }$

$x_{1/2}=\pm 2$

$\Rightarrow N_1(-2|0)\ N_2(2|0)$

b) $y=2x^2-8$

$2x^2-8=0 \quad |+8$

$2x^2=8 \quad |:2$

$x^2=4 \quad |\sqrt{\ }$

$x_{1/2}=\pm 2$

$\Rightarrow N_1(-2|0)\ N_2(2|0)$

c) $y=-x^2$

$-x^2=0$

$x=0$

$\Rightarrow N_1(0|0)$

d) $y=-x^2+36$

$-x^2+36=0 \quad |-36$

$-x^2=-36 \quad |\cdot(-1)$

$x^2=36 \quad |\sqrt{\ }$

$x_{1/2}=\pm 6$

$\Rightarrow N_1(-6|0)\ N_2(6|0)$

e) $y=2x^2$

$2x^2=0 \quad |:2$

$x^2=0$

$\Rightarrow N_1(0|0)$

f) $y=0{,}5x^2-4{,}5$

$0{,}5x^2-4{,}5=0 \quad |+4{,}5$

$0{,}5x^2=4{,}5 \quad |:0{,}5$

$x^2=9 \quad |\sqrt{\ }$

$x_{1/2}=\pm 3$

$\Rightarrow N_1(-3|0)\ N_2(3|0)$

125

a) $y=-x^2-6$	$S(0\|-6)$	nach unten geöffnet	$\Rightarrow$	keine Nullstellen
b) $y=2{,}5x^2+10$	$S(0\|10)$	nach oben geöffnet	$\Rightarrow$	keine Nullstellen
c) $y=-3x^2+4$	$S(0\|4)$	nach unten geöffnet	$\Rightarrow$	zwei Nullstellen
d) $y=0{,}5x^2$	$S(0\|0)$	$\Rightarrow$ eine Nullstelle		

---

126 14 cm tief $\Rightarrow$ Scheitelpunkt bei $y=-14$

Funktionsgleichung: $y=x^2-14$

Die Breite der Dachrinne entspricht dem Abstand der beiden Nullstellen.

$x^2-14=0 \quad |+14$

$x^2=14 \quad |\sqrt{\ }$

$x_{1/2}\approx\pm 3{,}74$

Die Breite der Dachrinne beträgt also 3,74 + 3,74 = 7,48 cm.

---

127 a) $y=-x^2+4 \Rightarrow$ Normalparabel; nach unten geöffnet $S(0|4)$

$\Rightarrow$ höchster Punkt bei 4 m.

b)

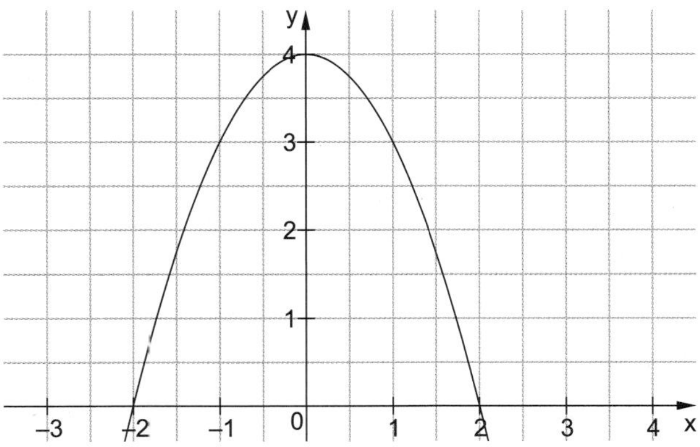

c) Gesucht ist der Abstand zwischen den beiden Nullstellen:

$-x^2+4=0 \quad |-4$

$-x^2=-4 \quad |\cdot(-1)$

$x^2=4 \quad |\sqrt{\ }$

$x_{1/2}=\pm 2 \qquad \Rightarrow \quad N_1(-2|0) \quad N_2(2|0)$

Der Radius des Beckens muss 4 m betragen.

---

128 a) $x^2+12x+8=0$ $\qquad x_{1/2}=-\frac{12}{2}\pm\sqrt{\left(\frac{12}{2}\right)^2-8}$

b) $x^2-5x-8=0$ $\qquad x_{1/2}=-\frac{-5}{2}\pm\sqrt{\left(\frac{-5}{2}\right)^2+8}$

c) $x^2+3x+7=0$ $\qquad x_{1/2}=-\frac{3}{2}\pm\sqrt{\left(\frac{3}{2}\right)^2-7}$

d) $x^2+9x=0$ $\qquad x_{1/2}=-\frac{9}{2}\pm\sqrt{\left(\frac{9}{2}\right)^2}$

---

129 a) $x^2+4x+3=0$

$x_{1/2}=-\frac{4}{2}\pm\sqrt{\left(\frac{4}{2}\right)^2-3}$

$x_{1/2}=-2\pm\sqrt{2^2-3}$

$x_{1/2}=-2\pm\sqrt{1}$

$x_1=-2+1=-1$

$x_2=-2-1=-3$ $\qquad L=\{-3;\,-1\}$

b) $x^2-6x-7=0$

$x_{1/2}=-\frac{-6}{2}\pm\sqrt{\left(\frac{-6}{2}\right)^2+7}$ $\qquad$ Achte beim Einsetzen genau auf die Vorzeichen!

$x_{1/2}=3\pm\sqrt{(-3)^2+7}$

$x_{1/2}=3\pm\sqrt{16}$

$x_1=3+4=7$

$x_2=3-4=-1$ $\qquad L=\{-1;\,7\}$

c) $x^2+2x-3=0$

$x_{1/2}=-\frac{2}{2}\pm\sqrt{\left(\frac{2}{2}\right)^2+3}$

$x_{1/2}=-1\pm\sqrt{1^2+3}$

$x_{1/2}=-1\pm\sqrt{4}$

$x_1=-1+2=1$

$x_2=-1-2=-3$ $\qquad L=\{-3;\,1\}$

d) $x^2+4x+4=0$

$x_{1/2}=-\frac{4}{2}\pm\sqrt{\left(\frac{4}{2}\right)^2-4}$

$x_{1/2}=-2\pm\sqrt{2^2-4}$

$x_{1/2}=-2\pm\sqrt{0}$

$x_{1/2}=-2\pm0=-2$ $\quad L=\{-2\}$ Die Zahl unter der Wurzel ist 0. Es gibt daher nur eine Lösung.

e) $3x^2-12x+9=0 \quad |:3$ Gleichung auf die Form x^2+px+q bringen.

$x^2-4x+3=0$

$x_{1/2}=-\frac{-4}{2}\pm\sqrt{\left(\frac{-4}{2}\right)^2-3}$

$x_{1/2}=2\pm\sqrt{(-2)^2-3}$

$x_{1/2}=2\pm\sqrt{1}$

$x_1=2+1=3$

$x_2=2-1=1$ $\quad L=\{1;3\}$

f) $x^2-5x-2{,}75=0$

$x_{1/2}=-\frac{-5}{2}\pm\sqrt{\left(\frac{-5}{2}\right)^2+2{,}75}$

$x_{1/2}=2{,}5\pm\sqrt{(-2{,}5)^2+2{,}75}$

$x_{1/2}=2{,}5\pm\sqrt{9}$

$x_1=2{,}5+3=5{,}5$

$x_2=2{,}5-3=-0{,}5$ $\quad L=\{-0{,}5;5{,}5\}$

---

130 a) $y=x^2-10x+9$

$x_{1/2}=-\frac{-10}{2}\pm\sqrt{\left(\frac{-10}{2}\right)^2-9}$

$x_{1/2}=5\pm\sqrt{(-5)^2-9}$

$x_{1/2}=5\pm\sqrt{16}$

$x_1=5+4=9$

$x_2=5-4=1$

b) $y=x^2+6x+5$

$x_{1/2}=-\frac{6}{2}\pm\sqrt{\left(\frac{6}{2}\right)^2-5}$

$x_{1/2}=-3\pm\sqrt{3^2-5}$

$x_{1/2}=-3\pm\sqrt{4}$

$x_1=-3+2=-1$

$x_2=-3-2=-5$

c) $y=x^2+8x+7$

$x_{1/2}=-\frac{8}{2}\pm\sqrt{\left(\frac{8}{2}\right)^2-7}$

$x_{1/2}=-4\pm\sqrt{4^2-7}$

$x_{1/2}=-4\pm\sqrt{9}$

$x_1=-4+3=-1$

$x_2=-4-3=-7$

d) $y=3x^2-24x+21$

$0=3x^2-24x+21 \quad |:3$

$0=x^2-8x+7$

$x_{1/2}=-\frac{-8}{2}\pm\sqrt{\left(\frac{-8}{2}\right)^2-7}$

$x_{1/2}=4\pm\sqrt{(-4)^2-7}$

$x_{1/2}=4\pm\sqrt{9}$

$x_1=4+3=7$

$x_2=4-3=1$

131 a) $y=(x-6)^2-49$

Umwandeln in die Normalform, um mit der p-q-Formel zu arbeiten.

$0=x^2-12x+36-49$

$0=x^2-12x-13$

$x_{1/2}=-\frac{-12}{2}\pm\sqrt{\left(\frac{-12}{2}\right)^2+13}$

$x_{1/2}=6\pm\sqrt{(-6)^2+13}$

$x_{1/2}=6\pm\sqrt{49}$

$x_1=6+7=13$

$x_2=6-7=-1$

b) $y=(x+4)^2-1$

$0=x^2+8x+16-1$

$0=x^2+8x+15$

$x_{1/2}=-\frac{8}{2}\pm\sqrt{\left(\frac{8}{2}\right)^2-15}$

$x_{1/2}=-4\pm\sqrt{4^2-15}$

$x_{1/2}=-4\pm\sqrt{1}$

$x_1=-4+1=-3$

$x_2=-4-1=-5$

c) $y=-(x+4)^2+9$

$0=-(x^2+8x+16)+9$

$0=-x^2-8x-16+9$

$0=-x^2-8x-7 \quad |\cdot(-1)$

Gleichung auf die Form x^2+px+q bringen

$0=x^2+8x+7$

$x_{1/2}=-\frac{8}{2}\pm\sqrt{\left(\frac{8}{2}\right)^2-7}$

$x_{1/2}=-4\pm\sqrt{4^2-7}$

$x_{1/2}=-4\pm\sqrt{9}$

$x_1=-4+3=-1$

$x_2=-4-3=-7$

d) $y=-2(x+6)^2+50$

$0=-2(x^2+12x+36)+50$

$0=-2x^2-24x-72+50$

$0=-2x^2-24x-22 \quad |:(-2)$

Gleichung auf die Form x^2+px+q bringen

$0=x^2+12x+11$

$x_{1/2}=-\frac{12}{2}\pm\sqrt{\left(\frac{12}{2}\right)^2-11}$

$x_{1/2}=-6\pm\sqrt{6^2-11}$

$x_{1/2}=-6\pm\sqrt{25}$

$x_1=-6+5=-1$

$x_2=-6-5=-11$

132 a) $(x+8)^2 = 169 \quad |\sqrt{\ }$

$x_{1/2} + 8 = \pm 13 \quad |-8$

$x_1 = 13 - 8 = 5$

$x_2 = -13 - 8 = -21$

$L = \{-21; 5\}$

b) $(x-4)^2 = 9 \quad |\sqrt{\ }$

$x_{1/2} - 4 = \pm 3 \quad |+4$

$x_1 = 3 + 4 = 7$

$x_2 = -3 + 4 = 1$

$L = \{1; 7\}$

c) $(x-4)(x+4) = 65 \quad$ | 3. binomische Formel

$x^2 - 16 = 65 \quad |+16$

$x^2 = 81 \quad |\sqrt{\ }$

$x_{1/2} = \pm 9$

$L = \{-9; 9\}$

d) $(x-1)(x+1) = 15 \quad$ | 3. binomische Formel

$x^2 - 1 = 15 \quad |+1$

$x^2 = 16 \quad |\sqrt{\ }$

$x_{1/2} = \pm 4$

$L = \{-4; 4\}$

---

133 a) Ela: $x + 4$

Claudia: x

$(x+4) \cdot x = 221$

b) $(x+4) \cdot x = 221$

$x^2 + 4x = 221 \quad |-221$

$x^2 + 4x - 221 = 0$

$$x_{1/2} = -\frac{4}{2} \pm \sqrt{\left(\frac{4}{2}\right)^2 + 221}$$

$x_{1/2} = -2 \pm \sqrt{2^2 + 221}$

$x_{1/2} = -2 \pm \sqrt{225}$

$x_1 = -2 + 15 = \mathbf{13}$

$x_2 = -2 - 15 = -17$ — Das negative Ergebnis spielt bei der Textaufgabe keine Rolle.

Probe: $(13+4) \cdot 13 = 17 \cdot 13 = 221$

Claudia ist 13 Jahre und Ela ist 17 Jahre alt.

---

134 $(8+x)(12+x) = 2 \cdot 96$ — Der Flächeninhalt vom ursprünglichen Rechteck beträgt $8\text{ m} \cdot 12\text{ m} = 96\text{ m}^2$.

$96 + 8x + 12x + x^2 = 192$

$96 + 20x + x^2 = 192 \quad |-192$

$x^2 + 20x - 96 = 0$

$$x_{1/2} = -\frac{20}{2} \pm \sqrt{\left(\frac{20}{2}\right)^2 + 96}$$

$x_{1/2} = -10 \pm \sqrt{10^2 + 96}$

$x_{1/2} = -10 \pm \sqrt{196}$

$x_1 = -10 + 14 = \mathbf{4}$

$x_2 = -10 - 14 = -24$ — Da in der Geometrie alle Längen positiv sind, entfällt x_2.

Probe: $(8\text{ m} + 4\text{ m}) \cdot (12\text{ m} + 4\text{ m}) = 12\text{ m} \cdot 16\text{ m} = 192\text{ m}^2$

Man muss beide Streckenlängen um 4 m verlängern, damit sich der Flächeninhalt von 96 m^2 auf 192 m^2 verdoppelt.

135 a) $x^2+6x+9=0$

$D=\left(\frac{6}{2}\right)^2-9$

$D=3^2-9$

$D=0 \quad \Rightarrow$ eine Lösung

b) $x^2+8x=-16 \quad |+16$

$x^2+8x+16=0$

$D=\left(\frac{8}{2}\right)^2-16$

$D=4^2-16$

$D=0 \quad \Rightarrow$ eine Lösung

c) $5x^2-15x+2{,}5=0 \quad |:5$

$x^2-3x+0{,}5=0$

$D=\left(\frac{3}{2}\right)^2-0{,}5$

$D=1{,}5^2-0{,}5$

$D=1{,}75>0 \quad \Rightarrow$ zwei Lösungen

d) $3x^2+9x=-6{,}75 \quad |:3$

$x^2+3x=-2{,}25 \quad |+2{,}25$

$x^2+3x+2{,}25=0$

$D=\left(\frac{3}{2}\right)^2-2{,}25$

$D=1{,}5^2-2{,}25$

$D=0 \quad \Rightarrow$ eine Lösung

---

136 a) $y=x^2+4x+4$

$D=\left(\frac{4}{2}\right)^2-4$

$D=2^2-4$

$D=0 \quad \Rightarrow$ eine Nullstelle

b) $y=x^2+4x-4$

$D=\left(\frac{4}{2}\right)^2+4$

$D=2^2+4$

$D=8>0 \quad \Rightarrow$ zwei Nullstellen

c) $y=x^2+4x+5$

$D=\left(\frac{4}{2}\right)^2-5$

$D=2^2-5$

$D=-1<0 \quad \Rightarrow$ keine Nullstelle

d) $y=x^2-3x+6$

$D=\left(\frac{-3}{2}\right)^2-6$

$D=(-1{,}5)^2-6$

$D=-3{,}75<0 \quad \Rightarrow$ keine Nullstelle

e) $y=x^2-7x+2$

$D=\left(\frac{-7}{2}\right)^2-2$

$D=(-3{,}5)^2-2$

$D=10{,}25>0 \quad \Rightarrow$ zwei Nullstellen

f) $y=x^2+5x+6{,}25$

$D=\left(\frac{5}{2}\right)^2-6{,}25$

$D=2{,}5^2-6{,}25$

$D=0 \quad \Rightarrow$ eine Nullstelle

---

137 a) $y=x^2-6x+q \quad \Rightarrow \quad p=-6$

$D=\left(\frac{-6}{2}\right)^2-q=(-3)^2-q=9-q$

Genau eine Nullstelle: $D=0$

$9-q=0 \quad |+q$

$q=9$

Keine Nullstellen: $D<0$

$q<9 \quad \Rightarrow$ z. B. $q=1$

Zwei Nullstellen: $D>0$

$q>9 \quad \Rightarrow$ z. B. $q=20$

b) $y=x^2+px+49 \quad \Rightarrow \quad q=49$

$D=\left(\frac{p}{2}\right)^2-49=\frac{p^2}{4}-49$

Genau eine Nullstelle: $D=0$

$\frac{p^2}{4}-49=0 \quad |+49$

$\frac{p^2}{4}=49 \quad |\cdot 4$

$p^2=196 \quad |\sqrt{}$

$p=\pm 14$

Keine Nullstellen: $D<0$

$-7<p<7 \quad \Rightarrow$ z. B. $q=-2$

Zwei Nullstellen: $D>0$

$p<-7$ oder $p>7 \quad \Rightarrow$ z. B. $q=10$

4 Lineares und exponentielles Wachstum

138 a) Die monatlichen Kosten steigen jedes Jahr um denselben Wert (1,50 €). ⇒ lineares Wachstum

b) Die Aufrufe nehmen stündlich mit dem selben Faktor zu (verdreifachen sich). ⇒ exponentielles Wachstum

c) Die Heizkosten steigen jährlich mit dem selben Faktor (3,5 %). ⇒ exponentielles Wachstum

d) Die Besucherzahl nimmt stündlich um denselben Faktor zu (verdoppelt sich). ⇒ exponentielles Wachstum

---

139 a) Die Anzahl steigt jährlich um denselben Wert (12). ⇒ lineares Wachstum

b) Die Anzahl steigt jährlich um den gleichen Faktor (verdoppelt sich). ⇒ exponentielles Wachstum

c) Die Anzahl steigt jährlich um denselben Wert (13). ⇒ lineares Wachstum

---

140 Bei Graph A liegen die Werte auf einer Kurve, die immer steiler ansteigt; es liegt also ein exponentielles Wachstum vor. Bei Graph B liegen alle Punkte auf einer Gerade; es liegt also ein lineares Wachstum vor.

141

Jährlicher Zinssatz	**Kapital mit Zins und Zinseszins nach …**			
	1 Jahr	3 Jahren	5 Jahren	10 Jahren
2 %	$500\text{ €} \cdot 1{,}02$ $= 510\text{ €}$	$500\text{ €} \cdot 1{,}02^3$ $\approx 530{,}60\text{ €}$	$500\text{ €} \cdot 1{,}02^5$ $\approx 552{,}04\text{ €}$	$500\text{ €} \cdot 1{,}02^{10}$ $\approx 609{,}50\text{ €}$
0,5 %	$500\text{ €} \cdot 1{,}005$ $= 502{,}50\text{ €}$	$500\text{ €} \cdot 1{,}005^3$ $\approx 507{,}54\text{ €}$	$500\text{ €} \cdot 1{,}005^5$ $\approx 512{,}63\text{ €}$	$500\text{ €} \cdot 1{,}005^{10}$ $\approx 525{,}57\text{ €}$
3,5 %	$500\text{ €} \cdot 1{,}035$ $= 517{,}50\text{ €}$	$500\text{ €} \cdot 1{,}035^3$ $\approx 554{,}36\text{ €}$	$500\text{ €} \cdot 1{,}035^5$ $\approx 593{,}84\text{ €}$	$500\text{ €} \cdot 1{,}035^{10}$ $\approx 705{,}30\text{ €}$
5,1 %	$500\text{ €} \cdot 1{,}051$ $= 525{,}50\text{ €}$	$500\text{ €} \cdot 1{,}051^3$ $\approx 580{,}47\text{ €}$	$500\text{ €} \cdot 1{,}051^5$ $\approx 641{,}19\text{ €}$	$500\text{ €} \cdot 1{,}051^{10}$ $\approx 822{,}24\text{ €}$

142

	a)	b)	c)	d)
Anfangskapital K_0	750 €	$K_0 = \frac{1100\text{ €}}{1{,}035^5} \approx 926{,}17\text{ €}$	900 €	1 400 €
Zinssatz p %	4 %	3,5 %	5 %	15 %
Zinsfaktor q	1,04	1,035	$q = \sqrt[8]{\frac{1\,329{,}71}{900}} \approx 1{,}05$	1,15
Anzahl Jahre n	6	5	8	7
Endkapital K_n	$K_6 = 750\text{ €} \cdot 1{,}04^6$ $\approx 948{,}99\text{ €}$	1 100 €	1 329,71 €	3 724,03 €

---

143 a) $20\,000\text{ €} \cdot 1{,}018^4 \approx 21\,479{,}35\text{ €}$

Nach vier Jahren hat sie 21 479,35 € angespart.

b) $K_n = 20\,000 \cdot 1{,}018^n > 40\,000\text{ €}$

$K_{20} = 20\,000 \cdot 1{,}018^{20} \approx 28\,575\text{ €}$

$K_{40} = 20\,000 \cdot 1{,}018^{40} \approx 40\,826{,}40\text{ €}$

$K_{39} = 20\,000 \cdot 1{,}018^{39} \approx 40\,104{,}52\text{ €}$

$K_{38} = 20\,000 \cdot 1{,}018^{38} \approx 39\,395{,}40\text{ €}$

Nach 39 Jahren hat sich das Kapital verdoppelt.

Lösung durch Probieren.
1. Annahme n = 20 Jahre
2. Annahme n = 40 Jahre

144 gesucht ist das Anfangskapital K_0

$$K_0 = \frac{1\,500\text{ €}}{1{,}03^5}$$

$K_0 \approx 1\,293{,}91\text{ €}$

Marian muss 1 293,91 € anlegen.

---

145 $$q = \sqrt[10]{\frac{2\,500\text{ €}}{2\,000\text{ €}}}$$

$q = \sqrt[10]{1{,}25}$

$q \approx 1{,}0226 \quad \Rightarrow \quad p\,\% = 2{,}26\,\%$

Der jährliche Zinssatz betrug 2,26 %

---

146 gesucht ist das Anfangskapital K_0

$$K_0 = \frac{3\,400\text{ €}}{1{,}025^{18}}$$

$K_0 \approx 2\,180\text{ €}$

Ayses Eltern haben vor 18 Jahren 2 180 € angelegt.

---

147 $K_3 = 750\text{ €} \cdot 1{,}025^3 \approx 807{,}67\text{ €}$ Berechnung des Kapital nach den ersten drei Jahren.

$K_{10} = 807{,}67\text{ €} \cdot 1{,}035^7 \approx 1\,027{,}58\text{ €}$ Berechnung des Kapitals nach weiteren sieben Jahren.

Das Endkapital nach zehn Jahren beträgt 1 027,58 €.

---

148 a) $q = 1 + \frac{1{,}5}{100} = 1 + \frac{15}{1\,000} = 1{,}015$

b) $q = 1 + \frac{15}{100} = 1{,}15$

c) $q = 1 - \frac{25}{100} = 0{,}75$

d) $q = 1 - \frac{18}{100} = 0{,}82$

---

149 $q = 1 + \frac{5}{100} = 1{,}05$

$G_3 = 600\text{ €} \cdot 1{,}05^3 \approx 694{,}58\text{ €}$

Die Miete beträgt nach drei Jahren 694,58 €.

---

150 $q = 1 + \frac{25}{1\,000} = 1{,}025$

Bestand nach einem Jahr:

$G_1 = 10\,000\text{ Festmeter} \cdot 1{,}025 = 10\,250\text{ Festmeter}$

Bestand nach drei Jahren:

$G_3 = 10\,000\text{ Festmeter} \cdot 1{,}025^3 \approx 10\,769\text{ Festmeter}$

Bestand nach sechs Jahren:

$G_6 = 10\,000\text{ Festmeter} \cdot 1{,}025^6 \approx 11\,597\text{ Festmeter}$

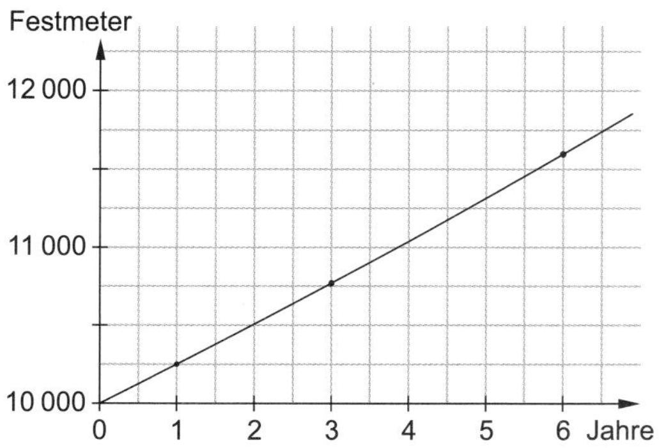

---

151 Es sind seit 2015 sechs Jahre vergangen.

$q = 1 - \frac{8}{100} = 0,92$

$G_6 = 21\,000$ Tageszeitungen $\cdot\, 0,92^6$

$G_6 \approx 12\,733$ Tageszeitungen

Im Jahr 2021 wurden nur noch 12 733 Tageszeitungen verkauft.

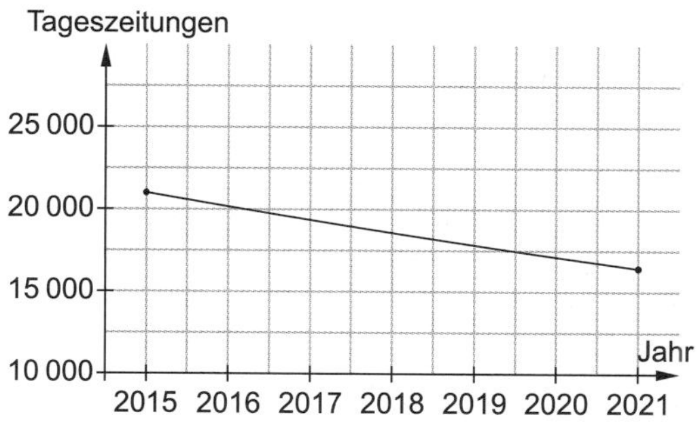

---

152 $q = 1 - \frac{19}{100} = 0,81$

$G_5 = 26\,500\,€ \cdot 0,81^5 \approx 9\,239,98\,€$

Nach fünf Jahren ist das Auto noch 9 239,98 € wert.

---

153 $q = 1 - \frac{7}{100} = 0,93$

Annahme: Anfangsbetrag 10 € $\Rightarrow$ Endbetrag 5 €

Es ist egal, welcher Betrag gewählt wird.

Lösung durch Probieren:

$G_9 = 10\,€ \cdot 0,93^9 \approx 5,20\,€$

$G_{10} = 10\,€ \cdot 0,93^{10} \approx 4,84\,€$

Nach zehn Jahren haben sich die Kosten halbiert.

---

154 $y = 2 \cdot 1,2^x \Rightarrow$ C

$y = 2^x$ (kein passender Graph)

$y = 3 \cdot 0,8^x$ (kein passender Graph)

$y = 2 \cdot 0,8^x \Rightarrow$ B

$y = 0,8^x \Rightarrow$ A

$y = 1,2^x \Rightarrow$ D

---

155 a) $y = 1,2^x$ | $q > 1 \Rightarrow$ Der Graph steigt.
$c = 1 \Rightarrow$ y-Achsenschnittpunkt bei $(0\,|\,1)$.

b) $y = \left(\frac{4}{5}\right)^x$ | $q < 1 \Rightarrow$ Der Graph fällt.
$c = 1 \Rightarrow$ y-Achsenschnittpunkt bei $(0\,|\,1)$.

c) $y = 3 \cdot \left(\frac{7}{6}\right)^x$ | $q > 1 \Rightarrow$ Der Graph steigt.
$c = 3 \Rightarrow$ y-Achsenschnittpunkt bei $(0\,|\,3)$

d) $y = 0,2 \cdot 1^x$ | $q = 1 \Rightarrow$ Der Graph verläuft parallel zur x-Achse
$c = 0,2 \Rightarrow$ y-Achsenschnittpunkt bei $(0\,|\,0,2)$

---

156 a) $y = 1\,000\,€ \cdot 1,045^x$

b) $K_{12} = 1\,000\,€ \cdot 1,045^{12} \approx 1\,695,88\,€$
Das Guthaben ist nach zwölf Jahren auf 1 695,88 € angewachsen.

c) Lösung durch Probieren:
$K_{15} = 1\,000\,€ \cdot 1,045^{15} \approx 1\,935,28\,€$
$K_{16} = 1\,000\,€ \cdot 1,045^{16} \approx 2\,022,37\,€$
Nach 16 Jahren hat sich das Kapital verdoppelt.

d)

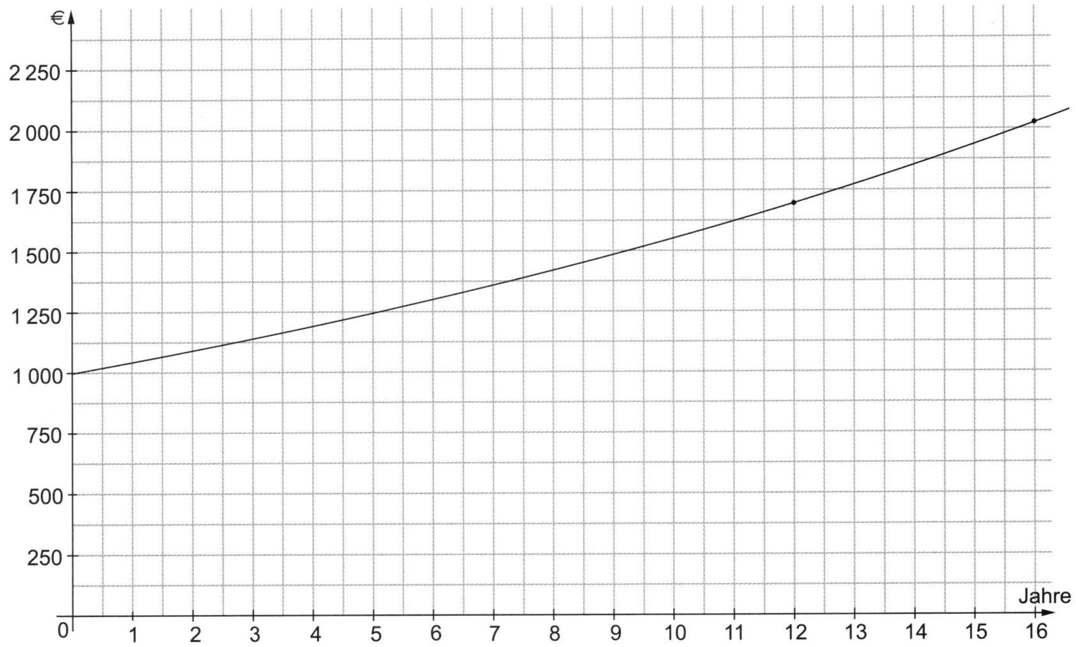

157 a) Restwert nach dem ersten Jahr:
$45\,600\ € \cdot 0{,}75 = 34\,200\ €$

$q = 1 - \frac{25}{100} = 0{,}75$

Restwert danach:
$y = 34\,200\ € \cdot 0{,}9^x$

$q = 1 - \frac{10}{100} = 0{,}9$
(x: Anzahl der Jahre nach dem ersten Jahr)

b) Restwert nach drei Jahren: $34\,200 \cdot 0{,}9^2 = 27\,702\ €$
Restwert nach fünf Jahren: $34\,200 \cdot 0{,}9^4 = 22\,438{,}62\ €$
Restwert nach zehn Jahren: $34\,200 \cdot 0{,}9^9 \approx 13\,249{,}78\ €$

x = 2, da 34 200 € ja schon der Restwert nach einem Jahr ist.

158 a) $y = 500 \cdot 1{,}8^x$
Wachstumsfaktor $q = 1{,}8$
prozentuale Wachstumsrate: 80 %
Anfangswert: 500

b)

Stunden	0	1	2	3	4	5	6
Bakterien	500	$500 \cdot 1{,}8^1$ $= 900$	$500 \cdot 1{,}8^2$ $= 1\,620$	$500 \cdot 1{,}8^3$ $= 2\,916$	$500 \cdot 1{,}8^4$ $= 5\,248{,}8$	$500 \cdot 1{,}8^5$ $= 9\,447{,}84$	$500 \cdot 1{,}8^6$ $\approx 17\,006{,}11$

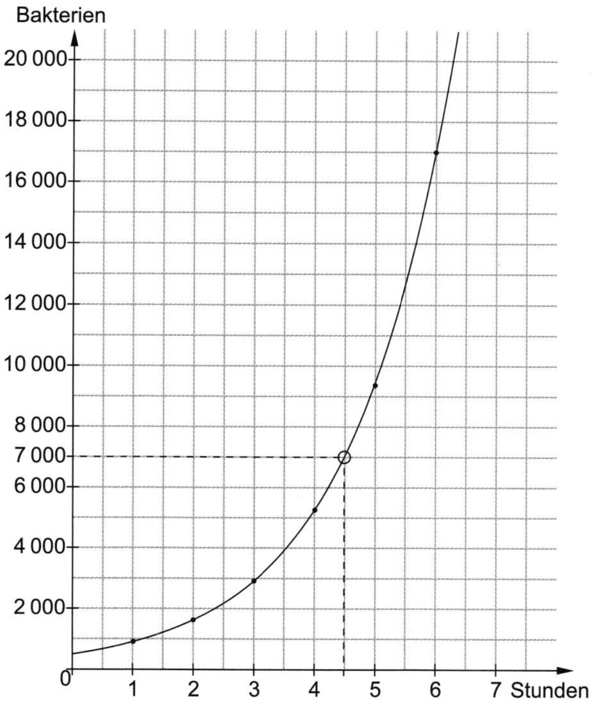

c) Nach ca. 4,5 Stunden sind 7 000 Bakterien vorhanden.

---

159 Berechnung des Zeitraums: 13:00 Uhr bis 16:00 Uhr $\Rightarrow$ 3 h = 180 min
Anzahl der Zeitspannen: 180 min : 15 min = 12 — Die Anzahl der Salmonellen verdoppelt sich 12-mal in 3 h.
Wachstumsfaktor: $q = 2$

$G_{12} = 60 \cdot 2^{12} = 245\,760$

Um 16:00 Uhr hat sich die Anzahl der Salmonellen auf 245 760 erhöht.

---

160 a)

Uhrzeit	8:00 Uhr	12:00 Uhr (nach 4 h)	16:00 Uhr	20:00 Uhr
Koffein	80 mg	$G_4 = 80\text{ mg} \cdot 0{,}5^1 = 40\text{ mg}$	$G_4 = 80\text{ mg} \cdot 0{,}5^2 = 20\text{ mg}$	$G_4 = 80\text{ mg} \cdot 0{,}5^3 = 10\text{ mg}$

b) $y = 80 \cdot 0{,}5^x$ mit x: Zahl der 4-Stunden-Intervalle

5 Ähnlichkeit

161

		Karte A	Karte B	Karte C
	Maßstab	1 : 800 000	1 : 1 000 000	1 : 2 500 000
a)	1 cm auf der Karte entspricht in Wirklichkeit	8 km	10 km	25 km
b)	10 cm auf der Karte entsprechen in Wirklichkeit	80 km	100 km	250 km

Berechnung für Karte A: 1 cm ≙ 800 000 cm
1 cm ≙ 8 000 m
1 cm ≙ 8 km

alle weiteren Rechnungen analog

162 a) Maßstab einer 1 000-fachen Vergrößerung: 1 000 : 1

1 000 cm im Mikroskop entsprechen 1 cm in Wirklichkeit.

b) 0,01 mm · 1 000 = 10 mm

163

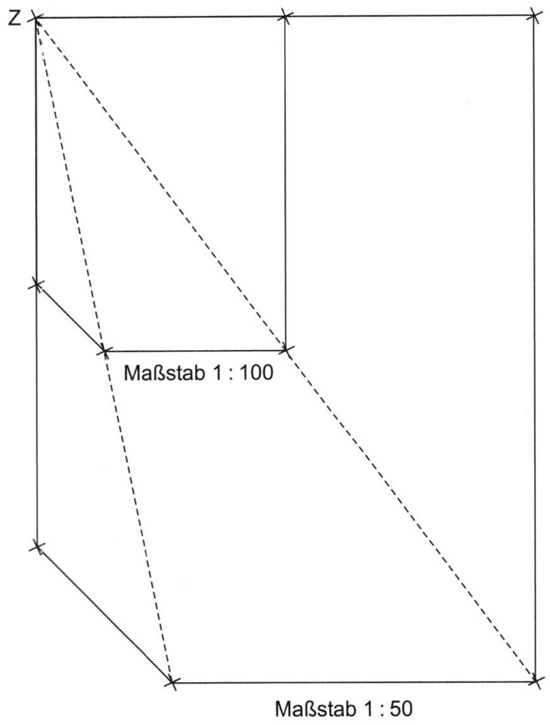

Gemessene Maße des Schlafzimmers:

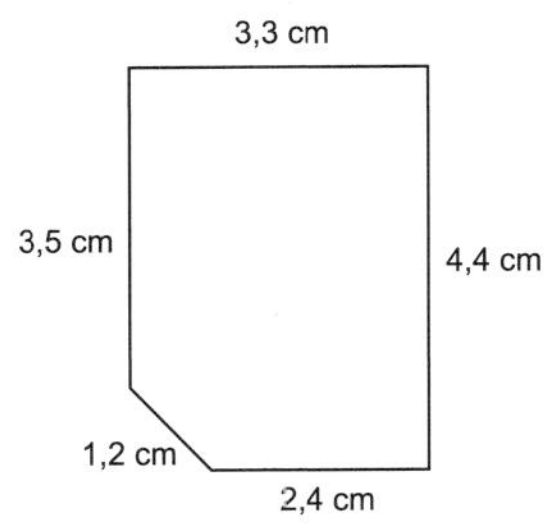

Vergrößere den Grundriss des Schlafzimmers, indem du ein Streckungszentrum Z festlegst und die Abstände der Eckpunkte vom Streckungszentrum verdoppelst.

Du kannst alternativ auch die jeweiligen Seitenlängen des Schlafzimmers einfach verdoppeln.

Maßstab:

1 : 100
1 cm in der Zeichnung entspricht 100 cm (1 m) in der Wirklichkeit.

1 : 50
1 cm in der Zeichnung entspricht 50 cm (0,5 m) in der Wirklichkeit.

164 a)

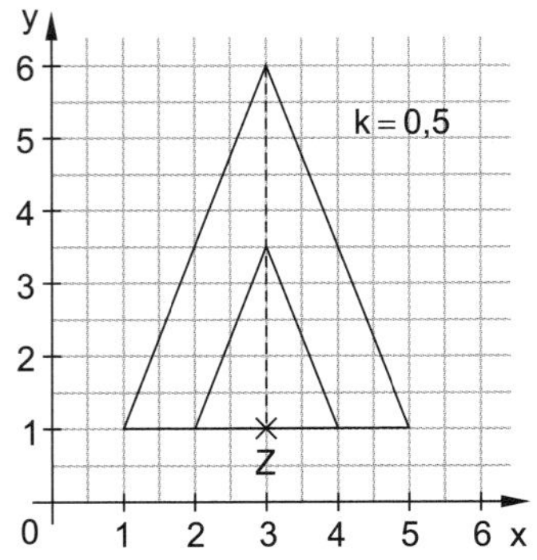

Die Abstände der Bildpunkte vom Streckungszentrum Z sind jeweils halb so groß wie die Abstände der Originalpunkte vom Streckungszentrum.

b) 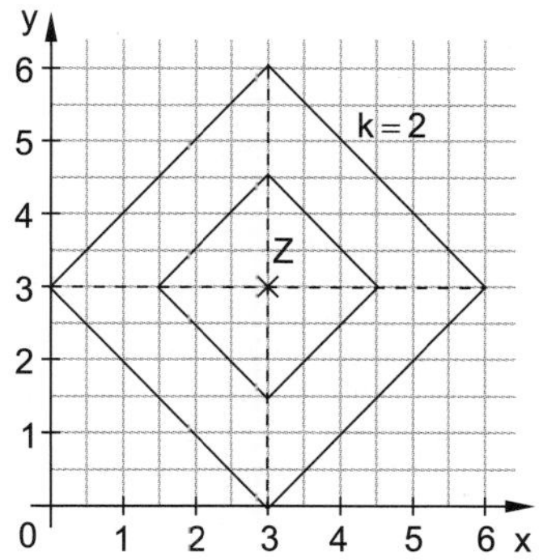

Die Abstände der Bildpunkte vom Streckungszentrum Z sind jeweils doppelt so groß wie die Abstände der Originalpunkte vom Streckungszentrum.

---

165 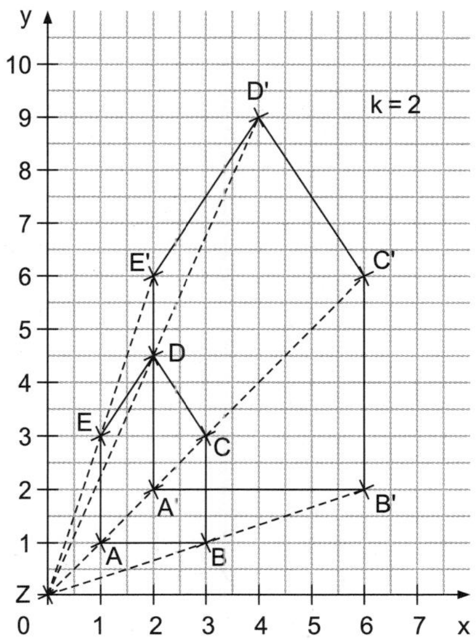

Die Abstände der Bildpunkte vom Streckungszentrum Z sind jeweils doppelt so groß wie die Abstände der Originalpunkte vom Streckungszentrum.

---

166 Durch den Streckungsfaktor $k = \frac{1}{2}$ halbieren sich jeweils die Seitenlängen:

$\overline{AB} = 12\text{ cm}$

$\overline{A'B'} = k \cdot \overline{AB}$

$\overline{A'B'} = \frac{1}{2} \cdot 12\text{ cm}$

$\overline{A'B'} = 6\text{ cm}$

$\overline{AC} = 5\text{ cm}$

$\overline{A'C'} = k \cdot \overline{AC}$

$\overline{A'C'} = \frac{1}{2} \cdot 5\text{ cm}$

$\overline{A'C'} = 2{,}5\text{ cm}$

$\overline{BC} = 13\text{ cm}$

$\overline{B'C'} = k \cdot \overline{BC}$

$\overline{B'C'} = \frac{1}{2} \cdot 13\text{ cm}$

$\overline{B'C'} = 6{,}5\text{ cm}$

---

167 a) wahr (1. Strahlensatz)

b) wahr (2. Strahlensatz)

c) falsch

d) wahr (entspricht b) (1. Strahlensatz)

---

168 a) Berechnung von x mit dem 1. Strahlensatz:

$$\frac{x}{\overline{BC}} = \frac{\overline{CD}}{\overline{AC}}$$

$$\frac{x}{7\text{ cm}} = \frac{5\text{ cm}}{9\text{ cm}} \quad | \cdot 7\text{ cm}$$

$$x = 7\text{ cm} \cdot \frac{5\text{ cm}}{9\text{ cm}}$$

$$x \approx 3{,}89\text{ cm}$$

Berechnung von y mit dem 2. Strahlensatz:

$$\frac{y}{\overline{AB}} = \frac{\overline{CD}}{\overline{AC}}$$

$$\frac{y}{8\text{ cm}} = \frac{5\text{ cm}}{9\text{ cm}} \quad | \cdot 8\text{ cm}$$

$$y = 8\text{ cm} \cdot \frac{5\text{ cm}}{9\text{ cm}}$$

$$y \approx 4{,}44\text{ cm}$$

Stelle die Formel jeweils so auf, dass x bzw. y im Zähler steht.

b) Berechnung von x mit dem 1. Strahlensatz:

$$\frac{\overline{BD}}{x} = \frac{\overline{BE}}{\overline{EC}}$$

$$\frac{\overline{AB} - x}{x} = \frac{\overline{BE}}{\overline{BC} - \overline{BE}}$$

$$\frac{10\text{ cm} - x}{x} = \frac{6\text{ cm}}{10\text{ cm} - 6\text{ cm}}$$

$$\frac{10\text{ cm} - x}{x} = \frac{6\text{ cm}}{4\text{ cm}}$$

$$\frac{10\text{ cm} - x}{x} = \frac{3}{2} \quad |\cdot 2 \cdot x$$

$$2 \cdot (10\text{ cm} - x) = 3x$$

$$3x = 20\text{ cm} - 2x \quad |+2x$$

$$5x = 20\text{ cm} \quad |:5$$

$$x = 4\text{ cm}$$

Berechnung von y mit dem 2. Strahlensatz:

$$\frac{y}{\overline{AC}} = \frac{\overline{BD}}{\overline{AB}} \quad (\overline{BD} = \overline{AB} - x = 6\text{ cm})$$

$$\frac{y}{9\text{ cm}} = \frac{6\text{ cm}}{10\text{ cm}} \quad |\cdot 9\text{ cm}$$

$$y = 9\text{ cm} \cdot \frac{6\text{ cm}}{10\text{ cm}}$$

$$y = 5{,}4\text{ cm}$$

---

169 Berechnung der Höhe des Turmes mit dem 2. Strahlensatz:

$$\frac{h}{1\text{ m}} = \frac{40\text{ m}}{0{,}65\text{ m}} \quad |\cdot 1\text{ m}$$

$$h = \frac{40\text{ m}}{0{,}65\text{ m}} \cdot 1\text{ m}$$

$$h \approx 61{,}54\text{ m}$$

---

170 Berechnung von x mit dem 2. Strahlensatz:

$$\frac{x}{3\text{ cm}} = \frac{4\text{ cm} + 6\text{ cm}}{4\text{ cm}} \quad |\cdot 3\text{ cm}$$

$$x = \frac{10\text{ cm}}{4\text{ cm}} \cdot 3\text{ cm}$$

$$x = 7{,}5\text{ cm}$$

171
a) wahr (1. Strahlensatz)
b) falsch
c) wahr (1. Strahlensatz)
d) wahr (2. Strahlensatz)
e) wahr (1. Strahlensatz)
f) wahr (2. Strahlensatz)

---

6 Der Satz des Pythagoras

172

	Kathete a	Kathete b	Hypotenuse c
a)	15 cm	20 cm	**25 cm**
b)	6 cm	9 cm	**10,82 cm**
c)	20 cm	**48 cm**	52 cm
d)	**10,58 cm**	12 cm	16 cm

a)
$$a^2 + b^2 = c^2$$
$$(15\text{ cm})^2 + (20\text{ cm})^2 = c^2$$
$$225\text{ cm}^2 + 400\text{ cm}^2 = c^2$$
$$625\text{ cm}^2 = c^2 \quad |\sqrt{\ }$$
$$25\text{ cm} = c^2$$

b)
$$a^2 + b^2 = c^2$$
$$(6\text{ cm})^2 + (9\text{ cm})^2 = c^2$$
$$36\text{ cm}^2 + 81\text{ cm}^2 = c^2$$
$$117\text{ cm}^2 = c^2 \quad |\sqrt{\ }$$
$$10{,}82\text{ cm} \approx c^2$$

c)
$$a^2 + b^2 = c^2$$
$$(20\text{ cm})^2 + b^2 = (52\text{ cm})^2$$
$$400\text{ cm}^2 + b^2 = 2\,704\text{ cm}^2 \quad |-400\text{ cm}^2$$
$$b^2 = 2\,304\text{ cm}^2 \quad |\sqrt{\ }$$
$$b = 48\text{ cm}$$

d)
$$a^2 + b^2 = c^2$$
$$a^2 + (12\text{ cm})^2 = (16\text{ cm})^2$$
$$a^2 + 144\text{ cm}^2 = 256\text{ cm}^2 \quad |-144\text{ cm}^2$$
$$a^2 = 112\text{ cm}^2 \quad |\sqrt{\ }$$
$$a \approx 10{,}58\text{ cm}$$

---

173 a)
$$a^2 + b^2 = c^2$$
$$a^2 + (3\text{ cm})^2 = (5\text{ cm})^2$$
$$a^2 + 9\text{ cm}^2 = 25\text{ cm}^2 \quad |-9\text{ cm}^2$$
$$a^2 = 16\text{ cm}^2$$
$$a = 4\text{ cm}$$

b)
$$a^2 + b^2 = c^2$$
$$a^2 + (16\text{ dm})^2 = (20\text{ dm})^2$$
$$a^2 + 256\text{ dm}^2 = 400\text{ dm}^2 \quad |-256\text{ cm}^2$$
$$a^2 = 144\text{ dm}^2$$
$$a = 12\text{ dm}$$

c)
$$a^2 + b^2 = c^2$$
$$a^2 + (6\text{ cm})^2 = (10\text{ cm})^2$$
$$a^2 + 36\text{ cm}^2 = 100\text{ cm}^2 \quad |-36\text{ cm}^2$$
$$a^2 = 64\text{ cm}^2$$
$$a = 8\text{ cm}$$

d)
$$a^2 + b^2 = c^2$$
$$a^2 + (7{,}5\text{ dm})^2 = (12{,}5\text{ dm})^2$$
$$a^2 + 56{,}25\text{ dm}^2 = 156{,}25\text{ dm}^2 \quad |-56{,}25\text{ cm}^2$$
$$a^2 = 100\text{ dm}^2$$
$$a = 10\text{ dm}$$

---

174 a)
$$a^2 + b^2 = c^2$$
$$(4\text{ cm})^2 + (11\text{ cm})^2 = c^2$$
$$16\text{ cm}^2 + 121\text{ cm}^2 = c^2$$
$$137\text{ cm}^2 = c^2$$
$$11{,}7\text{ cm} \approx c \neq 13\text{ cm}$$

Das Dreieck ist nicht rechtwinklig.

b)
$$a^2 + b^2 = c^2$$
$$(18\text{ m})^2 + (24\text{ m})^2 = c^2$$
$$324\text{ m}^2 + 576\text{ m}^2 = c^2$$
$$900\text{ m}^2 = c^2$$
$$30\text{ m} = c$$

Das Dreieck ist rechtwinklig.

c)
$$a^2 + b^2 = c^2$$
$$(15\text{ dm})^2 + (20\text{ dm})^2 = c^2$$
$$225\text{ dm}^2 + 400\text{ dm}^2 = c^2$$
$$625\text{ dm}^2 = c^2$$
$$25\text{ dm} = c$$

Das Dreieck ist rechtwinklig.

d)
$$a^2 + b^2 = c^2$$
$$(8\text{ cm})^2 + (15\text{ cm})^2 = c^2$$
$$64\text{ cm}^2 + 225\text{ cm}^2 = c^2$$
$$289\text{ cm}^2 = c^2$$
$$17\text{ cm} = c$$

Das Dreieck ist rechtwinklig.

175 Überlegung: Wenn die Diagonale der Tür über 2,20 m lang ist, würde der Spiegel durch die Tür passen.
Berechnung der Türdiagonalen mithilfe des Satzes des Pythagoras:

$$a^2+b^2=c^2$$
$$(2{,}1\text{ m})^2+(0{,}8\text{ m})^2=c^2$$
$$4{,}41\text{ m}^2+0{,}64\text{ m}^2=c^2$$
$$5{,}05\text{ m}^2=c^2 \quad |\sqrt{\ }$$
$$2{,}25\text{ m}\approx c$$

Der Spiegel passt durch die Tür, da die Türdiagonale 2,25 m lang ist.

---

176 a)
$$a^2+b^2=c^2$$
$$\left(\frac{4{,}8\text{ cm}}{2}\right)^2+h^2=(6\text{ cm})^2$$
$$(2{,}4\text{ cm})^2+h^2=36\text{ cm}^2$$
$$5{,}76\text{ cm}^2+h^2=36\text{ cm}^2$$
$$h^2=30{,}24\text{ cm}^2$$
$$h\approx 5{,}5\text{ cm}$$

b) $x=a+3\text{ cm}$
$$a^2+b^2=c^2$$
$$a^2+\left(\frac{5{,}5\text{ cm}}{2}\right)^2=(4{,}5\text{ cm})^2$$
$$a^2+(2{,}75\text{ cm})^2=(4{,}5\text{ cm})^2$$
$$a^2+7{,}5625\text{ cm}^2=20{,}25\text{ cm}^2$$
$$a^2=12{,}6875\text{ cm}^2$$
$$a\approx 3{,}6\text{ cm}$$
$$x=3{,}6\text{ cm}+3\text{ cm}=6{,}6\text{ cm}$$

c) $a^2+b^2=c^2$
$$a^2+a^2=(8\text{ cm})^2$$
$$2a^2=64\text{ cm}^2$$
$$a^2=32\text{ cm}^2$$
$$a\approx 5{,}7\text{ cm}$$

d)
$$a^2+b^2=c^2$$
$$\left(\frac{6{,}4\text{ cm}-3{,}5\text{ cm}}{2}\right)^2+h^2=(4{,}8\text{ cm})^2$$
$$(1{,}45\text{ cm})^2+h^2=23{,}04\text{ cm}^2$$
$$2{,}1025\text{ cm}^2+h^2=23{,}04\text{ cm}^2$$
$$h^2=20{,}9375\text{ cm}^2$$
$$h\approx 4{,}6\text{ cm}$$

e) $a=x+4{,}6\text{ cm}+x$
$$a^2+b^2=c^2$$
$$(2{,}2\text{ cm})^2+x^2=(3{,}6\text{ cm})^2$$
$$4{,}84\text{ cm}^2+x^2=12{,}96\text{ cm}^2 \quad |-4{,}84\text{ cm}^2$$
$$x^2=8{,}12\text{ cm}^2$$
$$x\approx 2{,}8\text{ cm}$$
$$a=2{,}8\text{ cm}+4{,}6\text{ cm}+2{,}8\text{ cm}=10{,}2\text{ cm}$$

---

177 a) Um die Länge der Strecke $\overline{BC}$ zu berechnen muss man zuerst die Länge der Strecke DC berechnen:

$$\overline{DC}^2+\overline{AD}^2=\overline{AC}^2$$
$$\overline{DC}^2+(6\text{ cm})^2=(10\text{ cm})^2$$
$$\overline{DC}^2+36\text{ cm}^2=100\text{ cm}^2 \quad |-36\text{ cm}^2$$
$$\overline{DC}^2=64\text{ cm}^2 \quad |\sqrt{\ }$$
$$\overline{DC}=8\text{ cm}$$

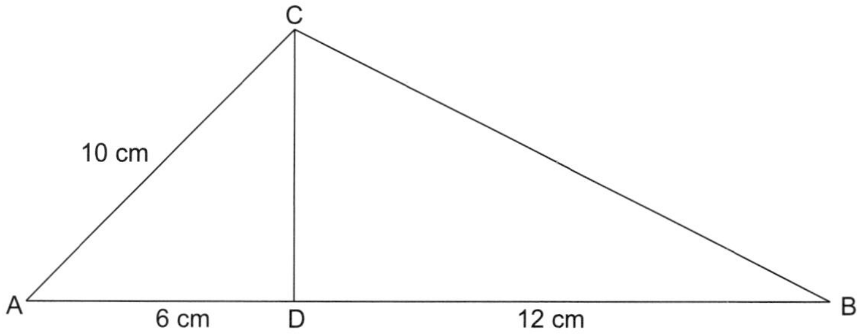

Berechnung der Länge der Strecke $\overline{BC}$:

$$\overline{DB}^2+\overline{DC}^2=\overline{BC}^2$$
$$(12\text{ cm})^2+(8\text{ cm})^2=\overline{BC}^2$$
$$144\text{ cm}^2+64\text{ cm}^2=\overline{BC}^2 \quad |\sqrt{\ }$$
$$208\text{ cm}^2=\overline{BC}^2$$
$$14{,}42\text{ cm}\approx\overline{BC}$$

b) Wenn das Dreieck ABC rechtwinklig ist, muss $\overline{AC}^2 + \overline{BC}^2 = \overline{AB}^2$ gelten:

$$(10\text{ cm})^2 + (14{,}42\text{ cm})^2 \stackrel{?}{=} (18\text{ cm})^2$$
$$100\text{ cm}^2 + 208\text{ cm}^2 \stackrel{?}{=} 324\text{ cm}^2$$
$$308\text{ cm}^2 \neq 324\text{ cm}^2$$

Das Dreieck ABC ist nicht rechtwinklig.

---

178 Bildschirmdiagonale: 32,4 Zoll = 81 cm

$$a^2 + b^2 = c^2$$
$$a^2 + (70\text{ cm})^2 = (81\text{ cm})^2$$
$$a^2 + 4\,900\text{ cm}^2 = 6\,561\text{ cm}^2 \quad |-4\,900\text{ cm}^2$$
$$a^2 = 1\,661\text{ cm}^2 \quad |\sqrt{\ }$$
$$a \approx 40{,}76\text{ cm}$$

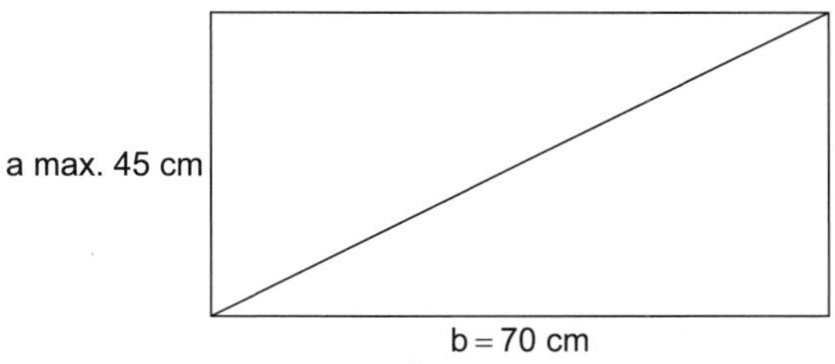

Der Fernseher hat eine Höhe von ca. 41 cm und passt damit in Yusufs Zimmer.

179

Breite	Höhe
16	9
32 cm	18 cm

$$a^2 + b^2 = c^2$$
$$(32\text{ cm})^2 + (18\text{ cm})^2 = c^2$$
$$1\,024\text{ cm}^2 + 324\text{ cm}^2 = c^2$$
$$1\,348\text{ cm}^2 = c^2 \quad |\sqrt{\ }$$
$$36{,}72\text{ cm} \approx c$$

Die Diagonale ist 36,72 cm lang.

---

180 a)

$$h_k^2 + b^2 = c^2$$
$$(5\text{ cm})^2 + (2\text{ cm})^2 = c^2$$
$$25\text{ cm}^2 + 4\text{ cm}^2 = c^2$$
$$29\text{ cm}^2 = c^2 \quad |\sqrt{\ }$$
$$5{,}39\text{ cm} \approx c$$

Die gesuchte Höhe h ist die Hypotenuse eines rechtwinkligen Dreiecks mit der Körperhöhe $h_k = 5$cm und der halben Kantenlänge b = 2 cm als Katheten.

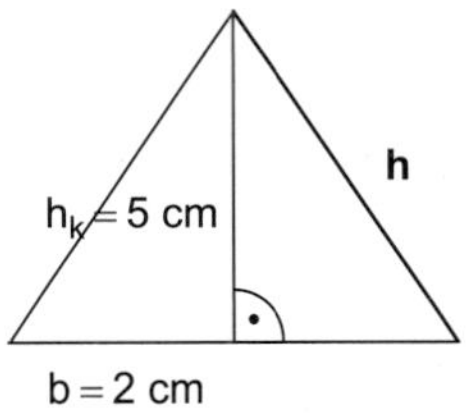

b) Berechnung der Diagonalen d:

$$a^2 + a^2 = c^2$$
$$(6\text{ cm})^2 + (6\text{ cm})^2 = c^2$$
$$36\text{ cm}^2 + 36\text{ cm}^2 = c^2$$
$$72\text{ cm}^2 = c^2 \quad |\sqrt{\ }$$
$$8{,}49\text{ cm} \approx c$$

Um die Körperhöhe h_k zu berechnen muss man zuerst die Diagonale d der Grundfläche berechnen. d ist die Hypotenuse in einem gleichschenklig rechtwinkligen Dreieck mit zwei Seiten der Grundfläche als Katheten.

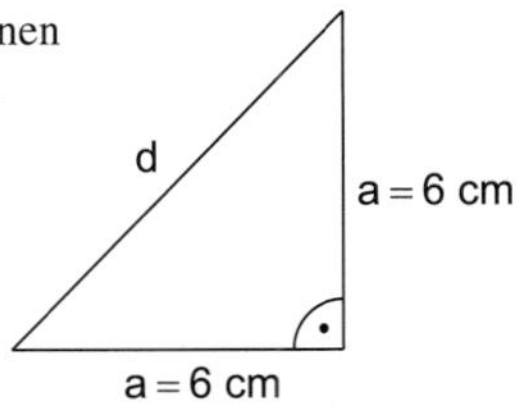

Berechnung der Körperhöhe h_k:

$$h_k^2 + \left(\frac{d}{2}\right)^2 = s^2$$
$$h_k^2 + \left(\frac{8{,}49\text{ cm}}{2}\right)^2 = (8\text{ cm})^2$$
$$h_k^2 + 18{,}02\text{ cm}^2 = 64\text{ cm}^2 \quad |-18{,}02\text{ cm}^2$$
$$h_k^2 = 45{,}98\text{ cm}^2 \quad |\sqrt{\ }$$
$$h_k \approx 6{,}78\text{ cm}$$

Die Körperhöhe h_k ist eine Kathete im rechtwinkligen Dreieck mit s als Hypotenuse und $\frac{d}{2}$ als zweiter Kathete.

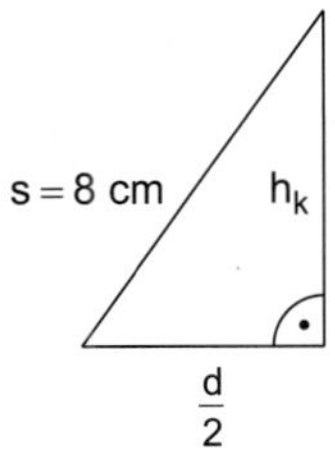

181 Um die Raumdiagonale f zu berechnen muss man zuerst die Flächendiagonale e bestimmen.

Berechnung der Flächendiagonalen e:

$$a^2 + a^2 = e^2$$
$$(5\text{ cm})^2 + (5\text{ cm})^2 = e^2$$
$$25\text{ cm}^2 + 25\text{ cm}^2 = e^2$$
$$50\text{ cm}^2 = e^2 \quad |\sqrt{}$$
$$7{,}07\text{ cm} \approx e$$

Berechnung der Raumdiagonalen f:

$$a^2 + e^2 = f^2$$
$$(5\text{ cm})^2 + (7{,}07\text{ cm})^2 = f^2$$
$$25\text{ cm}^2 + 50\text{ cm}^2 = f^2$$
$$75\text{ cm}^2 = f^2 \quad |\sqrt{}$$
$$8{,}66\text{ cm} \approx f$$

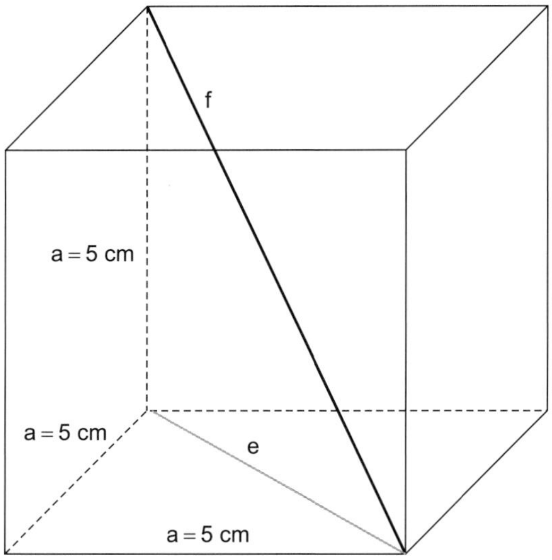

182 Bei dieser Aufgabe musst du jeweils zuerst die Flächendiagonale berechnen, um dann mithilfe der Flächendiagonalen die Raumdiagonale zu berechnen.

Paket	Breite	Tiefe	Höhe	Flächendiagonale	Raumdiagonale
XL	50 cm	30 cm	20 cm	$a^2+b^2=c^2$ $(50\text{ cm})^2+(30\text{ cm})^2=c^2$ $3\,400\text{ cm}^2=c^2$ $58{,}31\text{ cm}\approx c$	$a^2+b^2=c^2$ $(58{,}31\text{ cm})^2+(20\text{ cm})^2=c^2$ $3\,800\text{ cm}^2\approx c^2$ $61{,}64\text{ cm}\approx c$
L	40 cm	25 cm	15 cm	$a^2+b^2=c^2$ $(40\text{ cm})^2+(25\text{ cm})^2=c^2$ $2\,225\text{ cm}^2=c^2$ $47{,}17\text{ cm}\approx c$	$a^2+b^2=c^2$ $(47{,}17\text{ cm})^2+(15\text{ cm})^2=c^2$ $2\,450\text{ cm}^2\approx c^2$ $49{,}50\text{ cm}\approx c$
M	35 cm	25 cm	12 cm	$a^2+b^2=c^2$ $(35\text{ cm})^2+(25\text{ cm})^2=c^2$ $1\,850\text{ cm}^2=c^2$ $43{,}01\text{ cm}\approx c$	$a^2+b^2=c^2$ $(43{,}01\text{ cm})^2+(12\text{ cm})^2=c^2$ $1\,994\text{ cm}^2\approx c^2$ $44{,}65\text{ cm}\approx c$
S	25 cm	17,5 cm	10 cm	$a^2+b^2=c^2$ $(25\text{ cm})^2+(17{,}5\text{ cm})^2=c^2$ $931{,}25\text{ cm}^2=c^2$ $30{,}52\text{ cm}\approx c$	$a^2+b^2=c^2$ $(30{,}52\text{ cm})^2+(10\text{ cm})^2=c^2$ $1\,031{,}5\text{ cm}^2\approx c^2$ $32{,}12\text{ cm}\approx c$

a) Für die 49 cm lange Jonglierkeule reicht das Paket mit der Bezeichnung L.

b) Für die 35 cm lange Vase reicht das Paket mit der Bezeichnung M.

7 Trigonometrie

183

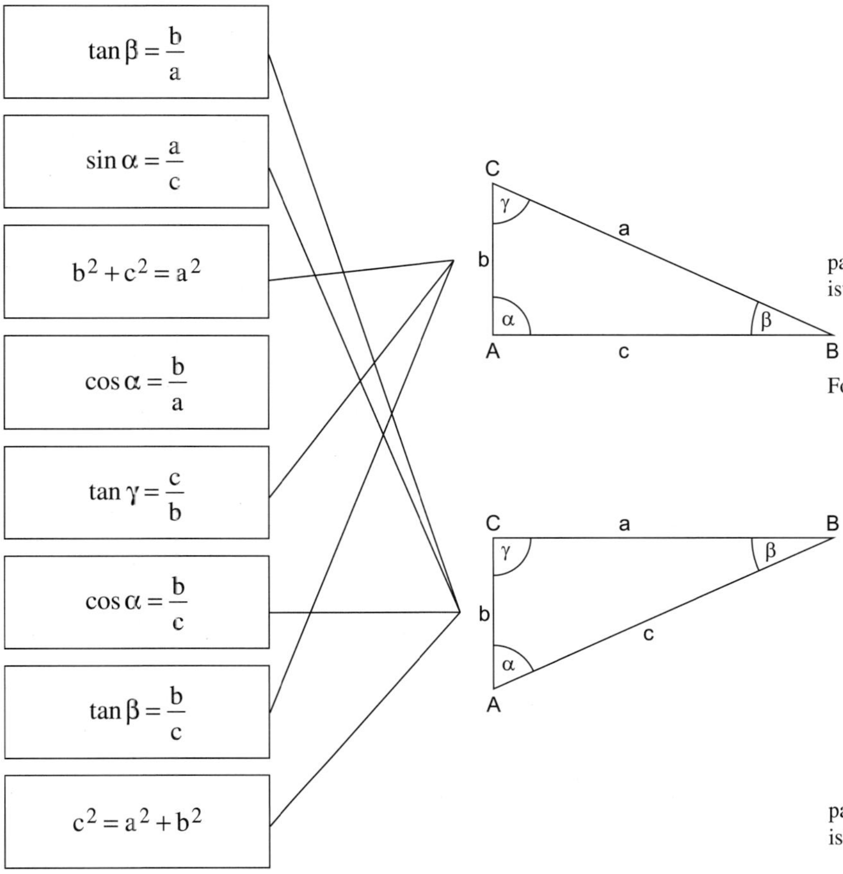

passt zu Dreieck 1, weil a die Hypotenuse ist

Formel passt zu keinem Dreieck

passt zu Dreieck 2, weil c die Hypotenuse ist

Bei Teilaufgabe b sind alle sinnvollen Formeln korrekt.

---

184 a) Winkel α:

$\cos\alpha = \frac{4{,}1\text{ cm}}{4{,}8\text{ cm}}$

$\alpha \approx 31{,}3°$

$\cos\alpha = \frac{\text{Ankathete}}{\text{Hypotenuse}} = \frac{b}{c}$

Winkel β:

$\beta = 180° - 31{,}3° - 90°$

$\beta = 58{,}7°$

Die Winkelsumme im Dreieck beträgt 180°.

Seite a:

$a^2 = (4{,}8\text{ cm})^2 - (4{,}1\text{ cm})^2$

$a^2 = 6{,}23\text{ cm}^2 \quad |\sqrt{\ }$

$a \approx 2{,}5\text{ cm}$

Satz des Pythagoras

b) Seite c:

$c = 3{,}9\text{ dm} \cdot \cos 52°$

$c \approx 2{,}4\text{ dm}$

$\cos\beta = \frac{\text{Ankathete}}{\text{Hypotenuse}} = \frac{c}{a} \Rightarrow c = a \cdot \cos\beta$

Seite b:

$b = 3{,}9\text{ dm} \cdot \sin 52°$

$b \approx 3{,}1\text{ dm}$

$\sin\beta = \frac{\text{Gegenkathete}}{\text{Hypotenuse}} = \frac{b}{a} \Rightarrow b = a \cdot \sin\beta$

Winkel γ:

$\gamma = 180° - 90° - 52°$

$\gamma = 38°$

$\gamma = 180° - \alpha - \beta$

c) Seite a:

$a = \dfrac{18{,}5\text{ m}}{\tan 70°}$

$a \approx 6{,}7\text{ m}$

$\tan\gamma = \dfrac{\text{Gegenkathete}}{\text{Ankathete}} = \dfrac{c}{a} \Rightarrow a = \dfrac{c}{\tan\gamma}$

Seite b:

$b = \dfrac{18{,}5\text{ m}}{\sin 70°}$

$b \approx 19{,}7\text{ m}$

$\sin\gamma = \dfrac{\text{Gegenkathete}}{\text{Hypotenuse}} = \dfrac{c}{b} \Rightarrow b = \dfrac{c}{\sin\gamma}$

Winkel α:

$\alpha = 180° - 90° - 70°$

$\alpha = 20°$

$\alpha = 180° - \beta - \gamma$

d) Seite b:

$b = 5{,}2\text{ cm} \cdot \tan 25°$

$b \approx 2{,}4\text{ cm}$

$\tan\beta = \dfrac{\text{Gegenkathete}}{\text{Ankathete}} = \dfrac{b}{a} \Rightarrow b = a \cdot \tan\beta$

Seite c:

$c = \dfrac{5{,}2\text{ cm}}{\cos 25°}$

$c \approx 5{,}7\text{ cm}$

$\cos\beta = \dfrac{\text{Ankathete}}{\text{Hypotenuse}} = \dfrac{a}{c} \Rightarrow c = \dfrac{a}{\cos\beta}$

Winkel α:

$\alpha = 180° - 25° - 90°$

$\alpha = 65°$

$\alpha = 180° - \beta - \gamma$

---

185 a) $\dfrac{h}{s} = \dfrac{30\text{ m}}{120\text{ m}} = 0{,}25 \quad \Rightarrow$ Steigung 25 %

$\tan\alpha = 0{,}25$

$\alpha \approx 14{,}04°$

$\tan\alpha = \dfrac{\text{Gegenkathete}}{\text{Ankathete}} = \dfrac{h}{s}$

b) $\dfrac{h}{s} = \dfrac{42\text{ m}}{280\text{ m}} = 0{,}15 \quad \Rightarrow$ Steigung 15 %

$\tan\alpha = 0{,}15$

$\alpha \approx 8{,}53°$

---

186 $\tan 20° = \dfrac{h}{50\text{ m}} \quad |\cdot 50\text{ m}$

$h = 50\text{ m} \cdot \tan 20°$

$h \approx 18{,}2\text{ m}$

Der Turm ist ca. 18,2 m + 1,60 m = 19,8 m hoch.

$\tan\alpha = \dfrac{\text{Gegenkathete}}{\text{Ankathete}}$

Zur Höhe h des Dreiecks müssen noch die 1,60 m Augenhöhe addiert werden.

187

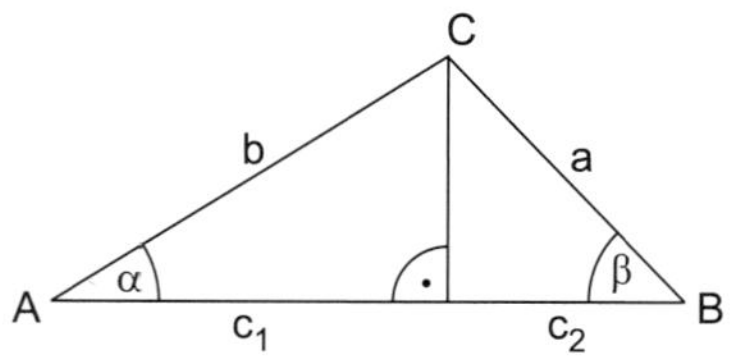

Berechnung von c_1 durch den Kosinus:

$\cos\alpha = \dfrac{c_1}{6\text{ cm}} \quad |\cdot 6\text{ cm}$

$\cos 35° \cdot 6\text{ cm} = c_1$

$4{,}91\text{ cm} \approx c_1$

Damit ist c_2: 10 cm − 4,91 cm = 5,09 cm

$\cos\alpha = \dfrac{\text{Ankathete}}{\text{Hypotenuse}}$

Berechnung von h durch den Satz des Pythagoras:

$$b^2 = (c_1)^2 + h^2$$
$$(6\text{ cm})^2 = (4{,}91\text{ cm})^2 + h^2$$
$$36\text{ cm}^2 = 24{,}11\text{ cm}^2 + h^2 \quad |-24{,}11\text{ cm}^2$$
$$11{,}89\text{ cm}^2 = h^2 \quad |\sqrt{\ }$$
$$3{,}45\text{ cm} \approx h$$

Berechnung von a durch den Satz des Pythagoras:

$$a^2 = h^2 + (c_2)^2$$
$$a^2 = (3{,}45\text{ cm})^2 + (5{,}09\text{ cm})^2$$
$$a^2 = 11{,}9\text{ cm}^2 + 26{,}0\text{ cm}^2$$
$$a^2 = 37{,}9\text{ cm}^2$$
$$a \approx 6{,}16\text{ cm}$$

---

188 a) Durch das Einzeichnen einer Höhe h bekommen wir 2 rechtwinklige Dreiecke und können so die Länge der beiden gleichlangen Schenkel (a) der Leiter berechnen.

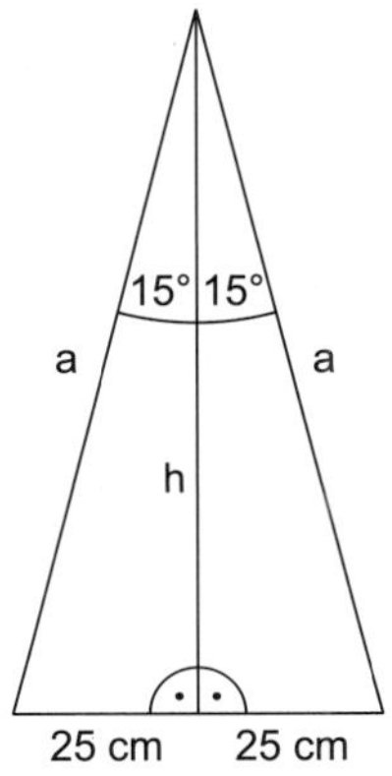

Winkel $\alpha = 30°$

$$\frac{\alpha}{2} = 15°$$

Berechnung der Schenkellänge (a) durch den Sinus:

$$\sin 15° = \frac{25\text{ cm}}{a}$$
$$a = \frac{25\text{ cm}}{\sin 15°}$$
$$a \approx 96{,}6\text{ cm}$$

Die Schenkel der Leiter sind etwa 96,6 cm lang.

b) Berechnung der Höhe der Leiter durch den Satz des Pythagoras:

$$a^2 = h^2 + (25\text{ cm})^2$$
$$(96{,}6\text{ cm})^2 = h^2 + (25\text{ cm})^2$$
$$9\,331{,}56\text{ cm}^2 = h^2 + 625\text{ cm}^2 \quad |-625\text{ cm}^2$$
$$8\,706{,}56\text{ cm}^2 = h^2 \quad |\sqrt{\ }$$
$$93{,}3\text{ cm} \approx h$$

Die Leiter ist 93,3 cm hoch.

Alternativ mit dem Tangens:

$$\tan 15° = \frac{25\text{ cm}}{h}$$
$$h = \frac{25\text{ cm}}{\tan 15°}$$
$$h \approx 93{,}3\text{ cm}$$

---

189 Berechnung des Winkels α: $180° - 90° - 20° = 70°$

Innenwinkelsumme im Dreieck gleich 180°

Der Winkel α tritt als Wechselwinkel ein zweites Mal im eingezeichneten rechtwinkligen Dreieck auf, sodass gilt:

$$\cos\alpha = \frac{h}{2\text{ m}}$$
$$h = 2\text{ m} \cdot \cos 70°$$
$$h \approx 0{,}68\text{ m}$$

Der maximale Höhenunterschied beträgt 0,68 m.

190 Winkel α:

$$\frac{a}{\sin\alpha} = \frac{c}{\sin\gamma} \qquad | \cdot \sin\alpha;\ \cdot \sin\gamma$$

$$a \cdot \sin\gamma = c \cdot \sin\alpha \qquad | :c$$

$$\sin\alpha = \frac{a}{c} \cdot \sin\gamma$$

$$\sin\alpha = \frac{15\text{ cm}}{28\text{ cm}} \cdot \sin 50°$$

$$\sin\alpha \approx 0{,}4104$$

$$\alpha \approx 24{,}2°$$

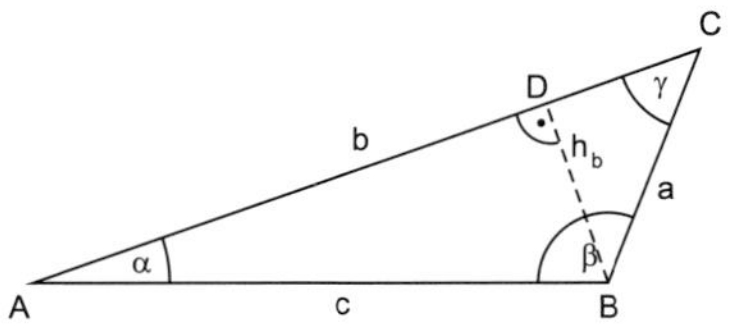

Wende den Sinussatz im Dreieck ABC an, um den Winkel α zu berechnen.

Winkel β:

$$\beta = 180° - \gamma - \alpha$$
$$\beta = 180° - 50° - 24{,}2°$$
$$\beta = 105{,}8°$$

Die Winkelsumme im Dreieck beträgt 180°.

Seite b:

$$b^2 = a^2 + c^2 - 2 \cdot a \cdot c \cdot \cos\beta$$
$$b^2 = (15\text{ cm})^2 + (28\text{ cm})^2 - 2 \cdot 15\text{ cm} \cdot 28\text{ cm} \cdot \cos 105{,}8°$$
$$b^2 = 225\text{ cm}^2 + 784\text{ cm}^2 - 840\text{ cm}^2 \cdot \cos 105{,}8°$$
$$b^2 \approx 1\,237{,}715\text{ cm}^2$$
$$b \approx 35{,}18\text{ cm}$$

Wende den Kosinussatz im Dreieck ABC an, um die Seite b zu berechnen.

Höhe h_b:

$$\frac{h_b}{c} = \sin\alpha$$
$$h_b = c \cdot \sin\alpha$$
$$h_b = 28\text{ cm} \cdot \sin 24{,}2°$$
$$h_b \approx 11{,}18\text{ cm}$$

Im rechtwinkligen Dreieck ABD gilt:

$$\sin\alpha = \frac{\text{Gegenkathete}}{\text{Hypotenuse}}$$

$$\sin\alpha = \frac{h_b}{c}$$

Flächeninhalt A:

$$A = \frac{b \cdot h_b}{2}$$
$$A = \frac{35{,}18\text{ cm} \cdot 11{,}18\text{ cm}}{2}$$
$$A \approx 196{,}66\text{ cm}^2$$

8 Flächen- und Umfangsberechnung

191 a) Berechnung der Höhe h durch den Satz des Pythagoras:

$$a^2 + b^2 = c^2$$
$$\left(\frac{12\text{ cm}}{2}\right)^2 + h^2 = (27\text{ cm})^2$$
$$(6\text{ cm})^2 + h^2 = 729\text{ cm}^2$$
$$36\text{ cm}^2 + h^2 = 729\text{ cm}^2$$
$$h^2 = 693\text{ cm}^2$$
$$h \approx 26{,}3\text{ cm}$$

$$A = \frac{12\text{ cm} \cdot 26{,}3\text{ cm}}{2}$$
$$A = 157{,}8\text{ cm}^2$$
$$u = 2 \cdot 27\text{ cm} + 12\text{ cm}$$
$$u = 66\text{ cm}$$

b) Berechnung von $\frac{c}{2}$ durch den Satz des Pythagoras:

$$a^2 + b^2 = c^2$$
$$\left(\frac{c}{2}\right)^2 + (7\text{ cm})^2 = (8{,}7\text{ cm})^2$$
$$\left(\frac{c}{2}\right)^2 + 49\text{ cm}^2 = 75{,}69\text{ cm}^2$$
$$\left(\frac{c}{2}\right)^2 = 26{,}69\text{ cm}^2$$
$$\frac{c}{2} \approx 5{,}2\text{ cm}$$
$$c \approx 10{,}4\text{ cm}$$

$$A = \frac{10{,}4\text{ cm} \cdot 7\text{ cm}}{2}$$
$$A = 36{,}4\text{ cm}^2$$
$$u = 2 \cdot 8{,}7\text{ cm} + 10{,}4\text{ cm}$$
$$u = 27{,}8\text{ cm}$$

---

192 a) Die Fläche wird in ein Dreieck und ein Trapez zerlegt.

Flächeninhalt A_D:
$g = 40$ cm; $h = 35$ cm – 20 cm = 15 cm

$$A_D = \frac{40\text{ cm} \cdot 15\text{ cm}}{2}$$
$$A_D = 300\text{ cm}^2$$

Flächeninhalt A_T:
$a = 50$ cm; $c = 40$ cm; $h = 20$ cm

$$A_T = \frac{50\text{ cm} + 40\text{ cm}}{2} \cdot 20\text{ cm}$$
$$A_T = 900\text{ cm}^2$$

Gesamtfläche A_{Ges}:

$$A_{Ges} = A_D + A_T$$
$$A_{Ges} = 300\text{ cm}^2 + 900\text{ cm}^2$$
$$A_{Ges} = 1\,200\text{ cm}^2$$

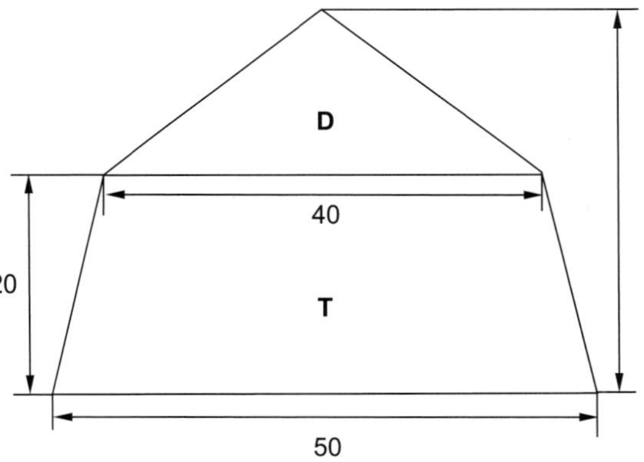

b) Die Fläche wird in zwei Parallelogramme zerlegt.

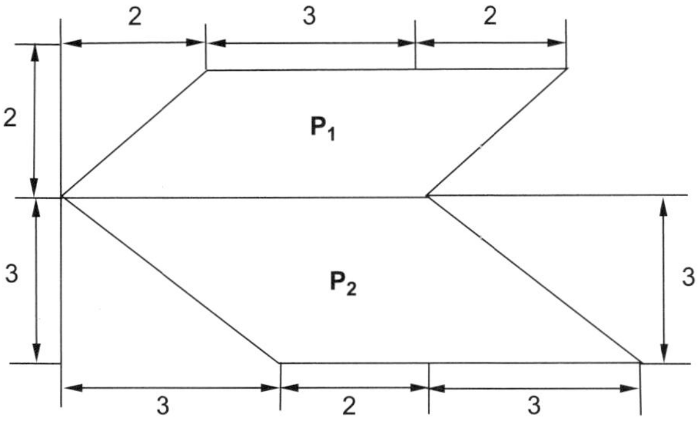

Flächeninhalt A_{P_1}:
$a = 5\text{ cm};\ h = 2\text{ cm}$
$A_{P_1} = 5\text{ cm} \cdot 2\text{ cm}$
$A_{P_1} = 10\text{ cm}^2$

Flächeninhalt A_{P_2}:
$a = 5\text{ cm};\ h = 3\text{ cm}$
$A_{P_2} = 5\text{ cm} \cdot 3\text{ cm}$
$A_{P_2} = 15\text{ cm}^2$

Gesamtfläche A_{Ges}:
$A_{Ges} = A_{P_1} + A_{P_2}$
$A_{Ges} = 10\text{ cm}^2 + 15\text{ cm}^2$
$A_{Ges} = 25\text{ cm}^2$

193 a) Gesamtlänge des Wegs = Umfang des Dreiecks
$380\text{ m} + 285\text{ m} + 475\text{ m} = 1\,140\text{ m}$
Der Weg ist 1 140 m lang.

b) Flächeninhalt des rechtwinkliges Dreiecks:
$$A = \frac{a \cdot b}{2}$$
$$A = \frac{380\text{ m} \cdot 285\text{ m}}{2} = 54\,150\text{ m}^2$$
Der Stadtpark hat eine Fläche von 54 150 m².

c) Flächeninhalt des Trapezes:
$$A = \frac{(a+c)}{2} \cdot h_T$$
$$A = \frac{(380\text{ m} + 200\text{ m})}{2} \cdot 120\text{ m} = 34\,800\text{ m}^2$$
Der Spielplatz hat eine Fläche von 34 800 m².

d) Flächeninhalt des Halbkreises:
$$A = \frac{1}{2} r^2 \pi$$
$$A = \frac{1}{2} \cdot \left(\frac{285\text{ m}}{2}\right)^2 \cdot 3{,}14$$
$$A \approx 31\,881\text{ m}^2$$
Der Steingarten hat eine Fläche von 31 881 m².

e) Flächenzuwachs insgesamt: $34\,800\text{ m}^2 + 31\,881\text{ m}^2 = 66\,681\text{ m}^2$
$54\,150\text{ m}^2 \mathrel{\hat{=}} 100\,\%$
$1\text{ m}^2 \mathrel{\hat{=}} 100\,\% : 54\,150$
$$66\,681\text{ m}^2 \mathrel{\hat{=}} 100\,\% \cdot \frac{66\,681\text{ m}^2}{54\,150\text{ m}^2} \approx 123\,\%$$
Die Fläche des Stadtparks nimmt um etwa 123 % zu.

194 Rechteck außen:
$b = 14\text{ cm};\ a = 6\text{ cm} + 2 \cdot 6{,}5\text{ cm} = 19\text{ cm}$

$A = a \cdot b$
$A = 19\text{ cm} \cdot 14\text{ cm}$
$A = 266\text{ cm}^2$

zwei Dreiecke:
$g = 8\text{ cm};\ h_D = 6{,}5\text{ cm}$

$A = 2 \cdot \frac{g \cdot h_D}{2}$

$A = 8\text{ cm} \cdot 6{,}5\text{ cm}$

$A = 52\text{ cm}^2$

2 Halbkreise = 1 Kreis:
$r = 3\text{ cm}$

$A = r^2 \cdot \pi$
$A = (3\text{ cm})^2 \cdot 3{,}14$
$A = 28{,}26\text{ cm}^2$

kleines Rechteck:
$a = 8\text{ cm};\ b = 6\text{ cm}$

$A = 8\text{ cm} \cdot 6\text{ cm}$
$A = 48\text{ cm}^2$

graue Fläche:
$A_{\text{graue Fläche}} = A_{\text{Rechteck außen}} - (A_{\text{2 Dreiecke}} + A_{\text{Kreis}} + A_{\text{kleines Rechteck}})$
$A = 266\text{ cm}^2 - (52\text{ cm}^2 + 28{,}26\text{ cm}^2 + 48\text{ cm}^2)$
$A = 137{,}74\text{ cm}^2$

---

195 a)

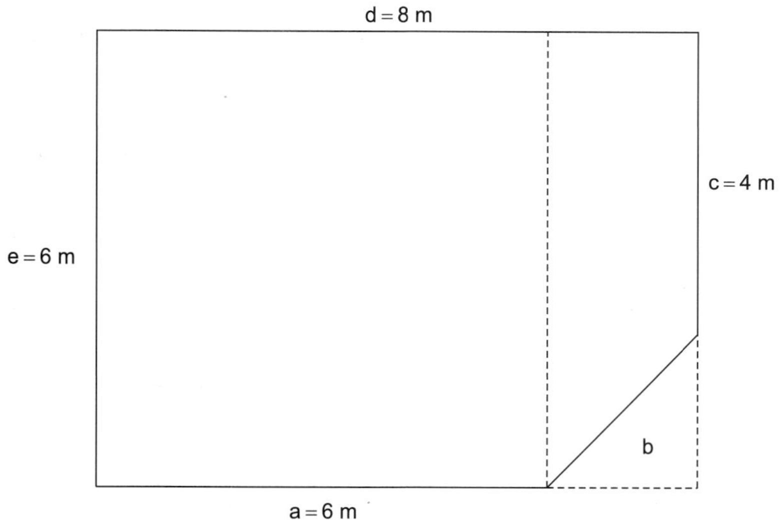

Maßstab 1 : 100

b) Flächeninhalt berechnen:

1. Möglichkeit:
Der Grundriss besteht aus einem Rechteck und einem Trapez.

Rechteck:
$a = 6\text{ m};\ b = 6\text{ m}$
$A_R = a \cdot b$
$A_R = 6\text{ m} \cdot 6\text{ m}$
$A_R = 36\text{ m}^2$

Trapez:
$g_1 = 6\text{ m};\ g_2 = 4\text{ m};\ h = 2\text{ m}$
$$A_T = \frac{(g_1 + g_2)}{2} \cdot h$$
$$A_T = \frac{(6\text{ m} + 4\text{ m})}{2} \cdot 2\text{ m}$$
$A_T = 10\text{ m}^2$

Gesamtfläche:
$A_G = A_R + A_T$
$A_G = 36\text{ m}^2 + 10\text{ m}^2 = 46\text{ m}^2$

2. Möglichkeit:
Die Fläche ergibt sich als Differenz einer Rechtecks- und einer Dreiecksfläche.

Rechteck:
$a = 8\text{ m};\ b = 6\text{ m}$
$A_R = a \cdot b$
$A_R = 8\text{ m} \cdot 6\text{ m}$
$A_R = 48\text{ m}^2$

(rechtwinkliges) Dreieck:
$g = 2\text{ m};\ h = 2\text{ m}$
$$A_D = \frac{g \cdot h}{2}$$
$$A_D = \frac{2\text{ m} \cdot 2\text{ m}}{2}$$
$A_D = 2\text{ m}^2$

Gesamtfläche:
$A_G = A_R - A_D$
$A_G = 48\text{ m}^2 - 2\text{ m}^2 = 46\text{ m}^2$

Die Schüler*innenvertretung muss 46 m^2 Laminat kaufen. Wenn noch der Verschnitt berücksichtig wird, sollte sie 50 m^2 kaufen.

c) Umfang:
Länge der Seite b der Zeichnung entnehmen: $b \approx 2{,}8\text{ m}$
$u = a + b + c + d + e$
$u = 6\text{ m} + 2{,}8\text{ m} + 4\text{ m} + 8\text{ m} + 6\text{ m}$
$u = 26{,}8\text{ m}$

Es müssen 26,8 m Fußleisten gekauft werden. Bedenkt man, dass eine Tür in den Raum führt, sollten auch 26 m reichen.

---

196 a) $A_{Kreis} = \pi \cdot r^2$
$A_{Kreis} = 3 \cdot (1{,}5\text{ cm})^2$
$A_{Kreis} = 6{,}75\text{ cm}^2$

$u_{Kreis} = \pi \cdot d$
$u_{Kreis} = 3 \cdot 3\text{ cm}$
$u_{Kreis} = 9\text{ cm}$

Laut Aufgabenstellung gilt $\pi = 3$.

b) $$A_{Halbkreis} = \frac{1}{2} \cdot \pi \cdot r^2$$
$$A_{Halbkreis} = \frac{1}{2} \cdot 3 \cdot (1{,}5\text{ cm})^2$$
$A_{Halbkreis} = 3{,}375\text{ cm}^2$

$$u_{Halbkreis} = \frac{1}{2} \cdot \pi \cdot d + 3\text{ cm}$$
$$u_{Halbkreis} = \frac{1}{2} \cdot 3 \cdot 3\text{ cm} + 3\text{ cm}$$
$u_{Halbkreis} = 4{,}5\text{ cm} + 3\text{ cm}$
$u_{Halbkreis} = 7{,}5\text{ cm}$

c) $A_{\text{Viertelkreis}} = \frac{1}{4} \cdot \pi \cdot r^2$

$A_{\text{Viertelkreis}} = \frac{1}{4} \cdot 3 \cdot (2\text{ cm})^2$

$A_{\text{Viertelkreis}} = 3\text{ cm}^2$

$u_{\text{Viertelkreis}} = \frac{1}{4} \cdot \pi \cdot d + 2\text{ cm} + 2\text{ cm}$

$u_{\text{Viertelkreis}} = \frac{1}{4} \cdot 3 \cdot 4\text{ cm} + 4\text{ cm}$

$u_{\text{Viertelkreis}} = 3\text{ cm} + 4\text{ cm}$

$u_{\text{Viertelkreis}} = 7\text{ cm}$

d) $A_{\frac{3}{4}\text{ Kreis}} = \frac{3}{4} \cdot \pi \cdot r^2$

$A_{\frac{3}{4}\text{ Kreis}} = \frac{3}{4} \cdot 3 \cdot (3\text{ cm})^2$

$A_{\frac{3}{4}\text{ Kreis}} = \frac{3}{4} \cdot 27\text{ cm}^2$

$A_{\frac{3}{4}\text{ Kreis}} = 20{,}25\text{ cm}^2$

$u_{\frac{3}{4}\text{ Kreis}} = \frac{3}{4} \cdot \pi \cdot d + 3\text{ cm} + 3\text{ cm}$

$u_{\frac{3}{4}\text{ Kreis}} = \frac{3}{4} \cdot 3 \cdot 6\text{ cm} + 6\text{ cm}$

$u_{\frac{3}{4}\text{ Kreis}} = \frac{3}{4} \cdot 18\text{ cm} + 6\text{ cm}$

$u_{\frac{3}{4}\text{ Kreis}} = 13{,}5\text{ cm} + 6\text{ cm}$

$u_{\frac{3}{4}\text{ Kreis}} = 19{,}5\text{ cm}$

197

	Radius r_a	Radius r_i	Umfang u	Flächeninhalt A
a)	7 dm	4 dm	69,12 dm	103,67 dm²
b)	6 cm	3 cm	56,55 cm	84,82 cm²
c)	18 m	15 m	207,35 m	311,02 m²

Setze die gegebenen Werte jeweils in folgende Formeln ein und löse nach den gesuchten Werten auf.
$u = \pi \cdot (d_a + d_i) = 2\pi \cdot (r_a + r_i)$
$A = \pi \cdot r_a^2 - \pi \cdot r_i^2 = \pi \cdot (r_a^2 - r_i^2)$

a) $u = 2\pi \cdot (7\text{ dm} + 4\text{ dm})$

$u \approx 69{,}12\text{ dm}$

$A = \pi \cdot [(7\text{ dm})^2 - (4\text{ dm})^2]$

$A \approx 103{,}67\text{ dm}^2$

b) $56{,}55\text{ cm} = 2\pi \cdot (6\text{ cm} + r_i) \quad |:2\pi$

$9{,}0\ldots\text{ cm} = 6\text{ cm} + r_i \quad |-6\text{ cm}$

$r_i \approx 3\text{ cm}$

$A = \pi \cdot [(6\text{ cm})^2 - (3\text{ cm})^2]$

$A \approx 84{,}82\text{ cm}^2$

c) $311{,}02\text{ m}^2 = \pi \cdot [r_a^2 - (15\text{ m})^2] \quad |:\pi$

$99{,}0\ldots\text{ m}^2 = r_a^2 - 225\text{ m}^2 \quad |+225\text{ m}^2$

$r_a^2 = 324\ldots\text{ m}^2 \quad |\sqrt{\ }$

$r_a \approx 18\text{ m}$

$u = 2\pi \cdot (18\text{ m} + 15\text{ m})$

$u \approx 207{,}35\text{ m}$

---

198 a) Flächeninhalt:

$A_1 = \frac{1}{2} \cdot \pi \cdot (4\text{ cm})^2$

$A_1 \approx 25{,}13\text{ cm}^2$

$A_2 = 12\text{ cm} \cdot 2\text{ cm}$

$A_2 = 24\text{ cm}^2$

$A_3 = \frac{1}{2} \cdot \pi \cdot (2\text{ cm})^2$

$A_3 \approx 6{,}28\text{ cm}^2$

Du kannst die Figur in drei Teilflächen zerlegen.

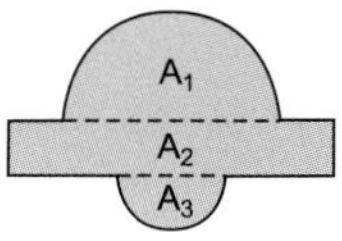

A_1: Halbkreis mit $r = 4$ cm
A_2: Rechteck mit $a = 12$ cm und $b = 2$ cm
A_3: Halbkreis mit $r = 2$ cm

$A_{gesamt} = 25{,}13\ cm^2 + 24\ cm^2 + 6{,}28\ cm^2$

$A_{gesamt} = 55{,}41\ cm^2$

$A_{gesamt} = A_1 + A_2 + A_3$

Umfang:

$u_1 = \frac{1}{2} \cdot 2\pi \cdot 4\ cm$

$u_1 \approx 12{,}57\ cm$

$u_2 = 8 \cdot 2\ cm$

$u_2 = 16\ cm$

$u_3 = \frac{1}{2} \cdot 2\pi \cdot 2\ cm$

$u_3 \approx 6{,}28\ cm$

$u_{gesamt} = 12{,}57\ cm + 16\ cm + 6{,}28\ cm$

$u_{gesamt} = 34{,}85\ cm$

$u_{gesamt} = u_1 + u_2 + u_3$

b) Flächeninhalt:

Du kannst die Figur in drei verschiedene Teilflächen zerlegen.

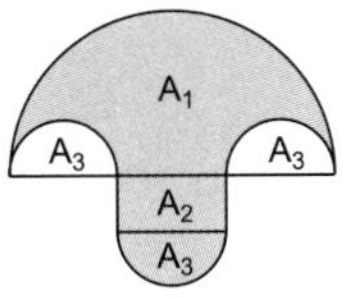

$A_1 = \frac{1}{2} \cdot \pi \cdot (15\ cm)^2$

$A_1 \approx 353{,}43\ cm^2$

$A_2 = 10\ cm \cdot 5\ cm$

$A_2 = 50\ cm^2$

$A_3 = \frac{1}{2} \cdot \pi \cdot (5\ cm)^2$

$A_3 \approx 39{,}27\ cm^2$

$A_{gesamt} = 353{,}43\ cm^2 + 50\ cm^2 - 39{,}27\ cm^2$

$A_{gesamt} = 364{,}16\ cm^2$

A_1: Halbkreis mit $r = 15$ cm

A_2: Rechteck mit $a = 10$ cm und $b = 5$ cm

A_3: Halbkreis mit $r = 5$ cm

$A_{gesamt} = A_1 + A_2 - A_3$

Zwei kleine Halbkreise (A_3) heben sich gegenseitig auf, sodass du nur noch die Fläche von einem kleinen Halbkreis abziehen musst.

Umfang:

$u_1 = \frac{1}{2} \cdot 2\pi \cdot 15\ cm$

$u_1 \approx 47{,}12\ cm$

$u_2 = 2 \cdot 5\ cm$

$u_2 = 10\ cm$

$u_3 = \frac{1}{2} \cdot 2\pi \cdot 5\ cm$

$u_3 \approx 15{,}71\ cm$

$u_{gesamt} = 47{,}12\ cm + 10\ cm + 3 \cdot 15{,}71\ cm$

$u_{gesamt} = 104{,}25\ cm$

$u_{gesamt} = u_1 + u_2 + 3 \cdot u_3$

Den Umfang des kleinen Halbkreises musst du dreimal addieren.

---

199 a) $A_{Kreissektor} = \pi \cdot r^2 \cdot \frac{\alpha}{360°}$

$A_{Kreissektor} = \pi \cdot (6\ cm)^2 \cdot \frac{216°}{360°}$

$A_{Kreissektor} \approx 67{,}86\ cm^2$

b) $A_{Kreissektor} = \pi \cdot r^2 \cdot \frac{\alpha}{360°}$

$A_{Kreissektor} = \pi \cdot (3{,}5\ cm)^2 \cdot \frac{108°}{360°}$

$A_{Kreissektor} \approx 11{,}55\ cm^2$

200

	Radius r	Winkel α	Kreisbogen b	Flächeninhalt A
a)	5 cm	45°	3,93 cm	9,82 cm²
b)	18,0 cm	20°	6,28 cm	56,55 cm²
c)	7,5 dm	180°	23,56 dm	88,36 dm²

a) $b = \frac{45°}{360°} \cdot 2\pi \cdot 5\text{ cm}$

$b \approx 3{,}93\text{ cm}$

$A = \frac{45°}{360°} \cdot \pi \cdot (5\text{ cm})^2$

$A \approx 9{,}82\text{ cm}^2$

b) $6{,}28\text{ cm} = \frac{20°}{360°} \cdot 2\pi \cdot r \quad \left| \cdot \frac{360°}{20° \cdot 2\pi} \right.$

$r \approx 18{,}0\text{ cm}$

$A = \frac{20°}{360°} \cdot \pi \cdot (18{,}0\text{ cm})^2$

$A \approx 56{,}55\text{ cm}^2$

c) $88{,}36\text{ dm}^2 = \frac{180°}{360°} \cdot \pi \cdot r^2 \quad \left| \cdot \frac{360°}{180° \cdot \pi} \right.$

$r^2 = 56{,}25\ldots\text{ dm}^2 \quad |\sqrt{\ }$

$r \approx 7{,}5\text{ dm}$

$b = \frac{180°}{360°} \cdot 2\pi \cdot 7{,}5\text{ dm}$

$b \approx 23{,}56\text{ dm}$

Setze die gegebenen Werte jeweils in folgende Formeln ein und löse nach den gesuchten Werten auf.

$b = \frac{\alpha}{360°} \cdot 2\pi \cdot r$

$A = \frac{\alpha}{360°} \cdot \pi \cdot r^2$

201 $A_{\text{Kreissektor}} = \pi \cdot r^2 \cdot \frac{\alpha}{360°}$

$20{,}11\text{ cm}^2 = \pi \cdot (4\text{ cm})^2 \cdot \frac{\alpha}{360°}$

$20{,}11\text{ cm}^2 \approx 50{,}27\text{ cm}^2 \cdot \frac{\alpha}{360°} \quad |:50{,}27\text{ cm}^2$

$0{,}4 \approx \frac{\alpha}{360°} \quad |\cdot 360°$

$144° = \alpha$

202 a) Skizze:

b) $37{,}70\ \text{m} = 2 \cdot \pi \cdot r \quad |:2\pi$

$r \approx 6{,}0\ \text{m}$

$A = \pi \cdot (6{,}0\ \text{m})^2$

$A \approx 113{,}10\ \text{m}^2$

Die Grundfläche des Beckens beträgt rund 113,10 m².

Bevor du die Grundfläche des Beckens berechnen kannst, musst du den Radius mithilfe des gegebenen Umfangs ermitteln: $u = 2 \cdot \pi \cdot r$

Nun kannst du mit der Flächenformel vom Kreis die Grundfläche des Beckens ermitteln: $A = \pi \cdot r^2$

c) $A = \pi \cdot [(6{,}9\ \text{m})^2 - (6{,}0\ \text{m})^2]$

$A = \pi \cdot 11{,}61\ \text{m}^2$

$A \approx 36{,}47\ \text{m}^2$

Die Fläche des Weges beträgt rund 36,47 m².

Die Wegfläche ist ein Kreisring mit $r_i = 6{,}0$ m und $r_a = 6{,}0\ \text{m} + 90\ \text{cm} = 6{,}9$ m.
$A = \pi \cdot (r_a^2 - r_i^2)$

d) $u = 2 \cdot \pi \cdot 6{,}9\ \text{m}$

$u \approx 43{,}35\ \text{m}$

Der Umfang des äußeren Wegrandes beträgt rund 43,35 m.

$u = 2 \cdot \pi \cdot r$ mit $r = 6{,}9$ m

---

203 a) Ermittlung des Radius r_i vom inneren Kreis:
Der Lieferwagen links hat eine ungefähre Länge von 6 m.
Der Durchmesser der inneren gestrichelten Linie ist ungefähr 5-mal so lang wie der Lieferwagen
$\rightarrow d_i = 30$ m; $r_i = 15$ m;
Ermittlung des Radius r vom äußeren Kreis:
Die Fahrspur ist ca. 3 m breit
$\rightarrow r_a = 15\ \text{m} + 3\ \text{m} = 18$ m; $d_a = 36$ m

b) Flächeninhalt des Kreisrings A:

$A_{Ring} = \pi \cdot r_a^2 - \pi \cdot r_i^2$

$A_{Ring} = \pi \cdot (18\ \text{m})^2 - \pi \cdot (15\ \text{m})^2$

$A_{Ring} \approx 311{,}02\ \text{m}^2$

---

204 a) Länge der Tonspur auf dem innersten Ring:

$u_i = 2 \cdot \pi \cdot 5\ \text{cm}$

$u_i \approx 31{,}4\ \text{cm}$

Länge der Tonspur auf dem äußersten Ring:

$u_a = 2 \cdot \pi \cdot 15\ \text{cm}$

$u_a \approx 94{,}2\ \text{cm}$

Die Länge eines Rings ist gleich dem Umfang $u = 2 \cdot \pi \cdot r$ des zugehörigen Kreises. Der innere Ring besitzt den Radius $r_i = 5$ cm, der äußere Ring den Radius $r_a = \frac{1}{2} \cdot 30\ \text{cm} = 15$ cm.

b) Flächeninhalt des Kreisrings A:

$A_{Ring} = \pi \cdot (15\ \text{cm})^2 - \pi \cdot (5\ \text{cm})^2$

$A_{Ring} \approx 628{,}32\ \text{cm}^2$

Der mit Musik beschreibbare Bereich der Platte ist durch den Ring gegeben, der durch die beiden Kreise mit den Radien r_i und r_a begrenzt wird. Seine Fläche beträgt:
$A_{Ring} = \pi \cdot r_a^2 - \pi \cdot r_i^2$

---

205 a)

$$A_{Sektor} = \pi \cdot r^2 \cdot \frac{\alpha}{360°} \quad | \cdot 360°$$

$$A_{Sektor} \cdot 360° = \pi \cdot r^2 \cdot \alpha \quad | : (\pi \cdot r^2)$$

$$\alpha = \frac{A_{Sektor} \cdot 360°}{\pi \cdot r^2}$$

b) $A_{Sektor} = \pi \cdot r^2 \cdot \frac{\alpha}{360°} \quad | \cdot 360°$

$A_{Sektor} \cdot 360° = \pi \cdot r^2 \cdot \alpha \quad | :(\pi \cdot \alpha)$

$r^2 = \frac{A_{Sektor} \cdot 360°}{\pi \cdot \alpha} \quad | \sqrt{}$

$r = \sqrt{\frac{A_{Sektor} \cdot 360°}{\pi \cdot \alpha}}$

Der Radius ist immer positiv. Daher entfällt die negative Lösung beim Ziehen der Wurzel.

c) $b = \pi \cdot d \cdot \frac{\alpha}{360°} \quad | \cdot 360°$

$b \cdot 360° = \pi \cdot d \cdot \alpha \quad | :(\pi \cdot \alpha)$

$d = \frac{b \cdot 360°}{\pi \cdot \alpha}$

---

206 Flächenformel:

Setze $r_a = 3r_i$ in die Flächenformel ein.

$A_{Ring} = \pi \cdot r_a^2 - \pi \cdot r_i^2$

$A_{Ring} = \pi \cdot (3r_i)^2 - \pi \cdot r_i^2$

$A_{Ring} = \pi \cdot 9r_i^2 - \pi \cdot r_i^2$

$A_{Ring} = 8\pi \cdot r_i^2$

Umfangsformel:

Der Durchmesser ist immer das Doppelte des Radius.

$u = \pi \cdot (d_a + d_i)$

$u = \pi \cdot (2r_a + 2r_i)$

$u = \pi \cdot (6r_i + 2r_i)$

$u = 8\pi r_i$

---

9 Körper

207

Netz I:	Netz II:	Netz III:	Netz IV:
$1+6=7$ (w)	$1+6=7$ (w)	$1+6=7$ (w)	$1+3=4$ (f)
$2+4=6$ (f)	$4+3=7$ (w)	$3+4=7$ (w)	$4+6=10$ (f)
$3+5=8$ (f)	$2+5=7$ (w)	$2+5=7$ (w)	$2+5=7$ (w)

208 a)

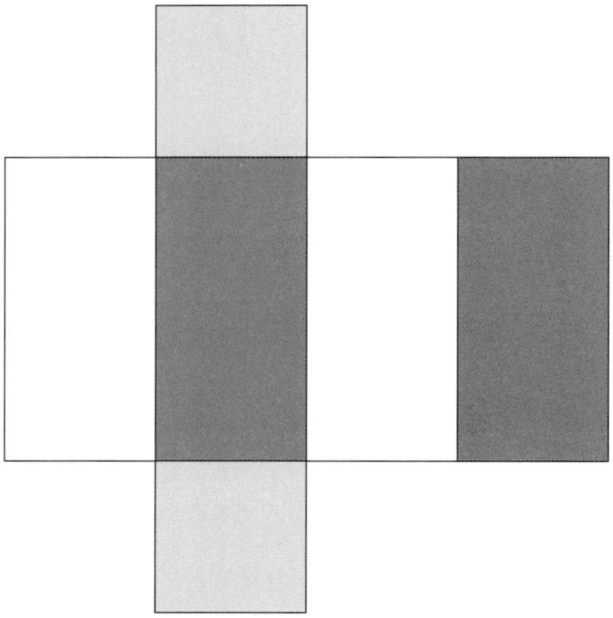

b)

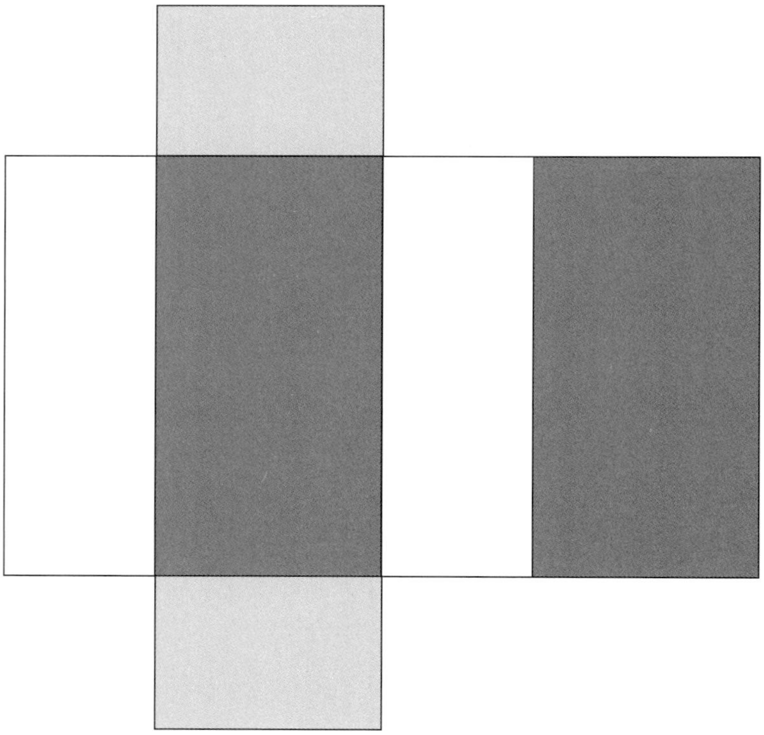

209 a)

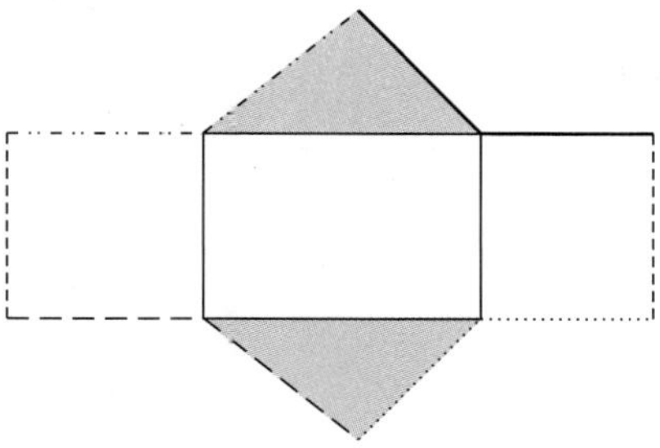

b)

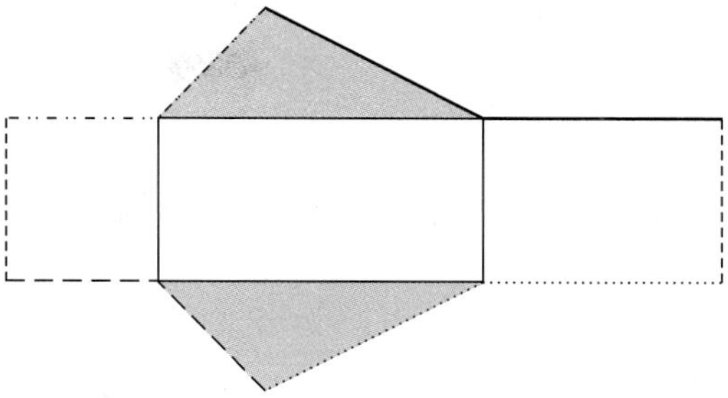

210

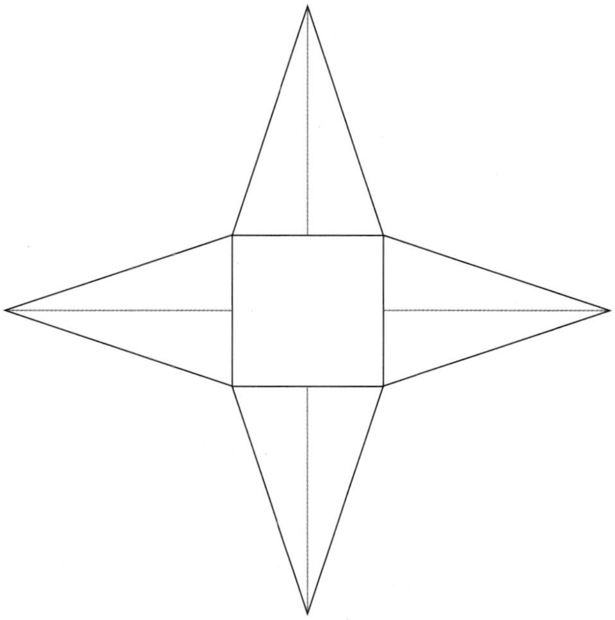

211

$V = a^3$

$512\ dm^3 = a^3$

$a = 8\ dm$

$O = 6 \cdot (8\ dm)^2$

$O = 384\ dm^2$

Maßstab 1 : 40

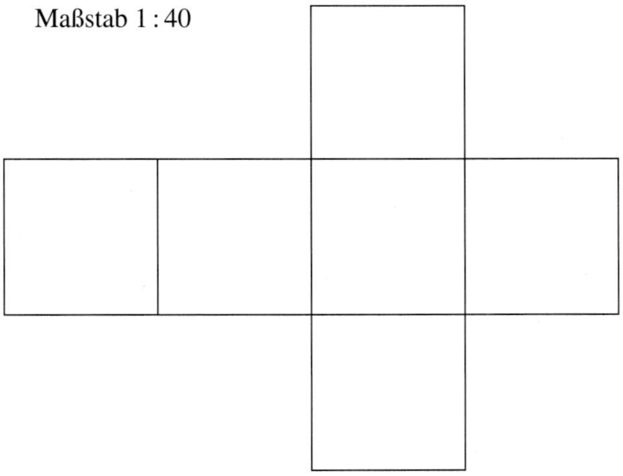

212 Um das Netz zeichnen zu können, muss man zuerst den Radius der Grundfläche berechnen. Damit kann der Umfang berechnet werden, der die Länge der Mantelfläche bestimmt.

$$A = \pi \cdot r^2$$
$$38{,}48\ \text{cm}^2 = \pi \cdot r^2$$
$$r^2 \approx 12{,}25\ \text{cm}^2$$
$$r = 3{,}5\ \text{cm}$$

$$u = 2 \cdot \pi \cdot 3{,}5\ \text{cm}$$
$$u \approx 22\ \text{cm}$$

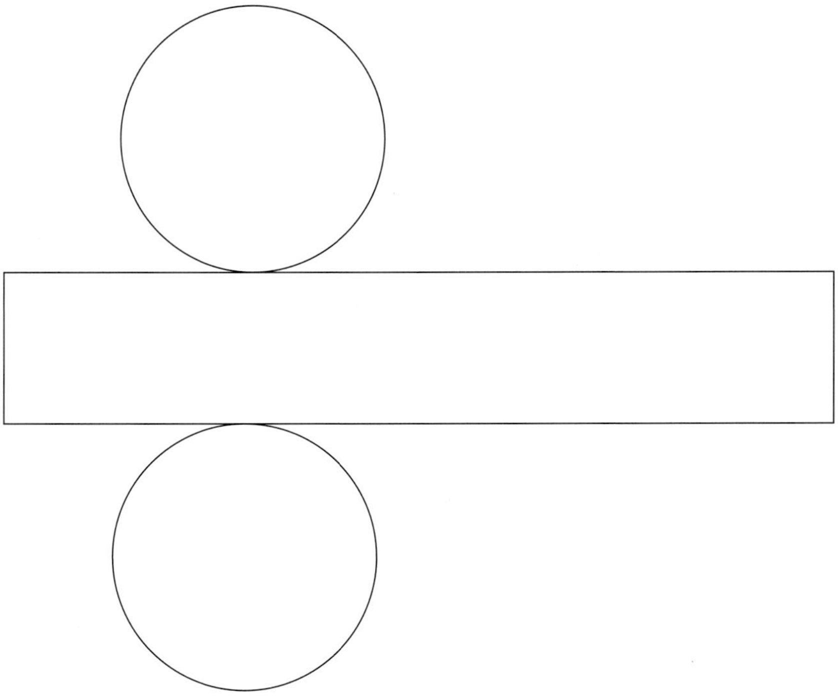

(Maßstab 1 : 2)

213 a)

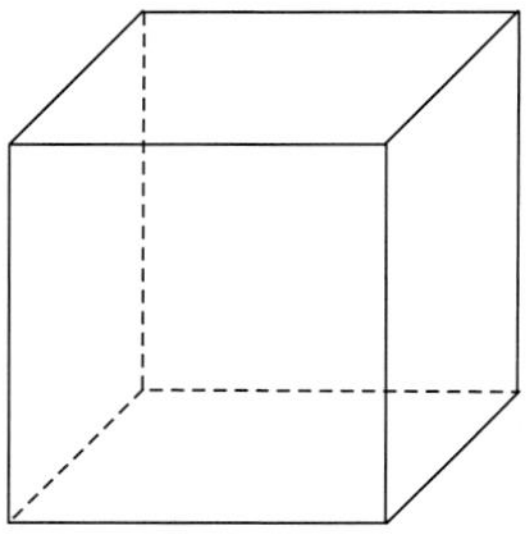

b)

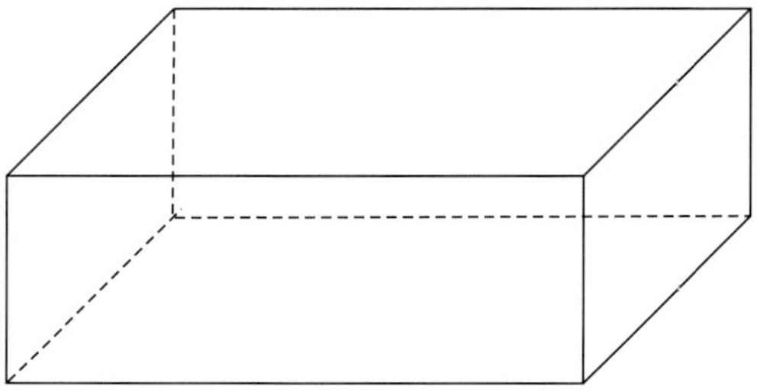

214

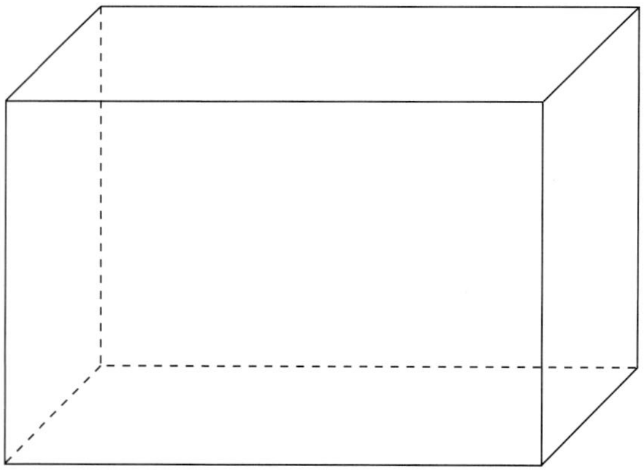

215

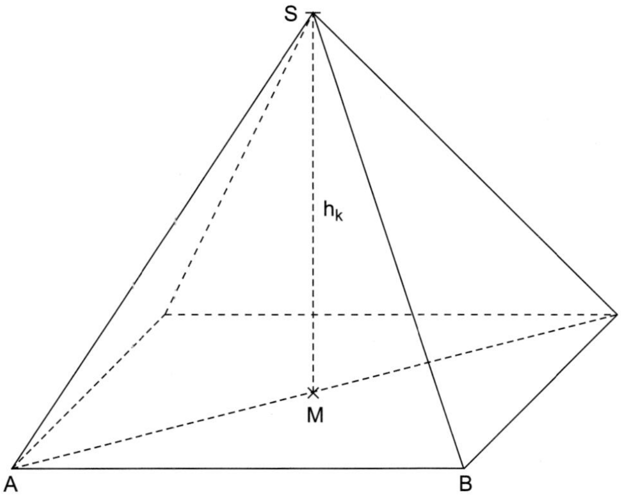

216

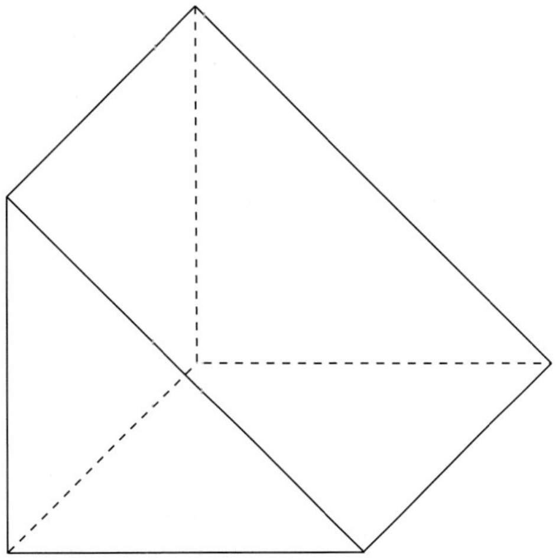

oder:

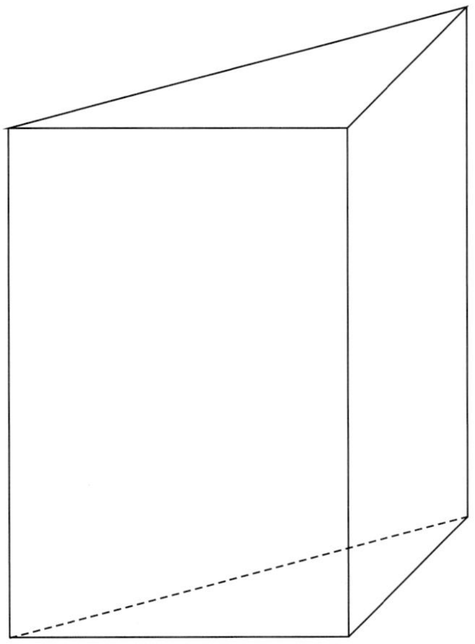

217 a)

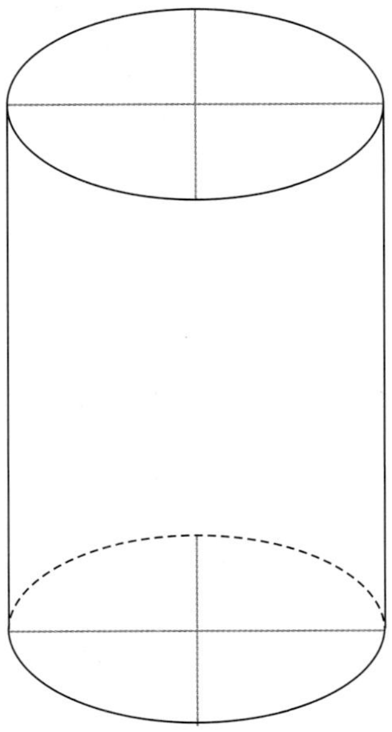

b)

218 $V = (2{,}2\ m)^3$

$V = 10{,}648\ m^3$

$O = 6 \cdot (2{,}2\ m)^2$

$O = 29{,}04\ m^2$

Maßstab 1 : 100

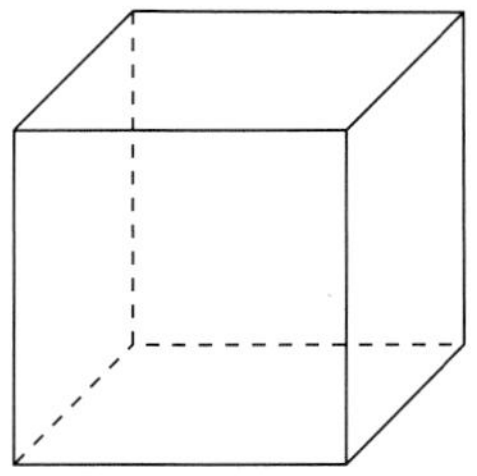

---

219 a) $V = G \cdot h_k$

$$V = \frac{a \cdot h_a}{2} \cdot h_k$$

$$V = \frac{4\ cm \cdot 2\ cm}{2} \cdot 3\ cm$$

$$V = 12\ cm^3$$

b) $O = 2 \cdot G + M$

$$O = 2 \cdot \frac{a \cdot h_a}{2} + u_{Dreieck} \cdot h_k$$

$$O = 2 \cdot \frac{4\ cm \cdot 2\ cm}{2} + (4\ cm + 2{,}4\ cm + 3{,}3\ cm) \cdot 3\ cm$$

$$O = 8\ cm^2 + 9{,}7\ cm \cdot 3\ cm$$

$$O = 8\ cm^2 + 29{,}1\ cm^2$$

$$O = 37{,}1\ cm^2$$

---

220 a) $V = G \cdot h_k$

$$V = \frac{a \cdot h_a}{2} \cdot h_k$$

$$V = \frac{3\ cm \cdot 2{,}5\ cm}{2} \cdot 4\ cm$$

$$V = 15\ cm^3$$

b)

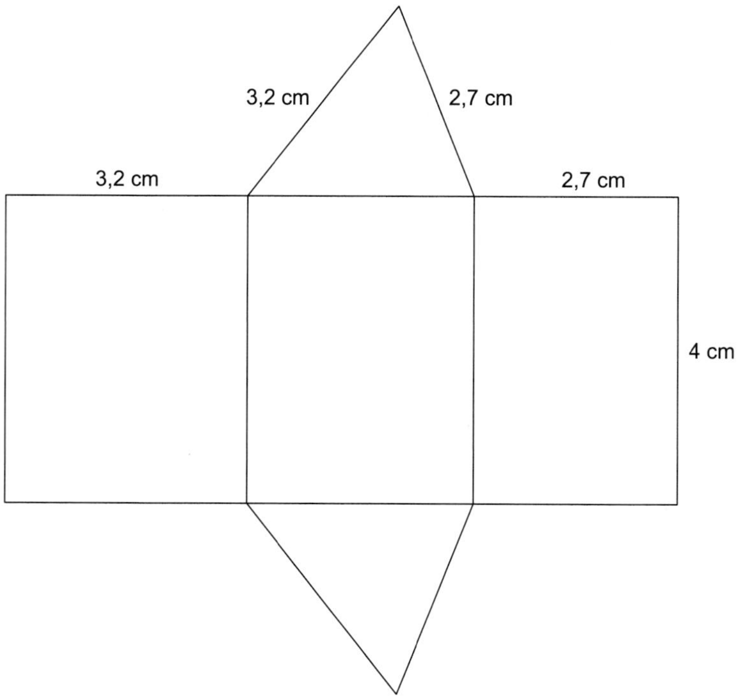

c) Um die Oberfläche des Dreiecksprismas zu berechnen, benötigen man alle Seitenlängen der Grundfläche.

Berechnung von b mit dem Satz des Pythagoras:

$$a_2^2 + h_a^2 = b^2$$
$$(1\text{ cm})^2 + (2{,}5\text{ cm})^2 = b^2$$
$$7{,}25\text{ cm}^2 = b^2$$
$$2{,}7\text{ cm} \approx b$$

Berechnung von c mit dem Satz des Pythagoras:

$$a_1^2 + h_a^2 = c^2$$
$$(2\text{ cm})^2 + (2{,}5\text{ cm})^2 = c^2$$
$$10{,}25\text{ cm}^2 = c^2$$
$$3{,}2\text{ cm} \approx c$$

$$O = 2 \cdot G + M$$
$$O = 2 \cdot \frac{a \cdot h_a}{2} + u_{\text{Dreieck}} \cdot h_k$$
$$O = 2 \cdot \frac{3\text{ cm} \cdot 2{,}5\text{ cm}}{2} + (3\text{ cm} + 2{,}7\text{ cm} + 3{,}2\text{ cm}) \cdot 4\text{ cm}$$
$$O = 7{,}5\text{ cm}^2 + 8{,}9\text{ cm} \cdot 4\text{ cm}$$
$$O = 43{,}1\text{ cm}^2$$

---

221 a)
$$V = G \cdot h_k$$
$$V = \frac{(a+c)}{2} \cdot h_a \cdot h_k$$
$$V = \frac{(3\text{ cm} + 1\text{ cm})}{2} \cdot 3\text{ cm} \cdot 4\text{ cm}$$
$$V = 6\text{ cm}^2 \cdot 4\text{ cm}$$
$$V = 24\text{ cm}^3$$

b)

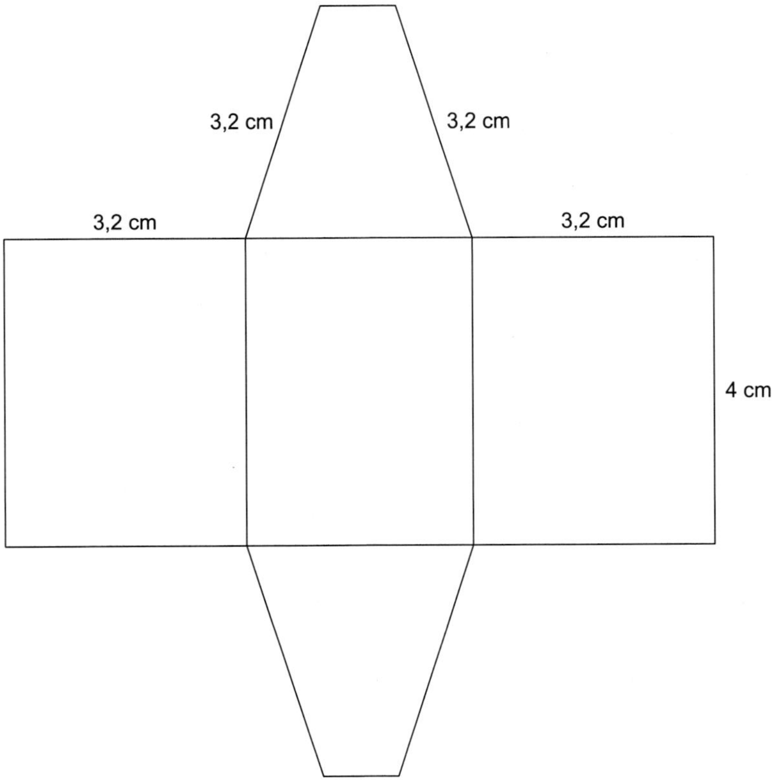

c) $O = 2 \cdot G + M$
$O = 2 \cdot 6\ cm^2 + (3\ cm + 3,2\ cm + 1\ cm + 3,2\ cm) \cdot h_k$
$O = 12\ cm^2 + 10,4\ cm \cdot 4\ cm$
$O = 53,6\ cm^2$

---

222 a) Berechnung des Volumens der hohen schmalen Dose:
$V_1 = G \cdot h_k$
$V_1 = \pi \cdot r^2 \cdot h_k$
$V_1 = \pi \cdot (2{,}5\ cm)^2 \cdot 8\ cm$
$V_1 \approx 157{,}08\ cm^3$

Berechnung des Volumens der breiten Dose:
$V_2 = G \cdot h_k$
$V_2 = \pi \cdot r^2 \cdot h_k$
$V_2 = \pi \cdot (4\ cm)^2 \cdot 5\ cm$
$V_2 \approx 251{,}33\ cm^3$

Das Fassungsvermögen der breiteren Dose ist um fast 100 cm^3 größer.

Möchte man das Fassungsvermögen der beiden Dosen vergleichen, so muss man das Volumen für beide Dosen berechnen und vergleichen.

b) Berechnung der Mantelfläche der hohen schmalen Dose:
$M_1 = u \cdot h_k$
$M_1 = \pi \cdot d \cdot h_k$
$M_1 = \pi \cdot 5\ cm \cdot 8\ cm$
$M_1 \approx 125{,}66\ cm^2$

Berechnung der Mantelfläche der breiten Dose:
$M_2 = u \cdot h_k$
$M_2 = \pi \cdot d \cdot h_k$
$M_2 = \pi \cdot 8\ cm \cdot 5\ cm$
$M_2 \approx 125{,}66\ cm^2$

Die Mantelfläche ist bei beiden Dosen identisch.

223

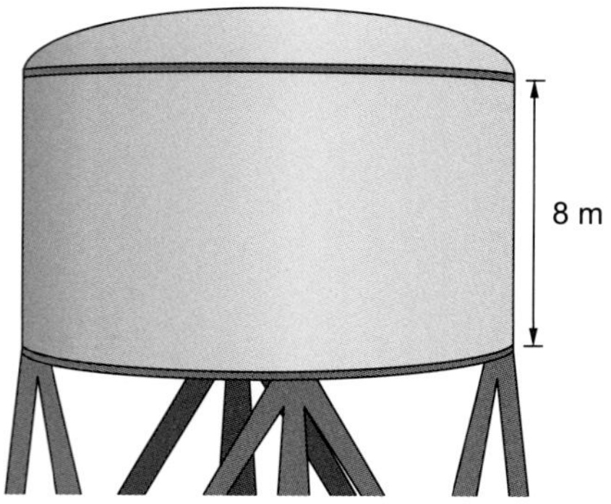

$V = G \cdot h_k$
$V = \pi \cdot r^2 \cdot h_k$
$100\ m^3 = \pi \cdot r^2 \cdot 8\ m \quad |: \pi;: 8$
$\frac{100\ m^3}{\pi \cdot 8\ m} = r^2$
$4\ m^2 \approx r^2 \quad |\sqrt{\ }$
$2\ m = r$

Der Radius des Wassertanks beträgt 2 m.

100 000 Liter = 100 m^3
Einsetzen aller gegebenen Werte und auflösen nach r^2.

224
$$V = G \cdot h_k$$
$$V = \pi \cdot r^2 \cdot h_k$$
$$1\,000\text{ cm}^3 = \pi \cdot (5\text{ cm})^2 \cdot h_k \quad |:\pi$$
$$\frac{1\,000\text{ cm}^3}{\pi} = 25\text{ cm}^2 \cdot h_k \quad |:25\text{ cm}^2$$
$$\frac{1\,000\text{ cm}^3}{\pi \cdot 25\text{ cm}^2} = h_k$$
$$12{,}73\text{ cm} \approx h_k$$
Die Cola-Dose muss eine Höhe von ca. 12,73 cm haben.

1 Liter = 1 000 cm^3
Einsetzen aller gegebenen Werte und auflösen nach h_k.

---

225 Zuerst muss man das gesamte Fassungsvermögen (Volumen) des Glases berechnen.
$V = G \cdot h_k$
$V = \pi \cdot r^2 \cdot h_k$
$V = \pi \cdot (4\text{ cm})^2 \cdot 12\text{ cm}$
$V \approx 603{,}19\text{ cm}^3$

Es passen noch 40 % ins Glas:
$603{,}19\text{ cm}^3 \cdot 0{,}4 = 241{,}276\text{ cm}^3$

Es passen noch ca. 240 $m\ell$ ins Glas.

1 $m\ell$ = 1 cm^3

---

226 a) Der Körper setzt sich aus zwei Zylindern zusammen.
$V = (7{,}5\text{ cm})^2 \cdot \pi \cdot 2{,}5\text{ cm} + (3{,}75\text{ cm})^2 \cdot \pi \cdot 7{,}5\text{ cm}$
$V \approx 441{,}79\text{ cm}^3 + 331{,}34\text{ cm}^3$
$V = 773{,}13\text{ cm}^3$

b) Der Körper setzt sich aus drei Zylindern zusammen, wovon zwei Zylinder das gleiche Volumen haben.
$V = 2 \cdot (6\text{ cm})^2 \cdot \pi \cdot 1{,}5\text{ cm} + (2\text{ cm})^2 \cdot \pi \cdot 9\text{ cm}$
$V \approx 339{,}29\text{ cm}^3 + 113{,}10\text{ cm}^3$
$V = 452{,}39\text{ cm}^3$

---

227 a)

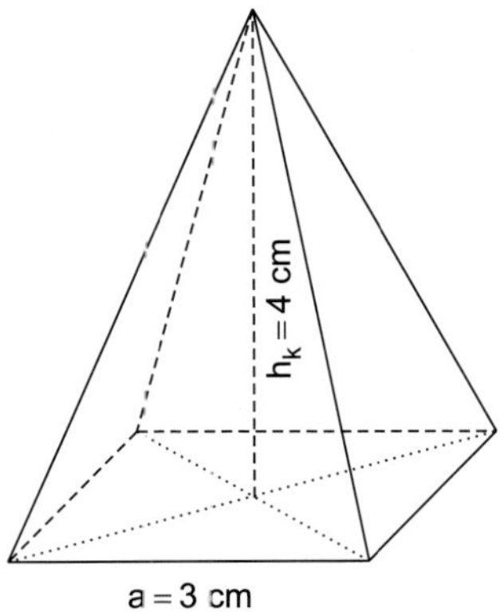

b) $V = \frac{1}{3} \cdot G \cdot h_k$

$V = \frac{1}{3} \cdot a^2 \cdot h_k$

$V = \frac{1}{3} \cdot (3\text{ cm})^2 \cdot 4\text{ cm}$

$V = 12\text{ cm}^3$

c)

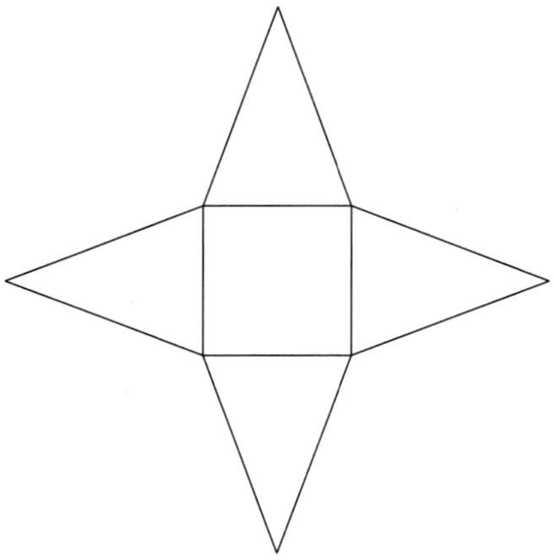

Es ist lediglich eine Skizze verlangt.
Bestimmung von h_a: Siehe Teilaufgabe d

d) Um die Oberfläche der Pyramide zu berechnen, muss man zuerst h_a bestimmen:

$$\left(\frac{a}{2}\right)^2 + h_k^2 = h_a^2$$

$$\left(\frac{3\text{ cm}}{2}\right)^2 + (4\text{ cm})^2 = h_a^2$$

$$2{,}25\text{ cm}^2 + 16\text{ cm}^2 = h_a^2$$

$$18{,}25\text{ cm}^2 = h_a^2 \quad |\sqrt{\ }$$

$$4{,}27\text{ cm} \approx h_a$$

Berechnung der Oberfläche:

$$O = G + M$$

$$O = a \cdot a + 4 \cdot \frac{a \cdot h_a}{2}$$

$$O = 3\text{ cm} \cdot 3\text{ cm} + 4 \cdot \frac{3\text{ cm} \cdot 4{,}27\text{ cm}}{2}$$

$$O = 9\text{ cm}^2 + 25{,}62\text{ cm}^2$$

$$O = 34{,}62\text{ cm}^2$$

---

228 $V = \frac{1}{3} \cdot 5\text{ cm} \cdot 3\text{ cm} \cdot 2{,}5\text{ cm}$

$V = 12{,}5\text{ cm}^3$

Die Pyramide hat eine rechteckige Grundfläche.

$V = \frac{1}{3} \cdot G \cdot h_k \Rightarrow V = \frac{1}{3} \cdot a \cdot b \cdot h_k$

---

229 $45\text{ cm} = 2 \cdot \pi \cdot r \quad |:2\pi$

$r \approx 7{,}16\text{ cm}$

$V = \frac{1}{3} \cdot \pi \cdot (7{,}16\text{ cm})^2 \cdot 100\text{ cm}$

$V \approx 5\,368{,}52\text{ cm}^3$

Der Faschingshut hat ein Volumen von rund 5,37 ℓ.

Berechne mit der Formel für den Kreisumfang ($u = 2 \cdot \pi \cdot r$) zuerst den Radius.

Setze dann den berechneten Radius und die Höhe $h_k = 1\text{ m} = 100\text{ cm}$ in die Volumenformel eines Kreiskegels ein.

$V = \frac{1}{3} \cdot \pi \cdot r^2 \cdot h_k$

---

230 a) $h_k = \frac{3 \cdot 123\text{ cm}^3}{\pi \cdot (2{,}8\text{ cm})^2}$

$h_k = \frac{369\text{ cm}^3}{\pi \cdot 7{,}84\text{ cm}^2}$

$h_k \approx 15{,}0\text{ cm}$

Stelle zuerst die Volumenformel eines Kreiskegels nach h_k um und setze dann die gegebenen Werte ein.

$V = \frac{1}{3} \cdot \pi \cdot r^2 \cdot h_k \Rightarrow h_k = \frac{3 \cdot V}{\pi \cdot r^2}$

b) $r^2 = \dfrac{3 \cdot 254\ \text{cm}^3}{\pi \cdot 9\ \text{cm}}$

$r^2 = 26{,}95\ldots\ \text{cm}^2 \quad |\sqrt{\ }$

$r \approx 5{,}2\ \text{cm}$

Stelle zuerst die Volumenformel eines Kreiskegels nach r^2 um und setze dann die gegebenen Werte ein.

$V = \frac{1}{3} \cdot \pi \cdot r^2 \cdot h_k \quad \Rightarrow \quad r^2 = \frac{3 \cdot V}{\pi \cdot h_k}$

c) $r = \dfrac{25{,}1\ \text{cm}^2}{\pi \cdot 4\ \text{cm}}$

$r \approx 2{,}0\ \text{cm}$

Stelle zuerst die Formel für den Kegelmantel nach r um und setze dann die gegebenen Werte ein.

$M = \pi \cdot r \cdot s \quad \Rightarrow \quad r = \frac{M}{\pi \cdot s}$

d) $s = \dfrac{70{,}7\ \text{dm}^2 - \pi \cdot (3\ \text{dm})^2}{\pi \cdot 3\ \text{dm}}$

$s \approx 4{,}5\ \text{dm}$

Stelle zuerst die Formel für den Kegelmantel nach s um und setze dann die gegebenen Werte ein.

$O = \pi \cdot r^2 + \pi \cdot r \cdot s$

$\Rightarrow \quad \pi \cdot r \cdot s = O - \pi \cdot r^2$

$\Rightarrow \quad s = \frac{O - \pi \cdot r^2}{\pi \cdot r}$

---

231 Höhe des Dreiecks:

$h^2 = (12\ \text{cm})^2 - (6\ \text{cm})^2$

$h^2 = 108\ \text{cm}^2 \quad |\sqrt{\ }$

$h \approx 10{,}39\ \text{cm}$

Grundfläche:

$G = \dfrac{12\ \text{cm} \cdot 10{,}39\ \text{cm}}{2} = 62{,}34\ \text{cm}^2$

Volumen:

$V = \frac{1}{3} \cdot 62{,}34\ \text{cm}^2 \cdot 25\ \text{cm} = 519{,}5\ \text{cm}^3$

Man benötigt ca. 520 cm^3 Wachs zur Herstellung der Kerze.

Gesucht ist hier das Volumen:

$V = \frac{1}{3} \cdot G \cdot h_k$

Formel für die dreieckige Grundfläche:

$G = \frac{g \cdot h}{2}$

Da die Höhe im Dreieck nicht gegeben ist, muss man sie zuerst über den Satz von Pythagoras berechnen.

$h^2 = a^2 - \left(\frac{a}{2}\right)^2$

---

232 Planskizze:

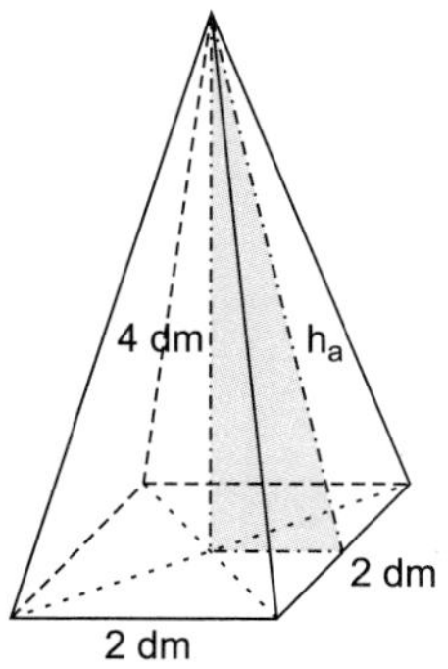

Da die Grundfläche der Pyramide ein Quadrat ist, ist die Grundkante $a = \sqrt{4\ \text{dm}^2} = 2\ \text{dm}$ lang.

Seitenhöhe:

$h_a^2 = (4\ \text{dm})^2 + (1\ \text{dm})^2$

$h_a^2 = 17\ \text{dm}^2 \quad |\sqrt{\ }$

$h_a \approx 4{,}12\ \text{dm}$

Die Seitenhöhe kannst du mithilfe des Satzes von Pythagoras berechnen.

$h_a^2 = h_k^2 + \left(\frac{a}{2}\right)^2$

Oberfläche:

$O = (2\ \text{dm})^2 + 2 \cdot 2\ \text{dm} \cdot 4{,}12\ \text{dm} = 20{,}48\ \text{dm}^2$

Oberflächenformel:

$O = a^2 + 4 \cdot \left(\frac{a \cdot h_a}{2}\right) = a^2 + 2 \cdot a \cdot h_a$

Volumen:

$V = \frac{1}{3} \cdot 4\ \text{dm}^2 \cdot 4\ \text{dm} \approx 5{,}33\ \text{dm}^3$

Volumenformel:

$V = \frac{1}{3} \cdot G \cdot h_k$

233 a) $V = \frac{1}{3} \cdot a^2 \cdot 2h_k$

$V = 2 \cdot \frac{1}{3} \cdot a^2 \cdot h_k$

Das Volumen verdoppelt sich, wenn die Körperhöhe verdoppelt wird.

Setze für die Körperhöhe $2h_k$ in die Volumenformel einer quadratischen Pyramide ein.

$V = \frac{1}{3} \cdot a^2 \cdot h_k$

b) $V = \frac{1}{3} \cdot (2a)^2 \cdot h_k$

$V = \frac{1}{3} \cdot 4a^2 \cdot h_k$

$V = 4 \cdot \frac{1}{3} \cdot a^2 \cdot h_k$

Das Volumen vervierfacht sich, wenn die Grundseite verdoppelt wird.

Setze für die Grundseite 2a in die Volumenformel einer quadratischen Pyramide ein.

$V = \frac{1}{3} \cdot a^2 \cdot h_k$

---

234 a) $V = \frac{4}{3} \cdot \pi \cdot (15\ \text{cm})^3$

$V \approx 14\,137{,}17\ \text{cm}^3$

$O = 4 \cdot \pi \cdot (15\ \text{cm})^2$

$O \approx 2\,827{,}43\ \text{cm}^2$

Setze die gegebenen Werte jeweils in die Volumen- und Oberflächenformel einer Kugel ein.

$V = \frac{4}{3} \cdot \pi \cdot r^3$

$O = 4 \cdot \pi \cdot r^2$

b) $V = \frac{4}{3} \cdot \pi \cdot (4{,}5\ \text{m})^3$

$V \approx 381{,}70\ \text{m}^3$

$O = 4 \cdot \pi \cdot (4{,}5\ \text{m})^2$

$O \approx 254{,}47\ \text{m}^2$

Beachte: $d = 2r$

---

235 $V = \frac{4}{3} \cdot \pi \cdot (1{,}75\ \text{cm})^3$

$V \approx 22{,}45\ \text{cm}^3$

$1\,000\ \text{cm}^3 : 22{,}45\ \text{cm}^3 = 44{,}54\ldots$

Aus einem Liter Eis kann man 44 Kugeln formen.

Berechne zuerst das Volumen einer Eiskugel.

$d = 3{,}5\ \text{cm} \Rightarrow r = 1{,}75\ \text{cm}$

1 Liter Eis entspricht $1\ \text{dm}^3 = 1\,000\ \text{cm}^3$.

---

236 $V_1 = \frac{4}{3} \cdot \pi \cdot (20\ \text{mm})^3$

$V_1 \approx 33\,510{,}32\ \text{mm}^3$

$V_2 = \frac{4}{3} \cdot \pi \cdot (19{,}75\ \text{mm})^3$

$V_2 \approx 32\,269{,}33\ \text{mm}^3$

$V = 33\,510{,}32\ \text{mm}^3 - 32\,269{,}33\ \text{mm}^3$

$V = 1\,240{,}99\ \text{mm}^3$

$V \approx 1{,}24\ \text{cm}^3$

$1{,}24\ \text{cm}^3 \cdot 6 = 7{,}44\ \text{cm}^3$

Für eine 6er-Packung Bälle benötigt man ca. 7,44 cm^3 Zelluloid.

Berechne das äußere und das innere Volumen des Balles und ziehe sie dann voneinander ab.

$r_1 = 20\ \text{mm}$ und $r_2 = 19{,}75\ \text{mm}$

---

237 Es passen genau fünf Murmeln nebeneinander in die Schachtel (4 cm : 0,8 cm = 5).
Dann passen in eine Lage $5 \cdot 5 = 25$ Kugeln.
Insgesamt kann man 5 Lagen stapeln: $5 \cdot 25 = 125$ Murmeln.
Die 120 Murmeln passen auf jeden Fall in die Schachtel.

Es wird nicht berücksichtigt, dass einige Murmeln auch in Lücken zwischen zwei Murmeln rutschen können.

---

238 a) $r^3 = \frac{3 \cdot 268\ cm^3}{4 \cdot \pi}$ $\quad |\sqrt[3]{\ }$

$r \approx 4{,}0\ cm$

Löse die Volumenformel für die Kugel nach r auf und setze die Werte ein.
$V = \frac{4}{3} \cdot \pi \cdot r^3 \Rightarrow r^3 = \frac{3 \cdot V}{4 \cdot \pi}$

b) $r^2 = \frac{113\ cm^2}{4 \cdot \pi}$ $\quad |\sqrt{\ }$

$r \approx 3{,}0\ cm$

Löse die Oberflächenformel für die Kugel nach r auf und setze die Werte ein.
$O = 4 \cdot \pi \cdot r^2 \Rightarrow r^2 = \frac{O}{4 \cdot \pi}$

---

239 a) $V = \frac{4}{3} \cdot \pi \cdot (2r)^3$

$V = \frac{4}{3} \cdot \pi \cdot 8r^3$

$V = 8 \cdot \frac{4}{3} \cdot \pi \cdot r^3$

Bei doppeltem Radius ist das Volumen der Kugel 8-mal so groß.

Setze für den Radius 2r in die Volumenformel einer Kugel ein.
$V = \frac{4}{3} \cdot \pi \cdot r^3$

b) $V = \frac{4}{3} \cdot \pi \cdot (4r)^3$

$V = \frac{4}{3} \cdot \pi \cdot 64r^3$

$V = 64 \cdot \frac{4}{3} \cdot \pi \cdot r^3$

Bei vierfachem Radius ist das Volumen der Kugel 64-mal so groß.

Setze für den Radius 4r in die Volumenformel einer Kugel ein.
$V = \frac{4}{3} \cdot \pi \cdot r^3$

---

240 a) Der aufgesetzte Quader links passt genau in den ausgeschnittenen Quader rechts, so dass ein großer Quader mit folgenden Maßen entsteht:
$a = 40\ m + 10\ m + 10\ m = 60\ m$; $b = 80\ m$; $c = 10\ m + 10\ m = 20\ m$

$V_Q = 60\ m \cdot 80\ m \cdot 20\ m$
$V_Q = 96\,000\ m^3$

b) Der Körper setzt sich aus einem Quader und einem Dreiecksprisma zusammen.

Quader:
$a = 100\ mm$; $b = 400\ mm$; $c = 40\ mm$

$V_Q = 100\ mm \cdot 400\ mm \cdot 40\ mm$
$V_Q = 1\,600\,000\ m^3$

Dreiecksprisma:
$g = 100\ mm$; $h_D = 90\ mm$; $h_k = 200\ mm$

$V_D = \frac{100\ mm \cdot 90\ mm}{2} \cdot 200\ mm$

$V_D = 900\,000\ mm^3$

Gesamtvolumen:
$V = V_Q + V_D = 1\,600\,000\ mm^3 + 900\,000\ mm^3 = 2\,500\,000\ mm^3$

241 Rauminhalt des Würfels V_1:
$V_1 = 32\text{ cm} \cdot 32\text{ cm} \cdot 32\text{ cm}$
$V_1 = 32\,768\text{ cm}^3$
Rauminhalt des ausgebohrten Zylinders V_2:
$d = 18\text{ cm};\ r = 9\text{ cm};\ h_k = 32\text{ cm}$
$V_2 = (9\text{ cm})^2 \cdot \pi \cdot 32\text{ cm}$
$V_2 = 8\,143{,}01\text{ cm}^3$
Rauminhalt des durchbohrten Würfels V:
$V = V_1 - V_2$
$V = 32\,768\text{ cm}^3 - 8\,143{,}01\text{ cm}^3$
$V = 24\,624{,}99\text{ cm}^3 \approx 24{,}625\text{ dm}^3$
Masse:
$m = 24{,}625\text{ dm}^3 \cdot 2{,}6\,\frac{\text{kg}}{\text{dm}^3}$
$m = 64{,}025\text{ kg}$
$m \approx 64\text{ kg}$
Der Würfel wiegt nach der Bearbeitung rund 64 kg.

---

242 a) Das Werkstück ist aus drei Körpern zusammengesetzt:
I Quadratische Pyramide mit $h_{k1} = 20\text{ cm}$
II Würfel mit $a = 8\text{ cm}$
III Quadratische Pyramide mit $h_{k2} = 12\text{ cm}$

$V_{ges} = V_{\text{Pyramide 1}} + V_{\text{Würfel}} + V_{\text{Pyramide 2}}$

$V_{ges} = \frac{1}{3} \cdot G \cdot h_{k1} + a^3 + \frac{1}{3} \cdot G \cdot h_{k2}$

$V_{ges} = \frac{1}{3} \cdot (8\text{ cm})^2 \cdot 20\text{ cm} + (8\text{ cm})^3 + \frac{1}{3} \cdot (8\text{ cm})^2 \cdot 12\text{ cm}$

$V_{ges} = \frac{1}{3} \cdot 64\text{ cm}^2 \cdot 20\text{ cm} + 512\text{ cm}^3 + \frac{1}{3} \cdot 64\text{ cm}^2 \cdot 12\text{ cm}$

$V_{ges} \approx 1\,194{,}67\text{ cm}^3$

b) Das Werkstück ist aus drei Körpern zusammengesetzt:
I Kegel $h_{k1} = 20\text{ cm}$
II Zylinder mit $h_{k2} = 8\text{ cm}$
III Kegel mit $h_{k3} = 12\text{ cm}$

$V_{ges} = V_{\text{Kegel 1}} + V_{\text{Zylinder}} + V_{\text{Kegel 2}}$

$V_{ges} = \frac{1}{3} \cdot G \cdot h_{k1} + G \cdot h_{k2} + \frac{1}{3} \cdot G \cdot h_{k3}$

$V_{ges} = \frac{1}{3} \cdot \pi \cdot r^2 \cdot 20\text{ cm} + \pi \cdot r^2 \cdot 8\text{ cm} + \frac{1}{3} \cdot \pi \cdot r^2 \cdot 12\text{ cm}$

$V_{ges} = \frac{1}{3} \cdot \pi \cdot (4\text{ cm})^2 \cdot 20\text{ cm} + \pi \cdot (4\text{ cm})^2 \cdot 8\text{ cm} + \frac{1}{3} \cdot \pi \cdot (4\text{ cm})^2 \cdot 12\text{ cm}$

$V_{ges} \approx 938{,}29\text{ cm}^3$

Das Volumen des oberen Werkstücks ist um ca. 256 cm^3 größer.

c) Um die Oberfläche des oberen Werkstücks zu berechnen, benötigt man die Höhe der dreieckigen Seitenflächen.

Berechnung der Höhe der Seitenfläche der linken Pyramide mit $h_{k1} = 20$ cm durch den Satz des Pythagoras:

$$\left(\frac{c}{2}\right)^2 + h_{k1}^2 = h_{c1}^2$$

$$\left(\frac{8\text{ cm}}{2}\right)^2 + (20\text{ cm})^2 = h_{c1}^2$$

$$16\text{ cm}^2 + 400\text{ cm}^2 = h_{c1}^2$$

$$416\text{ cm}^2 = h_{c1}^2 \quad |\sqrt{}$$

$$20{,}40\text{ cm} \approx h_{c1}$$

Berechnung der Höhe der Seitenfläche der rechten Pyramide mit $h_{k2} = 12$ cm durch den Satz des Pythagoras:

$$\left(\frac{c}{2}\right)^2 + h_{k2}^2 = h_{c2}^2$$

$$\left(\frac{8\text{ cm}}{2}\right)^2 + (12\text{ cm})^2 = h_{c2}^2$$

$$16\text{ cm}^2 + 144\text{ cm}^2 = h_{c2}^2$$

$$160\text{ cm}^2 = h_{c2}^2 \quad |\sqrt{}$$

$$12{,}65\text{ cm} \approx h_{c2}$$

$$O = 4 \cdot \underset{\text{Pyramide}}{\text{Seitenfl. der linken}} + 4 \cdot \underset{\text{Würfel}}{\text{Seitenfl. vom}} + 4 \cdot \underset{\text{Pyramide}}{\text{Seitenfl. der rechten}}$$

$$O = 4 \cdot \frac{8\text{ cm} \cdot 20{,}4\text{ cm}}{2} + 4 \cdot 8\text{ cm} \cdot 8\text{ cm} + 4 \cdot \frac{8\text{ cm} \cdot 12{,}65\text{ cm}}{2}$$

$$O = 326{,}4\text{ cm}^2 + 256\text{ cm}^2 + 202{,}4\text{ cm}^2$$

$$O = 784{,}8\text{ cm}^2$$

d) Um die Oberfläche des unteren Werkstücks zu berechnen, benötigt man die Länge der Mantellinie s der beiden Kegel.

Berechnung der Mantellinie s_1 des linken Kegels mit $h_{k1} = 20$ cm durch den Satz des Pythagoras:

$$\left(\frac{r}{2}\right)^2 + h_{k1}^2 = s_1^2$$

$$\left(\frac{8\text{ cm}}{2}\right)^2 + (20\text{ cm})^2 = s_1^2$$

$$16\text{ cm}^2 + 400\text{ cm}^2 = s_1^2$$

$$416\text{ cm}^2 = s_1^2 \quad |\sqrt{}$$

$$20{,}40\text{ cm} \approx s_1$$

Berechnung der der Mantellinie s_2 des rechten Kegels mit $h_{k2} = 12$ cm durch den Satz des Pythagoras:

$$\left(\frac{r}{2}\right)^2 + h_{k2}^2 = s_2^2$$

$$\left(\frac{8\text{ cm}}{2}\right)^2 + (12\text{ cm})^2 = s_2^2$$

$$16\text{ cm}^2 + 144\text{ cm}^2 = s_2^2$$

$$160\text{ cm}^2 = s_2^2 \quad |\sqrt{}$$

$$12{,}65\text{ cm} \approx s_2$$

O = Mantel linker Kegel + Mantel Zylinder + Mantel rechter Kegel
$O = \pi \cdot r \cdot s_1 + u \cdot h_{k2} + \pi \cdot r \cdot s_2$
$O = \pi \cdot 4\text{ cm} \cdot 20{,}4\text{ cm} + \pi \cdot d \cdot 8\text{ cm} + \pi \cdot 4\text{ cm} \cdot 12{,}65\text{ cm}$
$O = \pi \cdot 4\text{ cm} \cdot 20{,}4\text{ cm} + \pi \cdot 8\text{ cm} \cdot 8\text{ cm} + \pi \cdot 4\text{ cm} \cdot 12{,}65\text{ cm}$
$O \approx 616{,}38\text{ cm}^2$

e) Berechnung der Oberfläche des Ausgangsquaders:
$O = 2 \cdot G + M$
$O = 2 \cdot 8\text{ cm} \cdot 8\text{ cm} + 4 \cdot 40\text{ cm} \cdot 8\text{ cm}$
$O = 128\text{ cm}^2 + 1\,280\text{ cm}^2$
$O = 1\,408\text{ cm}^2$

Oberfläche des oberen Werkstücks: $784{,}8\text{ cm}^2$
Oberfläche des unteren Werkstücks: $616{,}38\text{ cm}^2$
Oberfläche des Ausgangsquaders: $1\,408\text{ cm}^2$

Die Oberfläche der einzelnen Werkstücke hat jeweils im Vergleich zum Ausgangsquader erheblich abgenommen.

Je nach Bezugsgröße und Körperformen können deine Ergebnisse der folgenden drei Aufgaben von den Beispiellösungen bis ca. 30 % nach oben und unten abweichen.

243 $V_{Zylinder} = \pi \cdot (56{,}25\text{ cm})^2 \cdot 80\text{ cm}$
$V_{Zylinder} \approx 795\,216\text{ cm}^3$

$V_{Kegel} = \frac{1}{3} \cdot \pi \cdot (56{,}25\text{ cm})^2 \cdot 80\text{ cm}$
$V_{Kegel} \approx 265\,072\text{ cm}^3$

$V_{Zelt} = V_{Zylinder} + V_{Kegel}$
$V_{Zelt} = 795\,216\text{ cm}^3 + 265\,072\text{ cm}^3$
$V_{Zelt} = 1\,060\,288\text{ cm}^3$
$V_{Zelt} \approx 1\text{ m}^3$
Das Zelt hat ein Volumen von ca. 1 m³.

Das Zirkuszelt lässt sich annähernd in einen Zylinder und einen Kegel zerlegen.
$V_{Zylinder} = \pi \cdot r^2 \cdot h_k$
$V_{Kegel} = \frac{1}{3} \cdot \pi \cdot r^2 \cdot h_k$
Maße:

	Bild	Wirklichkeit
Zylinderhöhe	3,2 cm	80 cm
	1 cm	25 cm
Zylinderdurchmesser	4,5 cm	112,5 cm
Kegelhöhe	3,2 cm	80 cm
Kegeldurchmesser	4,5 cm	112,5 cm

---

244 $V_{Zylinder} = \pi \cdot (3{,}69\text{ cm})^2 \cdot 11{,}72\text{ cm}$
$V_{Zylinder} \approx 501\text{ cm}^3$

$V_{Kegel} = \frac{1}{3} \cdot \pi \cdot (3{,}69\text{ cm})^2 \cdot 3{,}04\text{ cm}$
$V_{Kegel} \approx 43\text{ cm}^3$

$V_{Kerze} = V_{Zylinder} + V_{Kegel}$
$V_{Kerze} = 501\text{ cm}^3 + 43\text{ cm}^3$
$V_{Kerze} = 544\text{ cm}^3$

$m = 544\text{ cm}^3 \cdot 0{,}95\,\frac{g}{\text{cm}^3}$
$m = 516{,}8\text{ g}$
$m \approx 500\text{ g}$
Die Kerze wiegt ungefähr 500 g.

Die Kerze lässt sich annähernd in einen Zylinder und einen Kegel zerlegen.
$V_{Zylinder} = \pi \cdot r^2 \cdot h_k$
$V_{Kegel} = \frac{1}{3} \cdot \pi \cdot r^2 \cdot h_k$
Maße:

	Bild	Wirklichkeit
Höhe des Schneemanns	2,3 cm	5 cm
	1 cm	2,17 cm
Zylinderhöhe	5,4 cm	11,72 cm
Zylinderdurchmesser	3,4 cm	7,38 cm
Kegelhöhe	1,4 cm	3,04 cm
Kegeldurchmesser	3,4 cm	7,38 cm

245 $V_{Halbkugel} = \frac{2}{3} \cdot \pi \cdot (12{,}2\text{ cm})^3$

$V_{Halbkugel} \approx 3\,803\text{ cm}^3$

$V_{Kegel} = \frac{1}{3} \cdot \pi \cdot (12{,}2\text{ cm})^2 \cdot 36{,}6\text{ cm}$

$V_{Kegel} \approx 5\,705\text{ cm}^3$

$V_{Ballon} = V_{Halbkugel} + V_{Kegel}$

$V_{Ballon} = 3\,803\text{ cm}^3 + 5\,705\text{ cm}^3$

$V_{Ballon} = 9\,508\text{ cm}^3$

$V_{Ballon} \approx 9{,}5\text{ dm}^3$

Das Volumen des Ballons beträgt ca. 9,5 dm³.

Der Ballon kann annähernd in eine Halbkugel und in einen Kegel zerlegt werden.
Die Höhe des Kegels wird dabei über den Ballon hinaus verlängert, damit das Volumen an den Seiten des Ballons ausgeglichen wird.

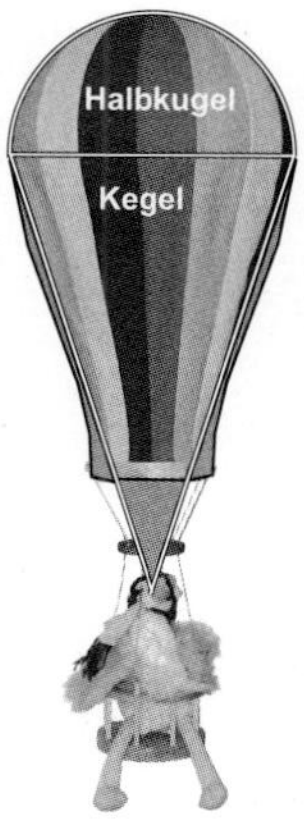

$V_{Halbkugel} = \frac{1}{2} \cdot \frac{4}{3} \cdot \pi \cdot r^3$

$V_{Kegel} = \frac{1}{3} \cdot \pi \cdot r^2 \cdot h_k$

Maße:

	Bild	Wirklichkeit
Vogel	3,3 cm	20 cm
	1 cm	6,1 cm
Durchmesser Kugel u. Kegel	4 cm	24,4 cm
Kegelhöhe	6 cm	36,6 cm

10 Daten und Zufall

246 a) Anzahl der befragten Schüler*innen:
32 Schüler*innen wurden befragt.

b) Strichliste:

1 km	2 km	3 km	4 km	5 km	6 km
卌	卌 ||||	卌 |	卌	||||	|||

c) Häufigkeitstabelle:

Länge des Schulwegs	1 km	2 km	3 km	4 km	5 km	6 km
Anzahl der Schüler*innen	5	9	6	5	4	3

---

247 a) 15, 15, 15, 16, 16, 16, 16, 16, 17, 17, 17, 17, 17, 17, 17, 18, 18, 18, 18, 18

b) Minimum: 15; Maximum: 18; Spannweite: $18-15=3$

c) Arithmetisches Mittel (Mittelwert):
$(15+15+15+16+16+16+16+16+17+17+17+17+17+17+17+18+18+18+18+18):20=$
$(45+80+119+90):20=$
$334:20=16{,}7$

d) Häufigkeitstabelle:

Alter der SuS	15	16	17	18
Absolute Häufigkeit	3	5	7	5
Relative Häufigkeit	$\frac{3}{20}=0{,}15=15\,\%$	$\frac{5}{20}=0{,}25=25\,\%$	$\frac{7}{20}=0{,}35=35\,\%$	$\frac{5}{20}=0{,}25=25\,\%$

---

248 $(-49-45-30-13+2+12+15+11+2-14-37-46):12=-192:12=-16$
Durchschnittliche Jahrestemperatur: –16 °C

---

249 a) $\frac{164+157+193+348+425+413+298}{7}=\frac{1\,998}{7}=285{,}42\ldots\approx 285$

Im Durchschnitt kamen rund 285 Besucher*innen täglich ins Kino.

b) Die Besucherzahl am Sonntag wird mit x bezeichnet.

$$\bar{x}=300$$

$$\bar{x}=\frac{164+157+193+348+425+413+x}{7}$$

$$300=\frac{1\,700+x}{7} \quad |\cdot 7$$

$$2\,100=1\,700+x \quad |-1\,700$$

$$400=x$$

Um eine durchschnittliche Besucherzahl von 300 zu erreichen, hätten am Sonntag 400 Besucher*innen ins Kino kommen müssen.

250 a) 463 Schüler*innen besuchen die Realschule.

b) Durchschnittsalter:
$(72 \cdot 11 + 63 \cdot 12 + 68 \cdot 13 + 71 \cdot 14 + 66 \cdot 15 + 52 \cdot 16 + 48 \cdot 17 + 23 \cdot 18) : 463 = 6\,478 : 463 = 13{,}99\ldots \approx 14$ Jahre

c) relative Häufigkeiten:
11 Jahre ≙ 16 %
12 Jahre ≙ 14 %
13 Jahre ≙ 15 %
14 Jahre ≙ 15 %
15 Jahre ≙ 14 %
16 Jahre ≙ 11 %
17 Jahre ≙ 10 %
18 Jahre ≙ 5 %

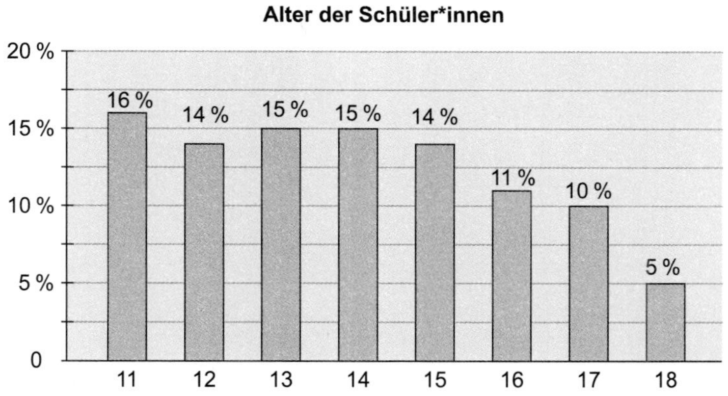

251 a)

	Handy	Spielekonsole	TV	Tablet	Computer	insgesamt
Durchschnitt Klasse 10 a	20 h	12 h	6 h	8 h	4 h	50 h
Durchschnitt Klasse 10 b	28 h	4 h	8 h	8 h	2 h	50 h

b) Durchschnittliche Bildschirmzeit pro Tag:
50 h : 7 Tage ≈ 7,14 h

c)

	Handy	Spielekonsole	TV	Tablet	Computer
Relative Häufigkeit Klasse 10 a	20 h : 50 h = 0,4 = 40 %	12 h : 50 h = 0,24 = 24 %	6 h : 50 h = 0,12 = 12 %	8 h : 50 h = 0,16 = 16 %	4 h : 50 h = 0,08 = 8 %
Relative Häufigkeit Klasse 10 b	28 h : 50 h = 0,56 = 56 %	4 h : 50 h = 0,08 = 8 %	8 h : 50 h = 0,16 = 16 %	8 h : 50 h = 0,16 = 16 %	2 h : 50 h = 0,04 = 4 %

d) Säulendiagramm:

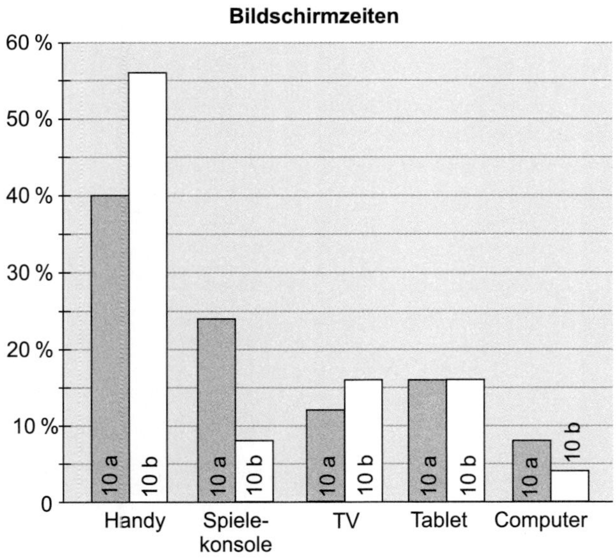

252 a) Häufigkeitstabelle:

Verkehrsmittel	zu Fuß	Fahrrad	Bus/Bahn	Mofa/Roller	Pkw	zusammen
absolute Häufigkeit	105	78	112	75	20	390
relative Häufigkeit	≈ 27 %	20 %	≈ 29 %	≈ 19 %	≈ 5 %	100 %

b) Balkendiagramm:

Einheit: 1 cm ≙ 5 %

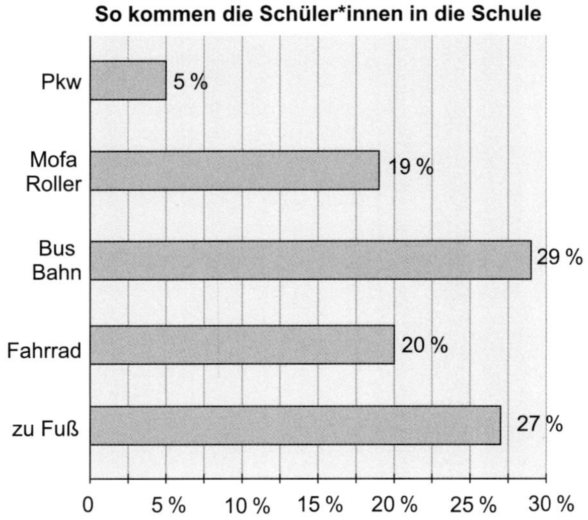

Streifendiagramm:

Einheit: 1 cm ≙ 10 %

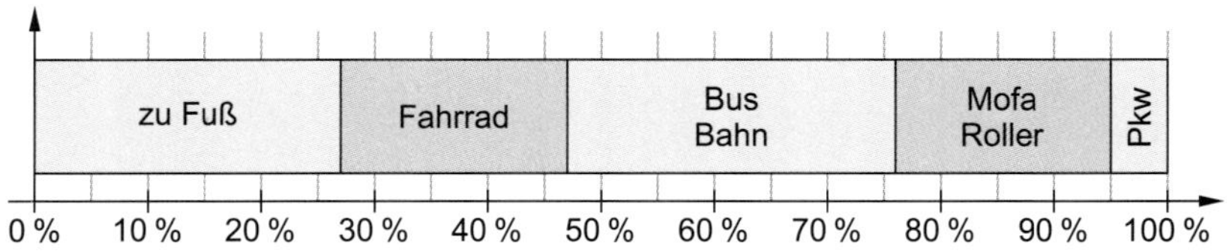

Kreisdiagramm:

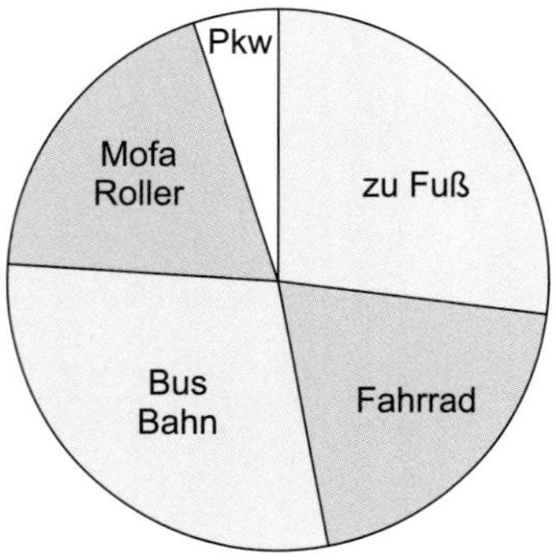

Einheit: 18° ≙ 5 %

zu Fuß: 27 %: $\frac{360°}{100} \cdot 27 = 97{,}2°$

Fahrrad: 20 %: $\frac{360°}{100} \cdot 20 = 72°$

Bus/Bahn: 29 %: $\frac{360°}{100} \cdot 29 = 104{,}4°$

Mofa/Roller: 19 %: $\frac{360°}{100} \cdot 19 = 68{,}4°$

PKW: 5 %: $\frac{360°}{100} \cdot 5 = 18°$

c) Das Balkendiagramm gibt den Sachverhalt am besten wieder, weil die unterschiedliche Längen der Balken einen guten und schnellen Vergleich ermöglichen.

---

253 In Diagramm 1 beginnt die y-Achse bei 0 €, je 10 000 € wird die Säule 1 cm höher. Die Unterschiede zwischen den Werten von Montag bis Mittwoch sind kaum ersichtlich. Betont wird, dass sich der Umsatz von Montag bis Freitag zwischen 24 000 € und 29 000 € bewegt.

In Diagramm 2 beginnt die y-Achse bei 20 000 €, der Unterschied zwischen 20 000 € und 30 000 € beträgt 5 cm. Der Unterschied zwischen den Tagesumsätzen tritt hier deutlich hervor. Doppelte Säulenhöhe bedeutet hier nicht doppelter Umsatz!

---

254 Voraussichtlich wird die Marketingleitung den zweiten Entwurf wählen, da dort das Anwachsen des Zinssatzes deutlicher wird. Allerdings täuscht das große Sparschwein im zweiten Entwurf eine erheblich größere Steigerung des Zinssatzes vor als die exakte Verdopplung des Zinssatzes im ersten Entwurf. Das große Sparschwein ist etwa doppelt so breit und doppelt so hoch wie das kleine. Es bedeckt also einen viermal so großen Flächeninhalt! Bedenkt man, dass es sich bei dem Sparschwein um ein dreidimensionales Gebilde handelt, so wird sogar ein achtfaches Volumen vorgetäuscht.

255 a) Anzahl der günstigen Ergebnisse: 3 (2; 4; 6)
Anzahl aller möglichen Ergebnisse: 6 (1; 2; 3; 4; 5; 6)

$$\text{Wahrscheinlichkeit} = \frac{\text{Anzahl der günstigen Ergebnisse}}{\text{Anzahl aller möglichen Ergebnisse}} = \frac{3}{6} = \frac{1}{2} = 0,5 = 50\ \%$$

Die Wahrscheinlichkeit für das Ereignis „gerade Zahl" beträgt 50 %.

b) Anzahl der günstigen Ergebnisse: 3 (4; 5; 6)
Anzahl aller möglichen Ergebnisse: 6 (1; 2; 3; 4; 5; 6)

$$\text{Wahrscheinlichkeit} = \frac{\text{Anzahl der günstigen Ergebnisse}}{\text{Anzahl aller möglichen Ergebnisse}} = \frac{3}{6} = \frac{1}{2} = 0,5 = 50\ \%$$

Die Wahrscheinlichkeit für das Ereignis „Augenzahl größer 3" beträgt 50 %.

c) Anzahl der günstigen Ergebnisse: 3 (2; 3; 5)
Anzahl aller möglichen Ergebnisse: 6 (1; 2; 3; 4; 5; 6)

$$\text{Wahrscheinlichkeit} = \frac{\text{Anzahl der günstigen Ergebnisse}}{\text{Anzahl aller möglichen Ergebnisse}} = \frac{3}{6} = \frac{1}{2} = 0,5 = 50\ \%$$

Die Wahrscheinlichkeit für das Ereignis „Primzahl" beträgt 50 %.

---

256 Anzahl der günstigen Ergebnisse (Tanja): 2 (1; 2)
Anzahl der günstigen Ergebnisse (Peter): 3 (4; 5; 6)
Anzahl aller möglichen Ergebnisse: 6 (1; 2; 3; 4; 5; 6)

Wahrscheinlichkeit dafür, dass Tanja einen Punkt bekommt:

$$\frac{\text{Anzahl der günstigen Ergebnisse (Tanja)}}{\text{Anzahl aller möglichen Ergebnisse}} = \frac{2}{6} = \frac{1}{3} = 0,\overline{3} \approx 33,3\ \%$$

Wahrscheinlichkeit dafür, dass Peter einen Punkt bekommt:

$$\frac{\text{Anzahl der günstigen Ergebnisse (Peter)}}{\text{Anzahl aller möglichen Ergebnisse}} = \frac{3}{6} = \frac{1}{2} = 0,5 = 50\ \%$$

Die Wahrscheinlichkeit, dass Peter einen Punkt erhält, ist größer als Tanjas Wahrscheinlichkeit dafür. Deshalb hat Peter die größeren Chancen, als Erster 10 Punkte zu erreichen.

---

257 a) günstige Ergebnisse (Dennis): 6; 9; 12; 15; 18; 21; 24

b) günstige Ergebnisse (Julia): 2; 3; 5; 7; 11; 13; 17; 19; 23

c) Anzahl der ungünstigen Ergebnisse: 8 (1; 4; 8; 10; 14; 16; 20; 22)
Anzahl aller möglichen Ergebnisse: 24

$$\text{Wahrscheinlichkeit} = \frac{\text{Anzahl der ungünstigen Ergebnisse}}{\text{Anzahl aller möglichen Ergebnisse}} = \frac{8}{24} = \frac{1}{3} = 0,\overline{3} \approx 33,3\ \%$$

Die Wahrscheinlichkeit dafür, dass keiner von beiden gewinnt, beträgt 33,3 %.

---

258 Anzahl der schwarzen Kugeln: 9
Anzahl der weißen Kugeln: 6
Anzahl aller Kugeln: 9 + 6 = 15

a) $$\text{Wahrscheinlichkeit} = \frac{\text{Anzahl der schwarzen Kugeln}}{\text{Anzahl aller Kugeln}} = \frac{9}{15} = \frac{3}{5} = 0,6 = 60\ \%$$

b) $$\text{Wahrscheinlichkeit} = \frac{\text{Anzahl der weißen Kugeln}}{\text{Anzahl aller Kugeln}} = \frac{6}{15} = \frac{2}{5} = 0,4 = 40\ \%$$

---

259 $\frac{\text{Anzahl der weißen Kugeln}}{\text{Anzahl aller Kugeln}} = \frac{2}{3}$

$\frac{\text{Anzahl der weißen Kugeln}}{48} = \frac{2}{3} \quad | \cdot 48$

Anzahl der weißen Kugeln $= 32$

Anzahl der schwarzen Kugeln = Anzahl aller Kugeln – Anzahl der weißen Kugeln
Anzahl der schwarzen Kugeln $= 48 - 32 = 16$

In dem Behälter befinden sich 32 weiße und 16 schwarze Kugeln.

---

260 Anzahl der roten Kugeln: 12
Anzahl der blauen Kugeln: 8
Anzahl der gelben Kugeln: 4
Anzahl aller Kugeln: $12 + 8 + 4 = 24$

$$\text{Wahrscheinlichkeit} = \frac{\text{Anzahl der roten und der gelben Kugeln}}{\text{Anzahl aller Kugeln}} = \frac{12+4}{24} = \frac{16}{24} = \frac{2}{3} = 0,\overline{6} \approx 66,7\ \%$$

Die Wahrscheinlichkeit für das Ereignis „keine blaue Kugel" beträgt 66,7 %.

---

261 a)

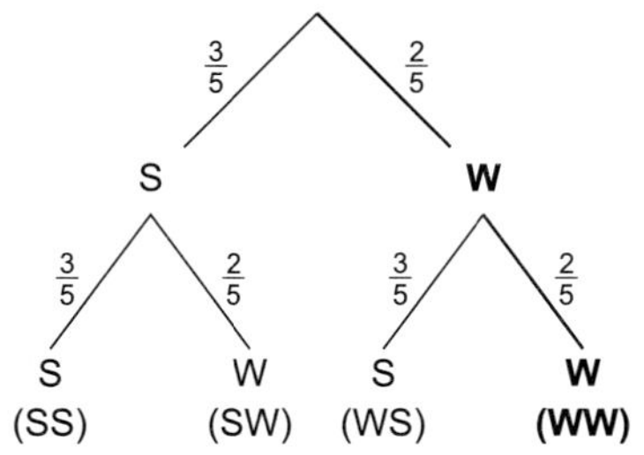

Mit Zurücklegen: Die Anzahl der möglichen Kugeln bleibt bei 5 (→ Nenner).

b)

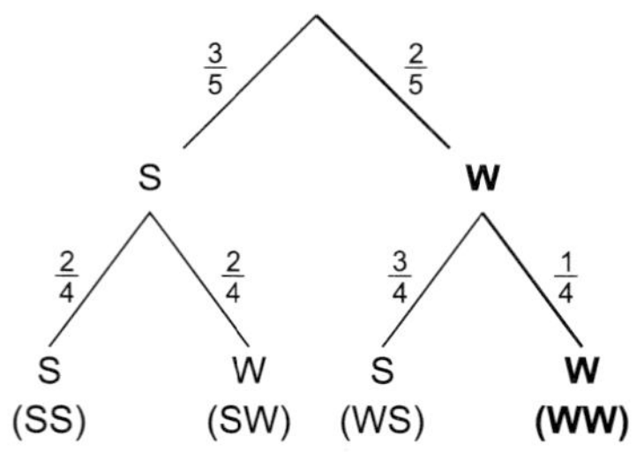

Ohne Zurücklegen: Die Anzahl der möglichen Kugeln verringert sich (von 5 auf 4 beim zweiten Mal Ziehen).

c) Anwendung der Produktregel

$P(WW) = \frac{2}{5} \cdot \frac{2}{5} = \frac{4}{25} = 0,16 = 16\ \%$

siehe Baumdiagramm von 257 a; der rechte Pfad führt zum Erfolg

d) Anwendung der Produktregel

$P(WW) = \frac{2}{5} \cdot \frac{1}{4} = \frac{2}{20} = 0,1 = 10\ \%$

siehe Baumdiagramm von 257 b; der rechte Pfad führt zum Erfolg

e) Anwendung der Produktregel und Summenregel

$$P(\text{eine S}) = \frac{3}{5} \cdot \frac{2}{4} + \frac{2}{5} \cdot \frac{3}{4}$$
$$= \frac{6}{20} + \frac{6}{20}$$
$$= \frac{12}{20} = \frac{6}{10} = 0,6 = 60\ \%$$

siehe Baumdiagramm 257 b; die beiden mittleren Pfade führen zum Erfolg.

262 a)

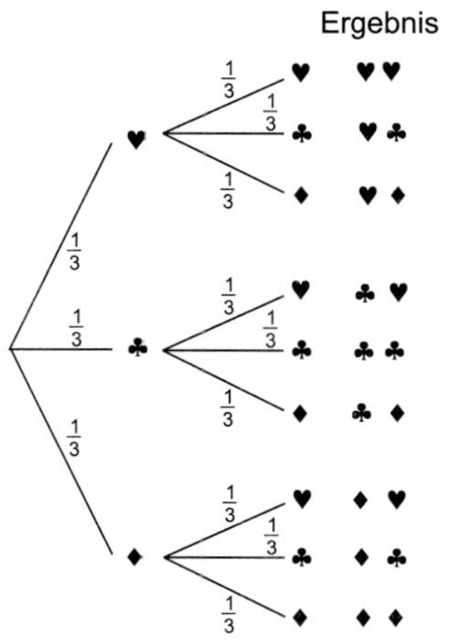

b) $P(♥;♥) = \frac{1}{3} \cdot \frac{1}{3} = \frac{1}{9} = 0,111\ldots \approx 11,1\,\%$

c) $P(\text{mindestens einmal } ♥) = P(♥;♥) + P(♥;♣) + P(♥;♦) + P(♣;♥) + P(♦;♥)$

$= 5 \cdot \frac{1}{3} \cdot \frac{1}{3} = \frac{5}{9} = 0,555\ldots \approx 55,6\,\%$

d) $P(\text{beim zweiten Drehen } ♥) = P(♥;♥) + P(♣;♥) + P(♦;♥) = 3 \cdot \frac{1}{3} \cdot \frac{1}{3} = \frac{3}{9} = \frac{1}{3} = 0,333\ldots \approx 3,3\,\%$

oder: einstufiger Zufallsversuch: $P(♥) = \frac{1}{3} = 0,333\ldots \approx 33,3\,\%$

---

263 a)

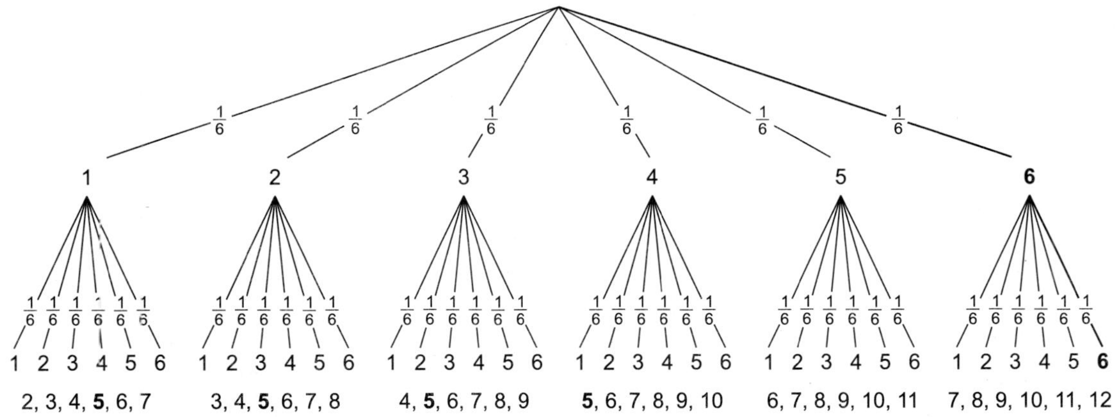

b) Anwendung der Produktregel:

$P(12) = \frac{1}{6} \cdot \frac{1}{6} = \frac{1}{36} \approx 0,028 \approx 2,8\,\%$

Der rechte Pfad führt zum Erfolg.

c) Anwendung der Produktregel und Summenregel

$P(5) = \frac{1}{6} \cdot \frac{1}{6} + \frac{1}{6} \cdot \frac{1}{6} + \frac{1}{6} \cdot \frac{1}{6} + \frac{1}{6} \cdot \frac{1}{6}$

Es führen 4 Pfade zum Erfolg.

$P(5) = \frac{1}{36} + \frac{1}{36} + \frac{1}{36} + \frac{1}{36}$

$P(5) = \frac{4}{36} = \frac{1}{9} \approx 0,11 \approx 11\,\%$

d) Die Summe 7 ist am wahrscheinlichsten, weil sie die einzige Augensumme ist, bei der 6 Pfade zum Erfolg führen; zu allen anderen Augensummen führen weniger als 6 Pfade.

264 a) Glücksrad:

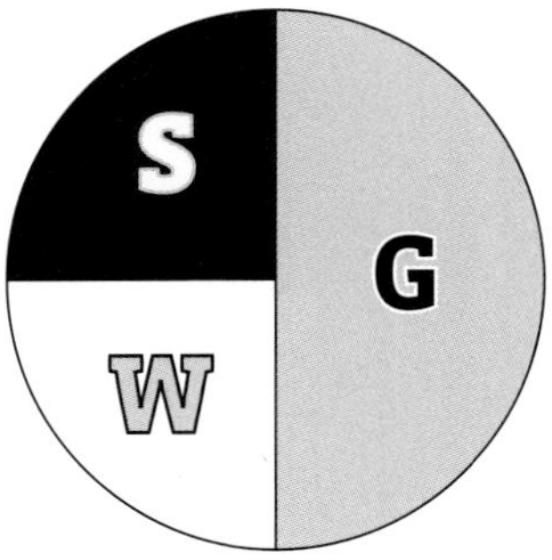

25 % = 90°
50 % = 180°

b) Baumdiagramm:

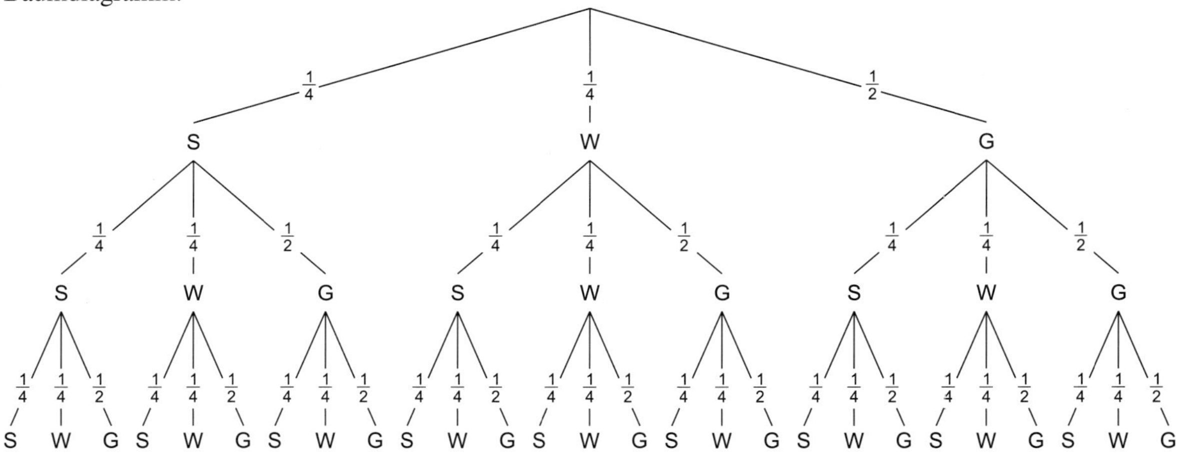

265 a) Ziehen mit Zurücklegen:

$$P(KA) = \frac{4}{9} \cdot \frac{1}{9} = \frac{4}{81}$$

$$P(AK) = \frac{1}{9} \cdot \frac{4}{9} = \frac{4}{81}$$

$$P(KA, AK) = \frac{4}{81} + \frac{4}{81} = \frac{8}{81} \approx 9{,}9\ \%$$

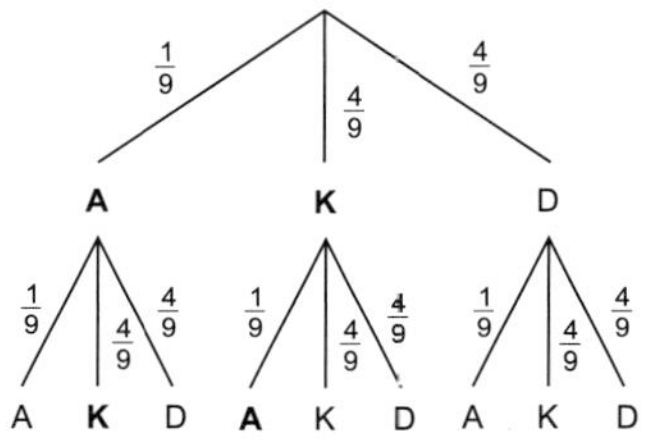

Für das Ereignis „Ass und König" existieren zwei Pfade. Wende die Produkt- und die Summenregel an.

b) Ziehen ohne Zurücklegen:

$$P(KA) = \frac{4}{9} \cdot \frac{1}{8} = \frac{4}{72}$$

$$P(AK) = \frac{1}{9} \cdot \frac{4}{8} = \frac{4}{72}$$

$$P(KA, AK) = \frac{4}{72} + \frac{4}{72} = \frac{8}{72} = \frac{1}{9} \approx 11{,}1\ \%$$

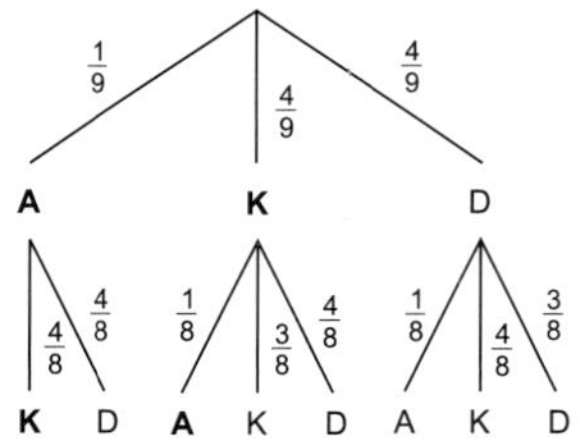

Beim „Ziehen ohne Zurücklegen" verändern sich die Wahrscheinlichkeiten.

266 $P(GG) = \frac{5}{8} \cdot \frac{4}{10} = \frac{20}{80} = \frac{1}{4} = 25\ \%$

Die Wahrscheinlichkeit, dass Jonas auf dem Schulweg nicht an einer Ampel warten muss, beträgt 25 %.

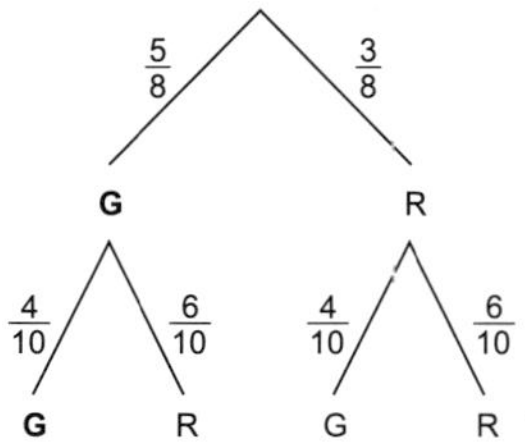

267 Kombinationsmöglichkeiten: $5 \cdot 2 \cdot 2 = 20$
Ella könnte 20 Tage im Urlaub bleiben.

Auswahl aus 5 T-Shirts, 2 Hosen und 2 Paar Schuhen

---

268 a) $10 \cdot 10 \cdot 10 = 1\,000$

Auswahl aus 10 Zahlen, 10 Zahlen und 10 Zahlen

b) $9 \cdot 10 \cdot 10 = 900$

Auswahl aus 9 Zahlen, 10 Zahlen und 10 Zahlen

---

269 Kombinationsmöglichkeiten: $4 \cdot 8 \cdot 3 = 96$
Damit das Angebot der Wahrheit entspricht, müsste das Restaurant beispielsweise zusätzlich noch eine Nachspeise anbieten. Oder das Restaurant ändert den Werbeslogan in: „Fast 100 unterschiedliche Menükombinationen."

Auswahl aus 4 Vorspeisen, 8 Hauptgerichten und 3 Nachspeisen

Aufgabe im Stil der Abschlussprüfung

Hauptteil I

Hinweise und Tipps

1

a) $8 \cdot 5 + 4 \cdot 3 = 40 + 12 = \mathbf{52}$

Beachte: Punkt- vor Strichrechnung.

b) $5 \cdot (6-4) = 5 \cdot 2 = \mathbf{10}$

Berechne zuerst den Wert in der Klammer.

c) $3 \cdot \frac{1}{4} = \mathbf{\frac{3}{4}}$

d) $54{,}674 \cdot 100 = \mathbf{5\,467{,}4}$

Verschiebe bei der Multiplikation mit einer Stufenzahl das Komma um so viele Stellen nach rechts, wie die Stufenzahl Nullen hat.

2

a) $1{,}5\text{ km} = \mathbf{1\,500}\text{ m}$

$1\text{ km} = 1\,000\text{ m}$

b) $200\text{ kg} = \mathbf{0{,}2}\text{ t}$

$1\text{ t} = 1\,000\text{ kg}$

c) $4\frac{1}{2}\text{ Tage} = 4\frac{1}{2} \cdot 24\text{ h} = \frac{9}{2} \cdot 24\text{ h} = \mathbf{108}\text{ h}$

$1\text{ d} = 24\text{ h}$

d) $\frac{1}{8}\text{ dm}^3 = \frac{1}{8} \cdot 1000\text{ cm}^3 = \mathbf{125}\text{ cm}^3$

$1\text{ dm}^3 = 1\,000\text{ cm}^3$

3

a) $488\,000 = \mathbf{4{,}88 \cdot 10^5}$

$488\,000 = 4{,}88 \cdot 100\,000$
Der Exponent einer Zehnerpotenz gibt die Anzahl der Nullen an: $100\,000 = 10^5$

b) $2{,}8\text{ Millionen} = \mathbf{2{,}8 \cdot 10^6}$

Eine Million hat sechs Nullen.

4

☒ $\frac{20}{100}$	☐ 2,0	☐ $\frac{1}{2}$
☒ 0,2	☒ $\frac{2}{10}$	☒ $\frac{1}{5}$

$2{,}0 = 200\,\%$; $\frac{1}{2} = 50\,\%$

---

5 **25 %**

Zwei von acht Feldern sind grau gefärbt:
$\frac{2}{8} = \frac{1}{4} = \frac{25}{100} = 25\,\%$

6

a) Ecken: **0**
Kanten: **2**
Flächen: **3**

Grundfläche, Mantel, Deckfläche

Hinweise und Tipps

b)

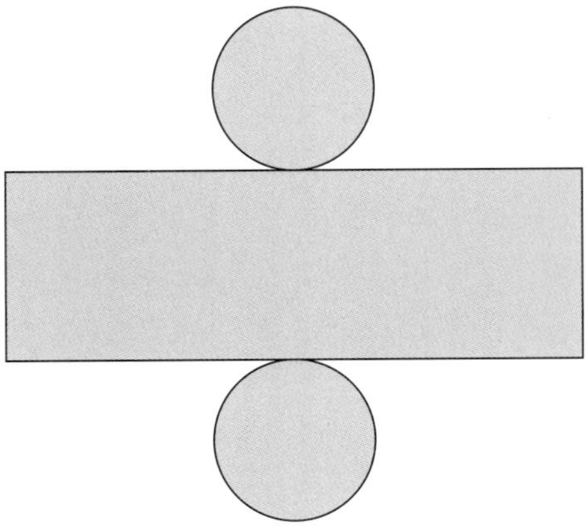

Achte darauf, dass bei einem Zylinder Grund- und Deckfläche kreisförmig und gleich groß sind.

Die Mantelfläche hat die Form eines Rechtecks und muss im Netz zwischen Grund- und Deckfläche liegen.

Da das Netz nur skizziert werden soll, müssen die Seitenlängen nicht exakt mit dem Schrägbild übereinstimmen.

---

7 a) $u = 3a + 2b$

Der Umfang entspricht der Summe aller Seitenlängen. Aufgrund der Achsensymmetrie haben die beiden nicht gekennzeichneten Seiten die Längen b und a.

b) $u = \pi \cdot d + d + d = \pi \cdot d + 2d$

Der Umfang besteht aus zwei Halbkreisbögen und den waagrechten Seiten mit Länge d. Die beiden Halbkreisbögen kannst du gedanklich zu einem ganzen Kreis mit Durchmesser d zusammensetzen.

8

$$\begin{aligned} \alpha + \beta + \gamma &= 180^\circ && |\ \alpha = \beta;\ \gamma = 70^\circ \\ \alpha + \alpha + 70^\circ &= 180^\circ && |-70^\circ \\ 2\alpha &= 110^\circ && |:2 \\ \alpha &= 55^\circ \end{aligned}$$

$\alpha = \mathbf{55}^\circ$

$\beta = \mathbf{55}^\circ$

Die Winkelsumme im Dreieck beträgt 180°.

α und β sind gleich groß, da sie die Basiswinkel des gleichschenkligen Dreiecks sind.

9

	4 Pumpen	$\triangleq$	6 h
:2	2 Pumpen	$\triangleq$	12 h (·2)
·3	6 Pumpen	$\triangleq$	4 h (:3)

Sechs Pumpen benötigen **4** Stunden, um das Schwimmbecken zu füllen.

Es liegt eine antiproportionale Zuordnung vor:

Je mehr Pumpen im Einsatz sind, desto weniger Zeit benötigen sie, das Schwimmbecken zu füllen.

10

$$\begin{aligned} 8x - 12 &= 4x - 4 && |-4x \\ 4x - 12 &= -4 && |+12 \\ 4x &= 8 && |:4 \\ x &= \mathbf{2} \end{aligned}$$

Isoliere die Variable x.

Achte darauf, jede Äquivalenzumformung auf beiden Seiten der Gleichung auszuführen.

Hinweise und Tipps

11 a) **Thomas** macht **nach 30 Minuten** eine 10-minütige Pause.

Der Graph von Thomas verläuft zwischen $x = 30$ und $x = 40$ parallel zur x-Achse.

b) **Frieda** überholt **nach 30 Minuten Thomas**.

Betrachte den Schnittpunkt der beiden Graphen.

c) **Frieda** geht später los.

Vergleiche die Schnittpunkte der beiden Graphen mit der x-Achse: Frieda geht erst zehn Minuten später los.

d)

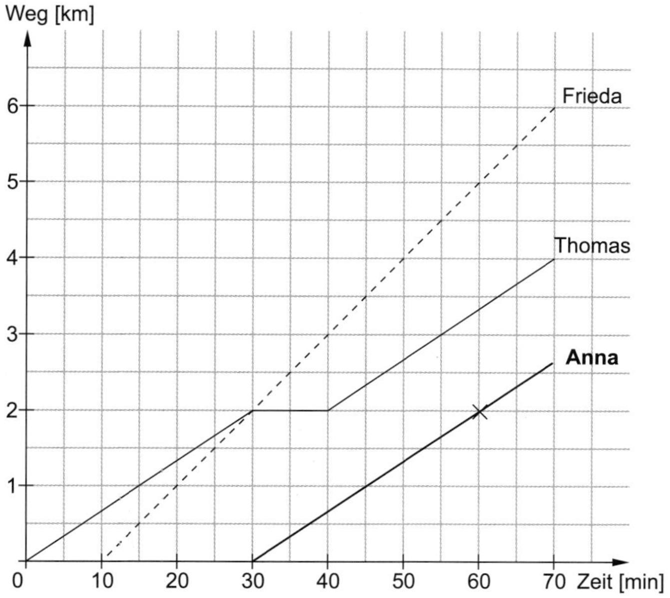

Gehe schrittweise vor:
„Anna startet 20 Minuten nach Frieda":
Der Graph schneidet bei $x = 10 + 20 = 30$ die x-Achse.
„bei konstanter Geschwindigkeit":
Der Graph ist eine Gerade.
„in einer halben Stunden 2 km zurück.":
Bei $x = 30 + 30 = 60$ muss der y-Wert 2 sein.

---

12 $4 + 5 + 2 + 3 + 3 = 17$
$3 \cdot 6 = 18 = 17 + 1$
Noten: 4; 5; 2; 3; 3; **1**

Das arithmetische Mittel (der Durchschnitt) entspricht der Summe aller Noten dividiert durch ihre Anzahl.

Für ein arithmetisches Mittel von 3 ergibt sich bei sechs Werten daher für die Summe der Noten: $3 \cdot 6 = 18$
Summe der ersten fünf Noten: $4 + 5 + 2 + 3 + 3 = 17$
Die fehlende Note muss also $18 - 17 = 1$ sein.

13

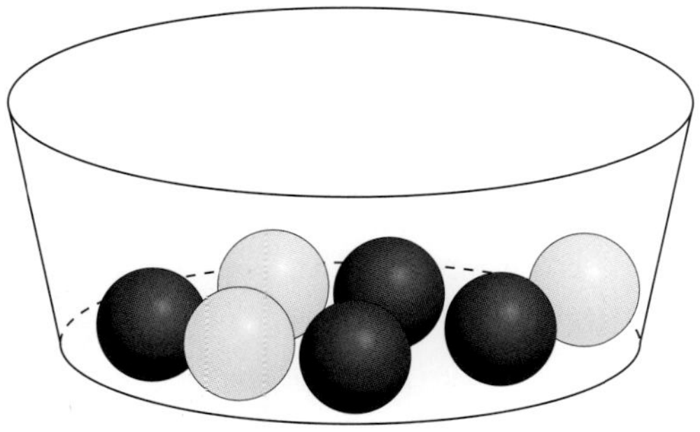

Für die Wahrscheinlichkeit eines Ereignisses E gilt:

$$P(E) = \frac{\text{Anzahl günstiger Ergebnisse}}{\text{Anzahl aller Ergebnisse}}$$

Es müssen also noch zwei weiße Kugeln hinzugefügt werden, damit drei von sieben Kugeln weiß sind.

Hauptteil II

Hinweise und Tipps

1 a) $\cos 39° = \frac{x}{4{,}8\text{ cm}} \quad |\cdot 4{,}8\text{ cm}$

$x = \cos 39° \cdot 4{,}8\text{ cm}$

$x \approx 3{,}7\text{ cm}$

x ist die Ankathete zum Winkel 39°.
Für den Kosinus im rechtwinkligen Dreieck gilt:
$\cos\alpha = \frac{\text{Ankathete}}{\text{Hypotenuse}}$
Löse nach x auf.

b) Die fehlende Seite ist die Gegenkathete zum Winkel 39°. Ich kann daher mit dem Sinus rechnen.

Für den Sinus im rechtwinkligen Dreieck gilt:
$\sin\alpha = \frac{\text{Gegenkathete}}{\text{Hypotenuse}}$

Alternative Lösung:
Ich kann die dritte Seite mithilfe des Satzes des Pythagoras berechnen, da die anderen Seiten bekannt sind.

Es gilt (vgl. Teilaufgabe a):
$x^2 + (\text{dritte Seite})^2 = (4{,}8\text{ cm})^2$

2 a)

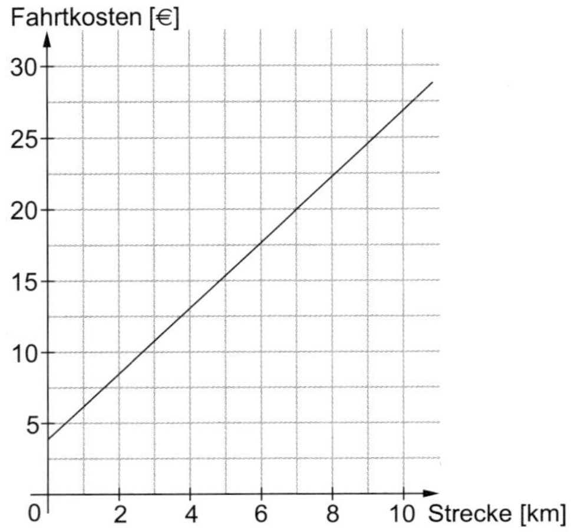

Die zurückgelegte Srecke wird entlang der x-Achse, die Fahrtkosten entlang der y-Achse aufgetragen.
Lege dir zum Zeichnen eine kleine Wertetabelle an.

Strecke	0 km	1 km	5 km	10 km
Fahrtkosten	3,90 €	6,20 €	15,40 €	26,90 €

b) $y = 2{,}3x + 3{,}9$
(x: zurückgelegte Strecke in km, y: Fahrtkosten in €)

Die Funktionsgleichung einer linearen Funktion lautet $y = mx + b$, wobei m die Steigung und b die Schnittstelle mit der y-Achse (den y-Achsenabschnitt) angibt.
Die Kosten pro km entsprechen der Steigung, die Grundgebühr dem y-Achsenabschnitt.

3 $x^2 + 8x + 16 = 25 \quad |-25$

$x^2 + 8x - 9 = 0$

$x_{1/2} = -\frac{p}{2} \pm \sqrt{\left(\frac{p}{2}\right)^2 - q}$

$x_{1/2} = -\frac{8}{2} \pm \sqrt{\left(\frac{8}{2}\right)^2 + 9}$

$x_{1/2} = -4 \pm \sqrt{4^2 + 9}$

$x_{1/2} = -4 \pm \sqrt{25}$

$x_1 = -4 + 5 = 1$

$x_2 = -4 - 5 = -9$

$L = \{-9; 1\}$

Bringe die Gleichung auf die Form $x^2 + px + q = 0$.
Löse mit der p-q-Formel.

Setze $p = 8$ und $q = -9$ ein.

Beachte: Aus $-(-9)$ wird $+9$.

Hinweise und Tipps

4 Es gibt fünf Möglichkeiten, eine 6 zu würfeln:

(1; 5), (5; 1), (2; 4), (4; 2), (3; 3) $\Rightarrow$ $P(6) = \frac{5}{36}$

Es gibt fünf Möglichkeiten, eine 8 zu würfeln:

(2; 6), (6; 2), (3; 5), (5; 3), (4; 4) $\Rightarrow$ $P(8) = \frac{5}{36} = P(6)$

Paul hat also recht.

Schreibe dir alle Möglichkeiten auf, die gesuchten Augensummen zu würfeln.

Für die Wahrscheinlichkeit eines Ereignisses E gilt:

$P(E) = \frac{\text{Anzahl günstiger Ergebnisse}}{\text{Anzahl möglicher Ergebnisse}}$

Zwei Ereignisse sind also gleich wahrscheinlich, wenn es zu jedem Ereignis gleich viele günstige Ergebnisse gibt. Insgesamt gibt es beim Werfen von zwei Würfeln 36 verschiedene Ergebnisse.

5

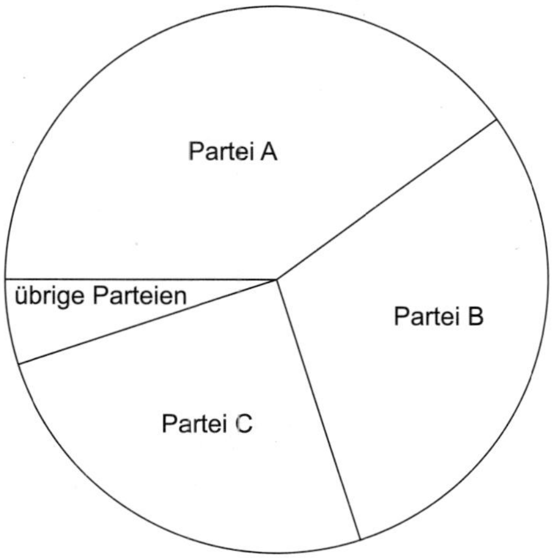

Berechne zuerst die Winkel der Sektoren des Kreisdiagramms.

Partei A:

$$\begin{array}{rrcl} : 100 & 100\,\% & \hat{=} & 360^\circ \\ & 1\,\% & \hat{=} & 3{,}6^\circ \\ \cdot 40 & 40\,\% & \hat{=} & 144^\circ \end{array}$$

analog:

Partei B: $30\,\% \hat{=} 108^\circ$

Partei C: $25\,\% \hat{=} 90^\circ$

b) gegeben: $G = 83\,500$

Partei B: $p\,\% = 30\,\%$

gesucht: W

Berechnung des Prozentwerts:

$$\begin{array}{rrcl} : 100 & 100\,\% & \hat{=} & 83\,500 \\ & 1\,\% & \hat{=} & 835 \\ \cdot 30 & 30\,\% & \hat{=} & 25\,050 \end{array}$$

Auf Partei B entfallen 25 050 Stimmen.

Statt mit der Formel kannst du auch mit dem Dreisatz rechnen:

$W = \frac{G \cdot p}{100} = \frac{83\,500 \cdot 30}{100} = 25\,050$

Auf die übrigen Parteien entfallen

$100\,\% - 40\,\% - 30\,\% - 35\,\% = 10\,\%$ der Stimmen.

Berechnung des Prozentwerts zu 10 %:

$$\begin{array}{rrcl} : 100 & 100\,\% & \hat{=} & 83\,500 \\ & 1\,\% & \hat{=} & 835 \\ \cdot 10 & 10\,\% & \hat{=} & 8\,350 \end{array}$$

Auf die übrigen Parteien entfallen 8 350 Stimmen.

Berechne zuerst den Anteil der Stimmen für die übrigen Parteien in Prozent. Ziehe dazu die Stimmanteile der anderen Parteien von 100 % ab.

---

6 a) Flächeninhalt des Kreisausschnitts:

$A = \pi \cdot r^2 \cdot \frac{\gamma}{360^\circ}$

$A = \pi \cdot (3\text{ cm})^2 \cdot \frac{90^\circ}{360^\circ}$

$A = \pi \cdot 9\text{ cm}^2 \cdot \frac{1}{4}$

$A \approx 7{,}07\text{ cm}^2$

Setze die gegebenen Werte in die Formel für den Flächeninhalt des Kreisausschnitts ein.

Da der Kreisausschnitt ein Viertelkreis ist, kannst du auch den Flächeninhalt des gesamten Kreises berechnen und das Ergebnis durch 4 teilen.

Hinweise und Tipps

b) $u = \pi \cdot d \cdot \frac{\alpha}{360^\circ} + r + r$

$u = \pi \cdot 6\,cm \cdot \frac{90^\circ}{360^\circ} + 3\,cm + 3\,cm$

$u \approx 4{,}71\,cm + 6\,cm$

$u \approx 10{,}71\,cm$

Der Umfang des Kreisausschnitts ist gleich der Summe aus der Bogenlänge des Kreisausschnitts und zweimal dem Radius.

---

7 a) $V_{Dach} = \frac{1}{3}\pi \cdot r^2 \cdot h_1$

$V_{Dach} = \frac{1}{3}\pi \cdot (12\,m)^2 \cdot 6\,m$

$V_{Dach} \approx 904{,}78\,m^3$

Berechne zuerst die Teilvolumina.

Verwende für das Dach die Volumenformel eines Kegels mit Körperhöhe h_1.

$V_{Hauptraum} = \pi \cdot r^2 \cdot h_2$

$V_{Hauptraum} = \pi \cdot (12\,m)^2 \cdot 3\,m$

$V_{Hauptraum} \approx 1357{,}17\,m^3$

Verwende für den Hauptraum die Volumenformel eines Zylinders mit Körperhöhe h_2.

$V_{Zelt} = V_{Dach} + V_{Hauptraum}$

$V_{Zelt} \approx 904{,}78\,m^3 + 1357{,}17\,m^3$

$V_{Zelt} \approx 2\,261{,}95\,m^3$

Das Volumen eines zusammengesetzten Körpers entspricht der Summe der Volumina seiner Teilkörper.

b) Satz des Pythagoras:

$r^2 + h_1^2 = s^2$

$(12\,m)^2 + (6\,m)^2 = s^2$

$144\,m^2 + 36\,m^2 = s^2$

$180\,m^2 = s^2 \quad |\sqrt{}$

$13{,}42\,m \approx s$

s ist die Hypotenuse in einem rechtwinkligen Dreieck mit den Katheten r und h_1.

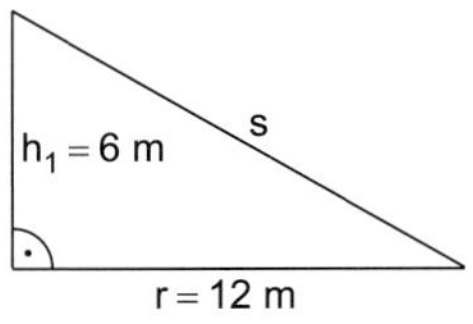

c) Grundfläche:

$G = \pi \cdot r^2 = \pi \cdot (12\,m)^2 \approx 452{,}39\,m^2$

Mantelfläche des Hauptraums:

$M_{Hauptraum} = 2 \cdot \pi \cdot r \cdot h_2 = 2 \cdot \pi \cdot 12\,m \cdot 3\,m \approx 226{,}19\,m^2$

Mantelfläche des Daches:

$M_{Dach} = \pi \cdot r \cdot s = \pi \cdot 12\,m \cdot 13{,}42\,m \approx 505{,}92\,m^2$

Gesamte Oberfläche des Zeltes:

$O = G + M_{Hauptraum} + M_{Dach}$

$O \approx 452{,}39\,m^2 + 226{,}19\,m^2 + 505{,}92\,m^2$

$O \approx 1184{,}5\,m^2$

Die Oberfläche des Zeltes besteht aus der Mantelfläche des kegelförmigen Daches, der Mantelfläche des zylinderförmigen Hauptraumes und der kreisförmigen Grundfläche.

Alternative Lösung mit s = 12,9 m:

$M_{Dach} = \pi \cdot r \cdot s = \pi \cdot 12\,m \cdot 12{,}9\,m \approx 486{,}32\,m^2$

$O = G + M_{Hauptraum} + M_{Dach}$

$O \approx 452{,}39\,m^2 + 226{,}19\,m^2 + 486{,}32\,m^2$

$O \approx 1164{,}9\,m^2$

Die anderen beiden Teilflächen G und $M_{Hauptraum}$ sind unverändert.

Hinweise und Tipps

8 a)

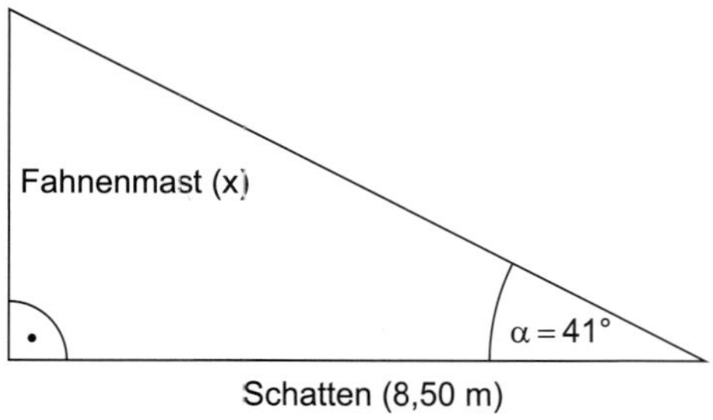

Der Fahnenmast steht senkrecht auf dem Boden. Daher ist zwischen Fahnenmast und Schatten ein rechter Winkel.

b)

$$\tan\alpha = \frac{\text{Gegenkathete}}{\text{Ankathete}}$$

$$\tan 41^{\circ} = \frac{x}{8{,}50\ \text{m}} \quad |\cdot 8{,}50\ \text{m}$$

$$\tan 41^{\circ}\cdot 8{,}50\ \text{m} = x$$

$$x \approx 7{,}39\ \text{m}$$

Der Fahnenmast ist ca. 7,39 m hoch.

Da das skizzierte Dreieck rechtwinklig ist, kann mit dem Tangens gerechnet werden.
Die Länge des Fahnenmastes x ist die Gegenkathete, die Länge des Schattens die Ankathete zum Winkel α.

---

9 a) Preis für ein Eis in Euro: x
Preis für eine Cola in Euro: y

Celina: I $2x+3y=8{,}50$
Jessica: II $x+2y=5$

Lege zuerst die Variablen des Gleichungssystems fest.

b) Lösung durch das Einsetzungsverfahren:

II $x+2y=5 \quad |-2y$
II $x=5-2y$

Du kannst alternativ auch das Gleichsetzungs- oder das Additionsverfahren zur Lösung verwenden.

Einsetzen in I:

I $2x+3y=8{,}5$
I $2(5-2y)+3y=8{,}5$
I $10-4y+3y=8{,}5$
I $10-y=8{,}5 \quad |-10$
$-y=-1{,}5 \quad |\cdot(-1)$
$y=1{,}5$

Multipliziere die Klammer aus und löse nach y auf.

Eine Cola kostet 1,50 €.

Einsetzen von $y=1{,}5$ in II:

II $x+2y=5$
II $x+3=5 \quad |-3$
II $x=2$

Ein Eis kostet 2 €.

Du kannst $y=1{,}5$ alternativ auch in Gleichung I einsetzen.

Wahlaufgaben

Hinweise und Tipps

1 a) Das Werkstück besteht aus zwei quadratischen Pyramiden und einem Quader.

b) $V_{Pyramide} = \frac{1}{3} \cdot a^2 \cdot h_k$

$V_{Pyramide} = \frac{1}{3} \cdot (4\text{ cm})^2 \cdot 5\text{ cm}$

$V_{Pyramide} = \frac{80}{3}\text{ cm}^3$

$V_{Quader} = a \cdot b \cdot h_k$

$V_{Quader} = 2\text{ cm} \cdot 2\text{ cm} \cdot 5\text{ cm}$

$V_{Quader} = 20\text{ cm}^3$

$V = 2 \cdot V_{Pyramide} + V_{Quader}$

$V = 2 \cdot \frac{80}{3}\text{ cm}^3 + 20\text{ cm}^3$

$V \approx 73{,}33\text{ cm}^3$

Berechne zuerst das Volumen der Teilkörper.
Die beiden Pyramiden haben die gleichen Maße und daher auch das gleiche Volumen.

Das Volumen eines zusammengesetzten Körpers entspricht der Summe der Volumina seiner Teilkörper.

c) $a = 4\text{ cm}$; $b = 4\text{ cm}$; $c = 15\text{ cm}$

Zwei Seiten des Quaders entsprechen den Kantenlängen der Grundfläche der quadratischen Pyramiden.
Die dritte Seite entspricht der Summe der Körperhöhen der Teilkörper: $5\text{ cm} + 5\text{ cm} + 5\text{ cm} = 15\text{ cm}$

Da das Werkstück genau in das Paket passen soll, sind keine anderen (größeren) Maße möglich.

d)

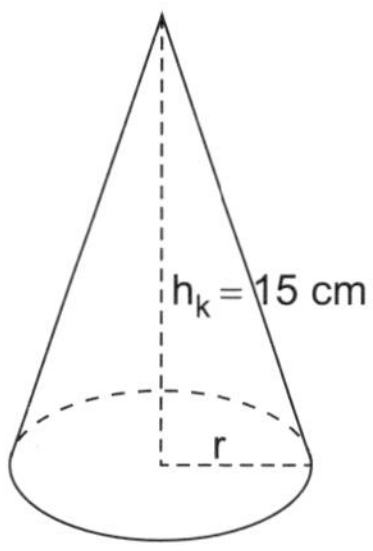

Da die Aufgabenstellung eine „Skizze" verlangt, ist eine maßtreue Abbildung **nicht** nötig.

e) $V_{Kegel} = \frac{1}{3}\pi \cdot r^2 \cdot h_k$

$280\text{ cm}^3 = \frac{1}{3}\pi \cdot r^2 \cdot 15\text{ cm} \quad | \cdot 3$

$840\text{ cm}^3 = \pi \cdot r^2 \cdot 15\text{ cm} \quad | :\pi \quad :15$

$\frac{840\text{ cm}^3}{\pi \cdot 15\text{ cm}} = r^2$

$17{,}83\text{ cm}^2 \approx r^2 \quad | \sqrt{\ }$

$4{,}22\text{ cm} \approx r$

Setze $h_k = 15\text{ cm}$ und $V_{Kegel} = 280\text{ cm}^3$ in die Volumenformel für den Kegel ein.

Löse dann nach dem Radius auf.

Hinweise und Tipps

2 a) f(x) ist eine lineare Funktion (lineares Wachstum).
g(x) ist eine quadratische Funktion.

Der Graph einer linearen Funktion ist eine Gerade.
Der Graph einer quadratischen Funktion ist eine Parabel.

b) $f(x) = x + 1$
$g(x) = x^2 - 2$

Bestimme die Gleichung von f(x) über das Steigungsdreieck und lies den y-Achsenabschnitt ab.

Lies den Scheitelpunkt von g(x) ab: $S(0\,|\,-2)$
Setze die Koordinaten des Scheitelpunkts in die Scheitelpunktform ein, um die Funktionsgleichung zu bestimmen.

c) $S_1(-1{,}3\,|\,-0{,}3)$
$S_2(2{,}3\,|\,3{,}3)$

d) $y = x - 2$

Der Graph von g(x) hat den Scheitelpunkt $(0\,|\,-2)$.
Der y-Achsenabschnitt von h(x) ist daher $b = -2$.

Setze $x = -2$ und $y = -4$ in die Funktionsgleichung von h(x) ein und berechne m:

$$y = mx - 2$$
$$-4 = -2m - 2 \quad |+2$$
$$-2 = -2m \quad |:(-2)$$
$$1 = m$$

Die Graphen von f(x) und h(x) verlaufen parallel.

Die Graphen zweier linearer Funktionen, die die gleiche Steigung m haben, verlaufen parallel zueinander.

e)

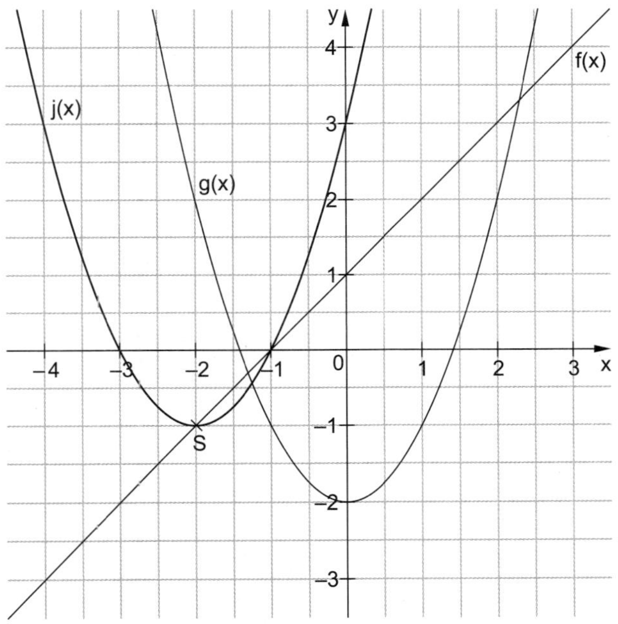

Die Funktion $j(x) = (x+2)^2 - 1$ ist in der Scheitelpunktform gegeben.
Ihr Graph ist eine verschobene Normalparabel mit dem Scheitelpunkt $(-2\,|\,-1)$.

f) $j(x) = (x+2)^2 - 1$
$j(x) = x^2 + 4x + 4 - 1$
$j(x) = x^2 + 4x + 3$

Um die Nullstellen zu bestimmen, musst du die Scheitelpunktform in die Normalform umwandeln.

$$x_{1/2} = -\frac{p}{2} \pm \sqrt{\left(\frac{p}{2}\right)^2 - q}$$

Löse mit der p-q-Formel.
Setze $p = 4$ und $q = 3$ ein.

$$x_{1/2} = -\frac{4}{2} \pm \sqrt{\left(\frac{4}{2}\right)^2 - 3}$$
$$x_{1/2} = -2 \pm \sqrt{2^2 - 3}$$
$$x_{1/2} = -2 \pm \sqrt{1}$$
$$x_1 = -2 + 1 = -1$$
$$x_2 = -2 - 1 = -3$$

Hinweise und Tipps

3 a)

Woche	0	1	2	5	8
Algenfläche nach Piotrowska	$5\ m^2$	$5\ m^2 \cdot 1{,}3$ $= 6{,}5\ m^2$	$5\ m^2 \cdot 1{,}3^2$ $= 8{,}45\ m^2$	$5\ m^2 \cdot 1{,}3^5$ $\approx 18{,}56\ m^2$	$5\ m^2 \cdot 1{,}3^8$ $\approx 40{,}79\ m^2$
Algenfläche nach Johann	$5\ m^2$	$5\ m^2 + 3\ m^2$ $= 8\ m^2$	$5\ m^2 + 2 \cdot 3\ m^2$ $= 11\ m^2$	$5\ m^2 + 5 \cdot 3\ m^2$ $= 20\ m^2$	$5\ m^2 + 8 \cdot 3\ m^2$ $= 29\ m^2$

b)

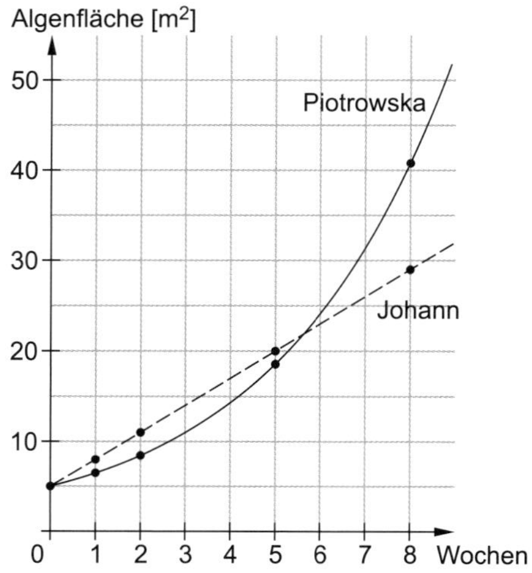

Wähle die Einheiten des Koordinatensystems so, dass du alle Werte aus der Tabelle gut einzeichnen kannst.

Verbinde die Punkte dann mithilfe einer Geraden (Johann) bzw. einer steiler werdenden Kurve (Piotrowska).

c) Beim Wachstum nach Piotrowska handelt es sich um ein exponentielles Wachstum, da sich die Anzahl der Algen in gleichen Zeitspannen jeweils um den gleichen Wachstumsfaktor (hier: 1,3 pro Woche) erhöht.

Beim Wachstum nach Johann handelt es sich um ein lineares Wachstum, da sich die Anzahl der Algen in gleichen Zeitspannen jeweils um den gleichen Wert (hier: $3\ m^2$ pro Woche) erhöht.

Die Art des Wachstums ist auch aus dem Verlauf der beiden Graphen aus Teilaufgabe b ablesbar:
Der Graph eines exponentiellen Wachstums ist eine immer steiler werdende Kurve.
Der Graph eines linearen Wachstums ist eine Gerade.

d) $G_n = G^0 \cdot q^n$
$G_n = 50\ m^2 \cdot 0{,}9^n$

Lösung durch Probieren:
Nach 5 Wochen: $G_5 = 50\ m^2 \cdot 0{,}9^5 \approx 29{,}52\ m^2$
Nach 6 Wochen: $G_6 = 50\ m^2 \cdot 0{,}9^6 \approx 26{,}57\ m^2$
Nach 7 Wochen: $G_7 = 50\ m^2 \cdot 0{,}9^7 \approx 23{,}91\ m^2$

Nach sieben Wochen ist die Algenfläche kleiner als $25\ m^2$.

Es handelt sich hier um eine exponentielle Abnahme.

Der Wachstumsfaktor zu einer Abnahme von 10 % beträgt $1 - 0{,}1 = 0{,}9$.

Aufgaben zu exponentiellem Wachstum bzw. Zerfall, bei denen nach einer Dauer (dem Wert von n) gefragt wird, kannst du nur durch Probieren lösen.

Da $25\ m^2$ die Hälfte von $50\ m^2$ ist, ist $n = 5$ (50 % : 10 %) ein guter Startwert. Gehe dann schrittweise zu höheren Werten von n.

Hinweise und Tipps

4 a)

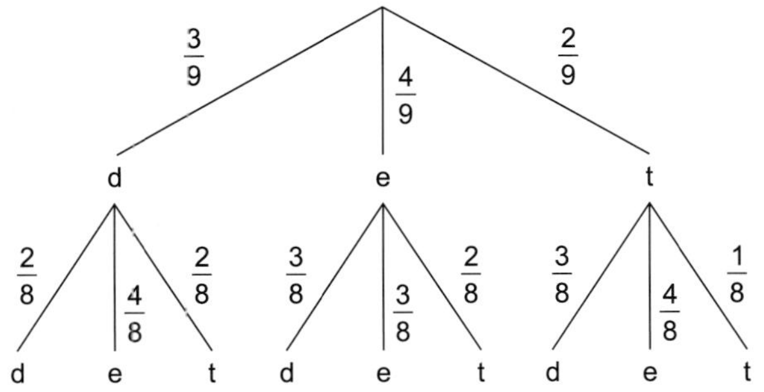

Für die Wahrscheinlichkeit eines Ereignisses gilt:

$$P(E) = \frac{\text{Anzahl günstiger Ergebnisse}}{\text{Anzahl aller Ergebnisse}}$$

In der ersten Stufe können insgesamt neun Lieder wiedergegeben werden:
drei deutschsprachige Lieder (d)
vier englischsprachige Lieder (e)
zwei türkischsprachige Lieder (t)

Das Abspielen ohne Wiederholung entspricht dem Ziehen ohne Zurücklegen. Daher gibt es in der zweiten Stufe nur noch acht Möglichkeiten. Die Wahrscheinlichkeiten ändern sich entsprechend.

b) $P(ee) = \frac{4}{9} \cdot \frac{3}{8} = \frac{12}{72} = \frac{1}{6}$

Wende die Produktregel an und multipliziere die Wahrscheinlichkeiten entlang eines Pfades.

c) $P = P(ee) + P(et) + P(te) + P(tt)$

$P = \frac{4}{9} \cdot \frac{3}{8} + \frac{4}{9} \cdot \frac{2}{8} + \frac{2}{9} \cdot \frac{4}{8} + \frac{2}{9} \cdot \frac{1}{8}$

$P = \frac{12}{72} + \frac{8}{72} + \frac{8}{72} + \frac{2}{72}$

$P = \frac{30}{72}$

$P = \frac{5}{12} \approx 0{,}4167 = 41{,}67\ \%$

Die Wahrscheinlichkeit, dass unter den ersten beiden Liedern kein deutschsprachiges ist, beträgt ca. 41,67 %.

Überlege dir anhand des Baumdiagramms, welche Pfade zum Erfolg führen.

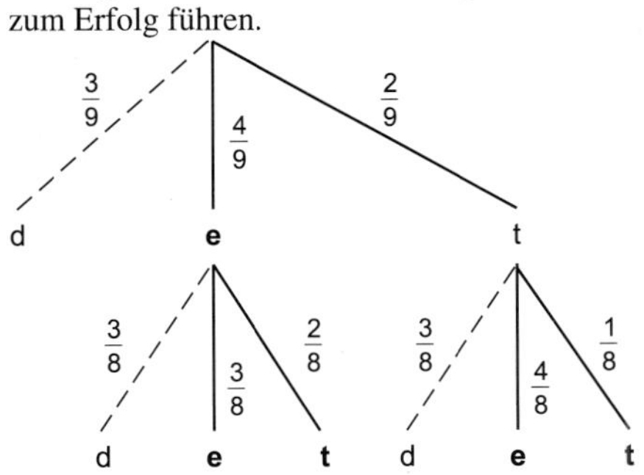

Führen mehrere Pfade zu einem Ereignis, müssen ihre Wahrscheinlichkeiten addiert werden (Summenregel). Wende wieder die Produktregel entlang eines Pfades an.

d) Es gibt insgesamt sechs nicht-deutschsprachige Lieder. Im ungünstigsten Fall werden diese zufällig alle von Beginn an hintereinander abgespielt.
Daher muss Piet sieben Lieder abspielen, damit sicher ein deutschsprachiges Lied dabei ist.

Vier englischsprachige und zwei türkischsprachige Lieder können zuerst hintereinander abgespielt werden.

Abschlussprüfung 2019

Hauptteil I

Hinweise und Tipps

1 a)
$$\begin{array}{r} 240 \\ -\ 65 \\ \hline \mathbf{175} \end{array}$$

Subtrahiere schriftlich. Notiere die Zahlen stellenweise untereinander.

b)
$$\begin{array}{r} 10{,}50 \\ +\ 0{,}95 \\ \hline \mathbf{11{,}45} \end{array}$$

Addiere schriftlich. Notiere die Zahlen stellenweise untereinander. Dabei kannst du 10,5 in 10,50 umschreiben.

c) $12 \cdot (-6) = \mathbf{-72}$

Achte auf das Vorzeichen.

d) $\frac{5}{8} : 2 = \frac{5}{8} : \frac{2}{1} = \frac{5}{8} \cdot \frac{1}{2} = \mathbf{\frac{5}{16}}$

Teile durch einen Bruch, indem du mit dem Kehrwert multiplizierst. Zwei Brüche multiplizierst du, indem du die beiden Zähler sowie die beiden Nenner multiplizierst.

Alternativ:

$\frac{5}{8} : 2 = \frac{10}{16} : 2 = \mathbf{\frac{5}{16}}$

Alternativ kannst du den Bruch mit 2 erweitern, sodass ein gerader Zähler entsteht. Teile den Zähler dann durch 2.

---

2 $95 + 5 \cdot (20 - 5) = 95 + 5 \cdot 15 = 95 + 75 = \mathbf{170}$

Beachte: Wert innerhalb der Klammern zuerst berechnen, dann Punkt- vor Strichrechnung durchführen.

---

3 a) $2x + 3y + 4x - 5y = \mathbf{6x - 2y}$

Fasse gleiche Unbekannte zusammen, hier alle x und alle y.

b) $6x - 2y = 6 \cdot 2 - 2 \cdot (-1) = 12 - (-2) = \mathbf{14}$

Setze für x den Wert 2 und für y den Wert –1 in den vereinfachten Term aus Teilaufgabe a ein.

4
$$\begin{aligned} 2x + 5 &= -4x + 17 && \mid +4x \\ 6x + 5 &= 17 && \mid -5 \\ 6x &= 12 && \mid :6 \\ \mathbf{x} &= \mathbf{2} \end{aligned}$$

Löse nach x auf. Bringe dazu alle Terme mit x auf eine Seite und alle Terme ohne x auf die andere Seite.

---

5 a)

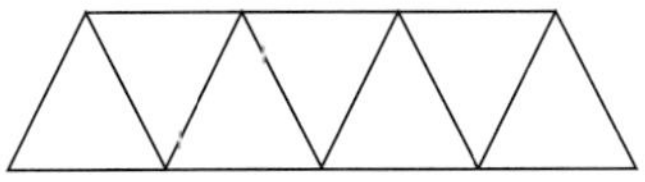

Die Anzahl der Dreiecke steigt bei jeder Figur um 2, d. h., es müssen 2 aneinanderhängende Dreiecke zur Figur 3 hinzugefügt werden.

b) Die Figur besteht aus **19** Dreiecken.

Die ersten drei Schritte der Reihe sind gegeben, es kommen immer zwei Dreiecke hinzu: 1, 3, 5

Die fehlenden 7 Schritte können ergänzt und abgezählt werden: 7, 9, 11, 13, 15, 17, 19

c) Für $x > 0$ gilt: Figur x hat $\mathbf{2x - 1}$ Dreiecke.

Ein Teilterm muss 2x sein, da mit jeder Figur 2 Dreiecke hinzukommen.

---

6 a)

Die Umfangsformel für Quadrate lautet $u = 4a$. D. h., bei einem Quadrat mit dem Umfang $u = 14$ cm beträgt die Seitenlänge $a = u : 4 = 14 \text{ cm} : 4 = 3{,}5$ cm.

Hinweise und Tipps

b) ☐ verdoppelt sich der Flächeninhalt des Quadrates.
☒ vervierfacht sich der Flächeninhalt des Quadrates.
☐ verachtfacht sich der Flächeninhalt des Quadrates.

Berechne ein Beispiel: $u = 4$ cm und mit Verdopplung $u = 8$ cm. Berechne jeweils die Seitenlänge a und dann die Fläche mit $A = a^2$.

---

7 $\alpha = \mathbf{58°}$

$\beta = \mathbf{148°}$

Für den Winkel α ziehe 90° und 32° vom gestreckten Winkel 180° ab.

Da g und h parallel sind, ergibt $90° + \alpha$ einen Stufenwinkel zu Winkel β. Stufenwinkel haben die gleiche Größe.

---

8 Gesamtpreis:
$6 \cdot 20\ € = 120\ €$

Preis pro Person bei 8 Mitfahrern:
$120\ € : 8 = 15\ €$

Jede Person muss jetzt **15 €** bezahlen.

Die Anzahl der Mitfahrer erhöht sich, daher reduziert sich der Preis pro Person (antiproportionale Zuordnung).

---

9 Gegeben: $G = 400$
$W = 80$
Gesucht: p %
Berechnung des Prozentsatzes:

$$\begin{array}{rrcll} :400 & 400 & \hat{=} & 100\ \% & :400 \\ & 1 & \hat{=} & 0{,}25\ \% & \\ \cdot 80 & 80 & \hat{=} & 20\ \% & \cdot 80 \end{array}$$

Eine Ehrenurkunde erhielten **20 %** der Kinder.

400 Kinder sind der Grundwert und 80 Kinder der Prozentwert. Berechne den Prozentsatz mit dem Dreisatz.

Berechne zunächst, welchem Prozentsatz 1 Kind entspricht, und multipliziere dann das Ergebnis mit 80.

---

10 a) Mögliche Lösung:

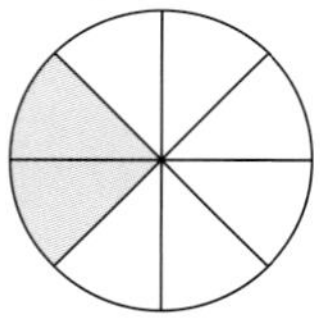

Markiere jedes 4. Feld.
Oder:
Erweitere den Bruch $\frac{1}{4}$ so, dass im Nenner 8 steht. Der Zähler gibt dann die Anzahl der grauen Felder an.

b) Eine Färbung von $\frac{1}{3}$ ist nicht möglich, da die Zahl 3 nicht zur Teilermenge von 8 gehört und damit von den 8 Feldern nicht exakt $\frac{1}{3}$ gefärbt werden können.

Teilermenge: $T_8 = \{1, 2, 4, 8\}$

---

11 a) Die tiefste Temperatur wurde um **11:00** Uhr gemessen.

Beachte die Legende des Graphen.

b) $0{,}4\,\frac{\ell}{m^2} + 0{,}6\,\frac{\ell}{m^2} + 0{,}8\,\frac{\ell}{m^2} + 0{,}1\,\frac{\ell}{m^2} + 0{,}1\,\frac{\ell}{m^2} = 2{,}0\,\frac{\ell}{m^2}$

$2{,}0\,\frac{\ell}{m^2} : 5 = 0{,}4\,\frac{\ell}{m^2}$

Die durchschnittliche Niederschlagsmenge beträgt $\mathbf{0{,}4}\,\frac{\ell}{m^2}$.

Der Durchschnitt berechnet sich als Summe aller Werte geteilt durch die Anzahl der Werte.

c) Die Temperatur verändert sich auch zwischen den einzelnen Messungen.

Hauptteil II

✎ Hinweise und Tipps

1 a) $850\,€ \cdot 80\,\% = 850\,€ \cdot 0{,}80 = 680\,€$

Wird der Preis um 20 % reduziert, so beträgt der reduzierte Preis 80 % des ursprünglichen Preises.

Alternative Berechnung mit dem Dreisatz:
Preisnachlass:

$$\begin{array}{lrcrl} :100 & 100\,\% & \hat{=} & 850\,€ & :100 \\ & 1\,\% & \hat{=} & 8{,}50\,€ & \\ \cdot 20 & 20\,\% & \hat{=} & 170\,€ & \cdot 20 \end{array}$$

Der reduzierte Preis ist somit:
$850\,€ - 170\,€ = 680\,€$

Du kannst auch den Preisnachlass in € mithilfe eines Dreisatzes bestimmen und diesen Betrag vom ursprünglichen Preis abziehen.

b) Nein, er hat **nicht recht**.

Begründung:

I. 35 % Rabatt:
$850\,€ \cdot 0{,}65 = 552{,}50\,€$

II. Erst 20 %, dann 15 % Rabatt:
$(850\,€ \cdot 0{,}80) \cdot 0{,}85 = 578\,€$

Begründe durch eine Rechnung. Berechne den reduzierten Preis bei einer Reduzierung von 35 % sowie bei einer Reduzierung von 20 % und einer anschließenden Reduzierung von 15 %. Vergleiche.

---

2 a)

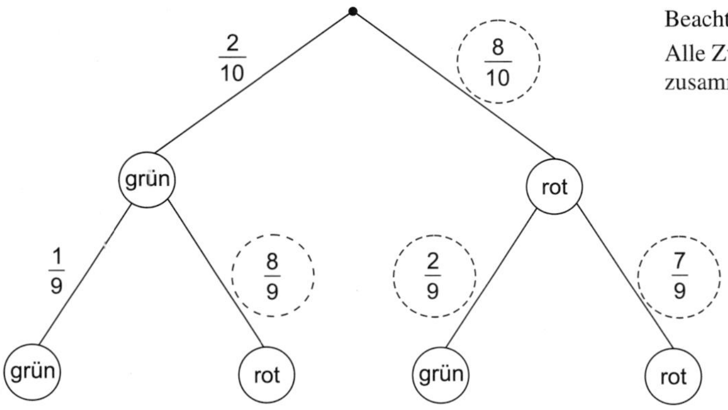

Beachte, dass es sich um Ziehen ohne Zurücklegen handelt.
Alle Zweige, die von einer Verzweigung ausgehen, haben zusammengenommen die Wahrscheinlichkeit 1.

b) $P(\text{grün; grün}) = \frac{2}{10} \cdot \frac{1}{9} = \frac{2}{90} = \frac{1}{45}$

Verwende das Baumdiagramm. Beachte die 1. Pfadregel.

c) P(höchstens 1-mal grün)
$= P(\text{grün; rot}) + P(\text{rot; grün}) + P(\text{rot; rot})$

$= \frac{2}{10} \cdot \frac{8}{9} + \frac{8}{10} \cdot \frac{2}{9} + \frac{8}{10} \cdot \frac{7}{9}$

$= \frac{16}{90} + \frac{16}{90} + \frac{56}{90} = \frac{88}{90} = \frac{44}{45}$

„Höchstens 1-mal grün“ bedeutet 1-mal grün oder keinmal grün. Es gibt also mehr als eine Treffermöglichkeit, beachte die Summenregel.

Alternativ:
$P(\text{höchstens 1-mal grün}) = 1 - P(\text{grün; grün})$
$= 1 - \frac{2}{90} = \frac{88}{90} = \frac{44}{45}$

Du kannst auch mit dem Gegenereignis arbeiten.
Allgemein gilt:
$P(\text{Ereignis}) = 1 - P(\text{Gegenereignis})$

---

3 a) $G_n = G_0 \cdot \left(1 - \frac{p}{100}\right)^n$

$G_{10} = 90\,°C \cdot \left(1 - \frac{8}{100}\right)^{10}$

$G_{10} = 90\,°C \cdot 0{,}92^{10} = 39{,}09\,°C$

Berechne mit der reduzierten Operatorschreibweise, nutze dann die Formel für den exponentiellen Zerfall:

$G_n = G_0 \cdot \left(1 - \frac{p}{100}\right)^n$

b) $G_5 = G_0 \cdot q^5$

$45\,°C = 90\,°C \cdot q^5 \quad |: 90\,°C$

$0,5 = q^5 \quad |\sqrt[5]{\ }$

$q \approx 0,8706$

Prozentuale Abnahme pro Minute:

$p\,\% = (1-q) \cdot 100\,\% = (1-0,8706) \cdot 100\,\% = 12,94\,\%$

Die Temperatur nimmt um 12,94 % pro Minute ab.

Hinweise und Tipps

Nutze einen ähnlichen Ansatz wie in Teilaufgabe a.
Vorsicht: Der Prozentsatz hat sich geändert und ist gesucht.
Da es sich um eine Abnahme handelt, gilt hier:
$p = (1-q) \cdot 100$ bzw. $p\,\% = (1-q) \cdot 100\,\%$

---

4 a) x: Preis für ein Glas Saft in €
y: Preis für ein Glas Wasser in €

I $\quad x + 4y = 13$

II $\quad 4x + 2y = 17$

Für das Gleichungssystem werden zwei Bedingungen benötigt. Jeder Satz liefert eine Bedingung und somit eine Gleichung. Beschreibe den Saftpreis mit x und den Wasserpreis mit y.

b) *Lösung mit dem Subtraktionsverfahren:*

Löse mit einem geeigneten Lösungsverfahren.

I $\quad x + 4y = 13$

II $\quad 4x + 2y = 17 \quad | \cdot 2$

II' $\quad 8x + 4y = 34$

II' – I liefert:

$7x = 21 \quad |: 7$

$x = 3$

x = 3 in I einsetzen:

$3 + 4y = 13 \quad | -3$

$4y = 10 \quad |: 4$

$y = 2,5$

Alternative Lösung mit dem Einsetzungsverfahren:

I $\quad x + 4y = 13 \quad | -4y$

I' $\quad x = 13 - 4y$

II $\quad 4x + 2y = 17$

I' in II einsetzen:

$4 \cdot (13 - 4y) + 2y = 17$

$52 - 16y + 2y = 17$

$52 - 14y = 17 \quad | -52$

$-14y = -35 \quad |: (-14)$

$y = 2,5$

y = 2,5 in I einsetzen:

$x + 4 \cdot 2,5 = 13$

$x + 10 = 13 \quad | -10$

$x = 3$

Alternative Lösung mit dem Gleichsetzungsverfahren:

I $\quad x + 4y = 13 \quad | -x$

I' $\quad 4y = 13 - x \quad |: 4$

I'' $\quad y = 3,25 - 0,25x$

II $\quad 4x + 2y = 17 \quad | -4x$

II' $\quad 2y = 17 - 4x \quad |: 2$

II'' $\quad y = 8,5 - 2x$

✐ Hinweise und Tipps

Gleichsetzen I'' = II'':

$$\begin{aligned} 3,25-0,25x &= 8,5-2x && \mid +2x \\ 3,25+1,75x &= 8,5 && \mid -3,25 \\ 1,75x &= 5,25 && \mid :1,75 \\ x &= 3 \end{aligned}$$

x = 3 in I einsetzen:

$$\begin{aligned} 3+4y &= 13 && \mid -3 \\ 4y &= 10 && \mid :4 \\ y &= 2,5 \end{aligned}$$

Ein Glas Saft kostet 3 € und ein Glas Wasser kostet 2,50 €.

Alternative (falls mit dem angegebenen Gleichungssystem gerechnet wird):

$$\begin{aligned} &\text{I} && 4x+y=12 \\ &\text{II} && 2x+4y=13 && \mid \cdot 2 \\ &\text{II'} && 4x+8y=26 \end{aligned}$$

Subtraktionsverfahren II' − I:

$$\begin{aligned} 7y &= 14 && \mid :7 \\ y &= 2 \end{aligned}$$

y = 2 in I einsetzen:

$$\begin{aligned} 4x+2 &= 12 && \mid -2 \\ 4x &= 10 && \mid :4 \\ x &= 2,5 \end{aligned}$$

---

5 a) *Lösung mit der p-q-Formel:*

Berechne mit der Lösungsformel (p-q-Formel) oder mit der quadratischen Ergänzung.

$$x_{1/2} = -\frac{p}{2} \pm \sqrt{\left(\frac{p}{2}\right)^2 - q}$$

Einsetzen von $p = -6$ und $q = 5$ liefert:

$$x_{1/2} = -\frac{-6}{2} \pm \sqrt{\left(\frac{-6}{2}\right)^2 - 5}$$

$$x_{1/2} = 3 \pm \sqrt{4}$$

$$x_{1/2} = 3 \pm 2$$

$x_1 = 5$ und $x_2 = 1$

Alternative mit der quadratischen Ergänzung:

$$\begin{aligned} x^2-6x+5 &= 0 \\ x^2-2\cdot 3\cdot x+3^2-3^2+5 &= 0 \\ (x-3)^2-9+5 &= 0 \\ (x-3)^2-4 &= 0 && \mid +4 \\ (x-3)^2 &= 4 && \mid \sqrt{} \\ x_{1/2}-3 &= \pm 2 && \mid +3 \end{aligned}$$

$x_1 = 5$ und $x_2 = 1$

b) Die Lösungen der Gleichung sind die Nullstellen des Graphen.

Überlege, für welche besonderen Punkte eines Graphen $y = 0$ gilt.

✎ Hinweise und Tipps

6 a)

$$\sin\alpha = \frac{\text{Gegenkathete}}{\text{Hypotenuse}}$$

$$\sin 5° = \frac{20\text{ cm}}{x} \quad |\cdot x$$

$$x \cdot \sin 5° = 20\text{ cm} \quad |:\sin 5°$$

$$x = \frac{20\text{ cm}}{\sin 5°}$$

$$x \approx 229{,}47\text{ cm}$$

Die Querschnittsfläche der Rampe ist ein rechtwinkliges Dreieck. Ein Winkel und eine Seite des rechtwinkligen Dreiecks sind bekannt. Was ist gesucht?

b) Gegeben: Hypotenuse $h = x = 229{,}47$ cm
Kathete $k_1 = 20$ cm
Gesucht: Kathete k_2

$$k_1^2 + k_2^2 = h^2$$

$$(20\text{ cm})^2 + k_2^2 = (229{,}47\text{ cm})^2 \quad |-(20\text{ cm})^2$$

$$k_2^2 = (229{,}47\text{ cm})^2 - (20\text{ cm})^2 \quad |\sqrt{\ }$$

$$k_2 = \sqrt{(229{,}47\text{ cm})^2 - (20\text{ cm})^2}$$

$$k_2 \approx 228{,}60\text{ cm}$$

Steigung:

$$\frac{20\text{ cm}}{228{,}60\text{ cm}} \approx 8{,}75\,\% > 6\,\%$$

Somit ist die Rampe nicht lang genug.

Alternative Lösung:
Annahme: Die Steigung beträgt 6 %. Dann gilt für den Steigungswinkel α:

$$\tan\alpha = 0{,}06$$

$$\alpha \approx 3{,}43°$$

Da der Steigungswinkel der Rampe aber 5° beträgt, ist die Rampe zu steil und damit die Rampe nicht lang genug.

Beachte den Unterschied zwischen Grad und Prozent.
Die Hypotenuse und eine Kathete des rechtwinkligen Dreiecks sind bekannt. Berechne zunächst die zweite Kathete mit dem Satz des Pythagoras. Die Steigung in Prozent ist gleich dem Verhältnis der Katheten. Vergleiche das Ergebnis mit dem geforderten Wert von 6 %.

Du kannst auch den Winkel berechnen, der maximal zulässig ist. Nutze dazu $\tan\alpha = m$, wobei m die Steigung von 6 % ist. Vergleiche den maximal zulässigen mit dem tatsächlichen Steigungswinkel.

---

7 a) Satz des Pythagoras:

$$\left(\frac{a}{2}\right)^2 + h_a^2 = a^2$$

$$\left(\frac{4\text{ cm}}{2}\right)^2 + h_a^2 = (4\text{ cm})^2$$

$$4\text{ cm}^2 + h_a^2 = 16\text{ cm}^2 \quad |-4\text{ cm}^2$$

$$h_a^2 = 12\text{ cm}^2 \quad |\sqrt{\ }$$

$$h_a \approx 3{,}46\text{ cm}$$

Die Seitenfläche ist ein gleichseitiges Dreieck:

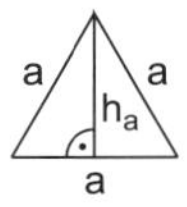

Hier kann mit dem Satz des Pythagoras gerechnet werden.

b)

$$O_{\text{Oktaeder}} = 8 \cdot \frac{a \cdot h_a}{2}$$

$$= 8 \cdot \frac{4\text{ cm} \cdot 3{,}46\text{ cm}}{2} \approx 55{,}36\text{ cm}^2$$

Alternative mit $h_a = 3{,}52$ cm:

$$O_{\text{Oktaeder}} = 8 \cdot \frac{a \cdot h_a}{2}$$

$$= 8 \cdot \frac{4\text{ cm} \cdot 3{,}52\text{ cm}}{2} \approx 56{,}32\text{ cm}^2$$

Die Oberfläche besteht hier aus 8 flächengleichen Dreiecken, die Grundfläche liegt beim Oktaeder „innen“ und muss nicht berechnet werden.

Wahlaufgaben

1 a) $\alpha = 180° - 90° - 44° = 46°$

Hinweise und Tipps

Subtrahiere die zwei bekannten Winkel von der Winkelsumme 180° im Dreieck.

b)
$$\sin 46° = \frac{a_1}{18{,}5\text{ km}} \quad |\cdot 18{,}5\text{ km}$$
$$18{,}5\text{ km} \cdot \sin 46° = a_1$$
$$a_1 \approx 13{,}31\text{ km}$$

Alternative Berechnung mit dem Kosinus:
$$\cos 44° = \frac{a_1}{18{,}5\text{ km}} \quad |\cdot 18{,}5\text{ km}$$
$$18{,}5\text{ km} \cdot \cos 44° = a_1$$
$$a_1 \approx 13{,}31\text{ km}$$

Im rechtwinkligen Dreieck gilt:
$$\sin\alpha = \frac{\text{Gegenkathete}}{\text{Hypotenuse}}$$

Es gilt auch:
$$\cos\alpha = \frac{\text{Ankathete}}{\text{Hypotenuse}}$$

c) Skizze:

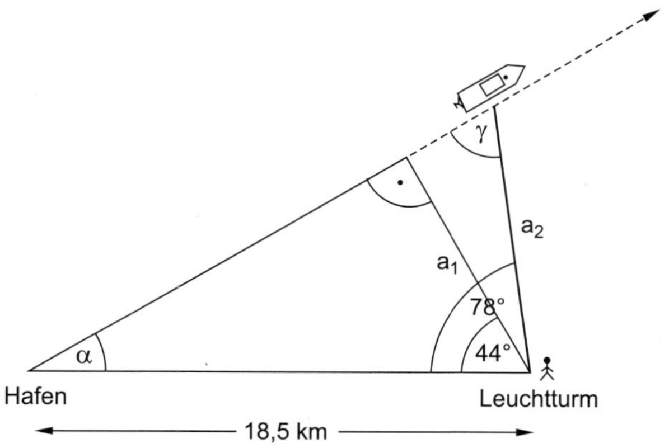

Die gegebene Grafik ist nicht maßstäblich, also muss das Winkelmaß nicht exakt stimmen. Wichtig ist, dass eine sinnvolle neue Position des Schiffes gewählt wird und die entsprechende Verbindungsstrecke sowie der neue Winkel β_2 eingezeichnet werden.

d) Gegeben: $\alpha = 46°$; $\beta_2 = 78°$; $c = 18{,}5$ km
$$\gamma = 180° - 46° - 78° = 56°$$
$$\frac{a_2}{\sin\alpha} = \frac{c}{\sin\gamma}$$
$$\frac{a_2}{\sin 46°} = \frac{18{,}5\text{ km}}{\sin 56°} \quad |\cdot \sin 46°$$
$$a_2 = \frac{18{,}5\text{ km}}{\sin 56°} \cdot \sin 46°$$
$$a_2 \approx 16{,}05\text{ km}$$

Im großen Dreieck liegt kein rechter Winkel mehr vor, nutze daher den Sinussatz. Berechne dazu zunächst γ.

Alternative mithilfe des kleinen rechtwinkligen Dreiecks:

Gegeben: $a_1 \approx 13{,}31$ km
$$\gamma = 180° - 46° - 78° = 56°$$
$$\sin\gamma = \frac{a_1}{a_2} \quad |\cdot a_2$$
$$a_2 \cdot \sin\gamma = a_1 \quad |: \sin\gamma$$
$$a_2 = \frac{a_1}{\sin\gamma}$$
$$a_2 \approx \frac{13{,}31\text{ km}}{\sin 56°}$$
$$a_2 \approx 16{,}05\text{ km}$$

Du kannst auch das kleine rechtwinklige Dreieck betrachten, von dem die Seite a_1 bekannt ist und der Winkel γ leicht berechnet werden kann:

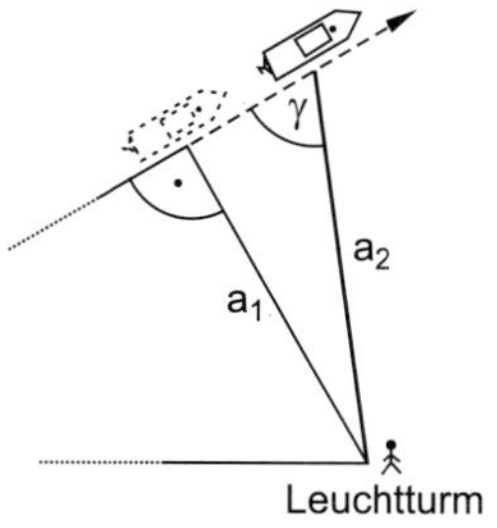

e) $\gamma = 180° - 46° - \beta = 134° - \beta$

$$\frac{x}{\sin\alpha} = \frac{c}{\sin\gamma}$$

$$\frac{x}{\sin 46°} = \frac{18{,}5\text{ km}}{\sin(134° - \beta)} \quad \Big|\cdot \sin 46°$$

$$x = \frac{18{,}5\text{ km}\cdot\sin 46°}{\sin(134° - \beta)}$$

Hinweise und Tipps

Drücke zunächst den Winkel γ in Abhängigkeit vom Winkel β aus. Verwende dann den Sinussatz.

---

2 a) Gesamthöhe 24 cm → Kegelhöhe 12 cm
Durchmesser 9 cm → Radius 4,5 cm

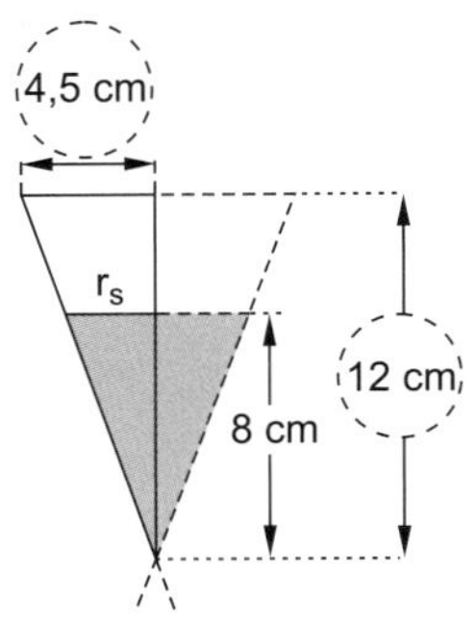

Beachte, dass die Gesamthöhe der Sanduhr und ihr Durchmesser oben und unten bekannt sind.

b)
$$\frac{12\text{ cm}}{8\text{ cm}} = \frac{4{,}5\text{ cm}}{r_s} \quad \Big|\cdot r_s$$

$$\frac{12\text{ cm}}{8\text{ cm}}\cdot r_s = 4{,}5\text{ cm} \quad \Big|\cdot\frac{8\text{ cm}}{12\text{ cm}}$$

$$r_s = 4{,}5\text{ cm}\cdot\frac{8\text{ cm}}{12\text{ cm}}$$

$$r_s = 3\text{ cm}$$

Nutze einen Strahlensatz. Verwende die Ergebnisse aus Teilaufgabe a.

c)
$$V = \frac{1}{3}\cdot G\cdot h_k$$

$$V = \frac{1}{3}\cdot\pi\cdot {r_s}^2\cdot h_k$$

$$V = \frac{1}{3}\cdot\pi\cdot(3\text{ cm})^2\cdot 8\text{ cm}$$

$$V \approx 75{,}40\text{ cm}^3$$

Alternative Lösung mit $r_s = 4$ cm:

$$V = \frac{1}{3}\cdot G\cdot h_k$$

$$V = \frac{1}{3}\cdot\pi\cdot {r_s}^2\cdot h_k$$

$$V = \frac{1}{3}\cdot\pi\cdot(4\text{ cm})^2\cdot 8\text{ cm}$$

$$V \approx 134{,}04\text{ cm}^3$$

Nutze die Volumenformel für Kegel.

d)
$$\tan 30° = \frac{h}{r}$$

$$\tan 30° = \frac{h}{4{,}5\text{ cm}} \quad \Big|\cdot 4{,}5\text{ cm}$$

$$4{,}5\text{ cm}\cdot\tan 30° = h$$

$$h \approx 2{,}60\text{ cm}$$

Im rechtwinkligen Dreieck gilt:

$$\tan\alpha = \frac{\text{Gegenkathete}}{\text{Ankathete}}$$

Beachte, dass die Grundflächen des Sand- und des Glaskegels zu diesem Zeitpunkt gleich sind. Was gilt dann für die Radien?

✎ Hinweise und Tipps

e) $\tan 30° = \frac{h}{9\text{ cm}} \quad |\cdot 9\text{ cm}$

$9\text{ cm} \cdot \tan 30° = h$

$h \approx 5{,}20\text{ cm}$

Ja, sie hat recht, denn 5,20 cm ist doppelt so viel wie 2,60 cm.

Überprüfe anhand eines Beispiels.

Alternative Lösung mit dem Strahlensatz:
Sind r_1 und h_1 der kleine Radius und die kleine Höhe sowie $r_2 = 2r_1$ und h_2 der große Radius und die große Höhe, so gilt:

$$\frac{h_2}{h_1} = \frac{r_2}{r_1} \quad |\cdot h_1$$

$$h_2 = \frac{r_2}{r_1} \cdot h_1$$

$$h_2 = 2 \cdot h_1$$

Du kannst die Aufgabe auch mit dem Strahlensatz lösen:

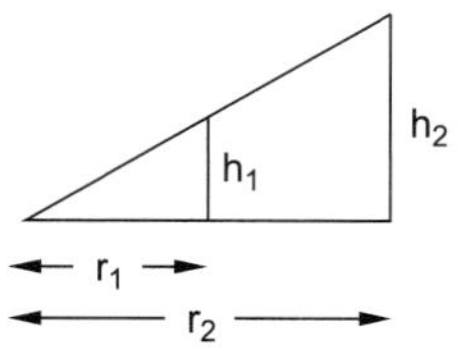

---

3 a) Vollständige Tabelle:

Anzahl Tage x	0	2	4	6	8	10
Anzahl infizierte Computer y	10 000	**14 000**	**19 600**	**27 440**	**38 416**	53 782

· 1,40 · 1,40 · 1,40 · 1,40

Da die Anzahl infizierter Computer alle zwei Tage um 40 % zunimmt, beträgt sie jeweils 140 % des vorherigen Wertes. Berechne die fehlenden Werte, indem du jeweils den vorherigen Wert mit 1,40 (= 140 %) multiplizierst.

b) Zeichnung des Graphen:

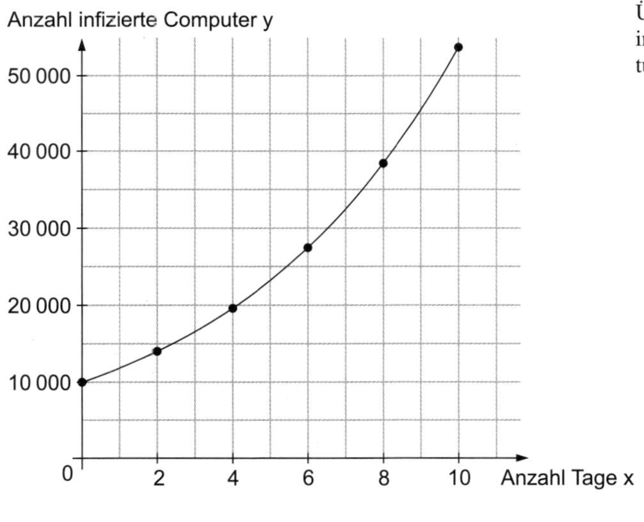

Übertrage die Koordinaten der Punkte aus der Wertetabelle in ein Koordinatensystem. Achte auf die richtige Beschriftung der Achsen.

Hinweise und Tipps

c) Ablesen aus dem Graphen:

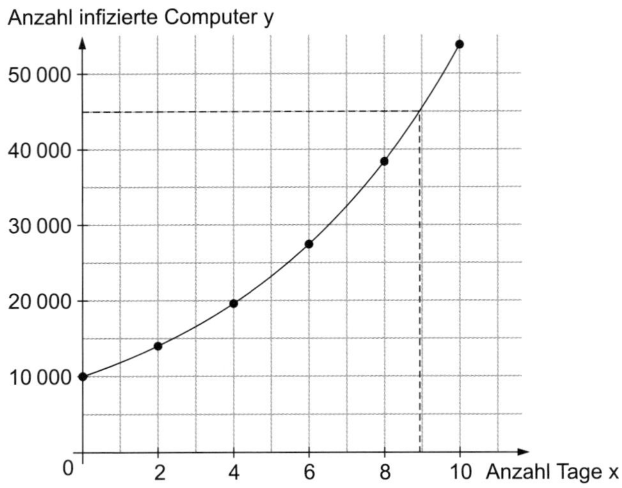

Der y-Wert 45 000 entspricht einem x-Wert von etwas weniger als 9. Nach 9 ganzen Tagen sind 45 000 Computer infiziert.

Alternative Lösung:

$$G_n = G_0 \cdot \left(1+\frac{p}{100}\right)^n$$

$$45\,000 = 10\,000 \cdot 1{,}40^n \quad |:10\,000$$

$$4{,}5 = 1{,}40^n \quad |\log_{1,40}$$

$$\log_{1,40} 4{,}5 = n$$

$$n \approx 4{,}47$$

Nach etwa 4,47 Schritten ist die Anzahl 45 000 erreicht. Somit sind nach 9 ganzen Tagen mindestens 45 000 Computer infiziert.

Benutze den Graphen aus Teilaufgabe b.
Prüfe, welcher x-Wert dem y-Wert 45 000 entspricht.

Nutze die Wachstumsformel:

$G_n = G_0 \cdot \left(1+\frac{p}{100}\right)^n$

Beachte, dass ein Schritt in der Formel, also z. B. von n = 1 auf n = 2, dem Zeitraum von 2 Tagen entspricht.

d) $G_n = G_0 \cdot \left(1+\frac{p}{100}\right)^n$

$G_{-2} = 10\,000 \cdot 1{,}40^{-2} \approx 5\,102$

4 Tage vor Beobachtungsbeginn sind 5 102 Computer infiziert.

Vier Tage früher bedeutet 2 Schritte zurück.

e) $y_1 = 10\,000 \cdot 1{,}4^{\frac{x}{2}}$

Es handelt sich um y_1, da die Potenz durch zwei geteilt wird, sich die Schrittfolge also von zwei Tagen auf einen Tag halbiert.

Beachte, dass x die Anzahl der Tage beschreibt und x in der Formel im Exponenten steht. Der Exponent muss also geändert werden.

4 a) Vollständige Tabelle:

Breite x (in m)	–3	–2	–1	0	1	2	3
Höhe y (in m)	–1,5	**2,25**	4,5	**5,25**	**4,5**	**2,25**	–1,5

Setze in die Funktionsgleichung für x die Werte –2, 0, 1 und 2 ein.

✎ Hinweise und Tipps

b) Zeichnung des Graphen:

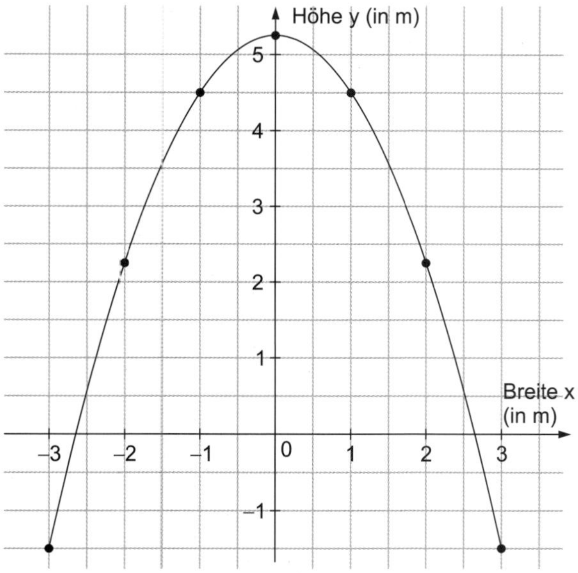

Übertrage die Koordinaten der Punkte aus der Wertetabelle in ein Koordinatensystem. Achte auf die richtige Beschriftung der Achsen.

c) Nur der Graph oberhalb der x-Achse bildet den Torbogen ab, da die x-Achse die Straße bzw. den Boden darstellt. Der Graph unterhalb der x-Achse hat in der Anwendung keine Bedeutung mehr.

Unterscheide zwischen Punkten des Graphen oberhalb der x-Achse und unterhalb der x-Achse.

d) Skizze:

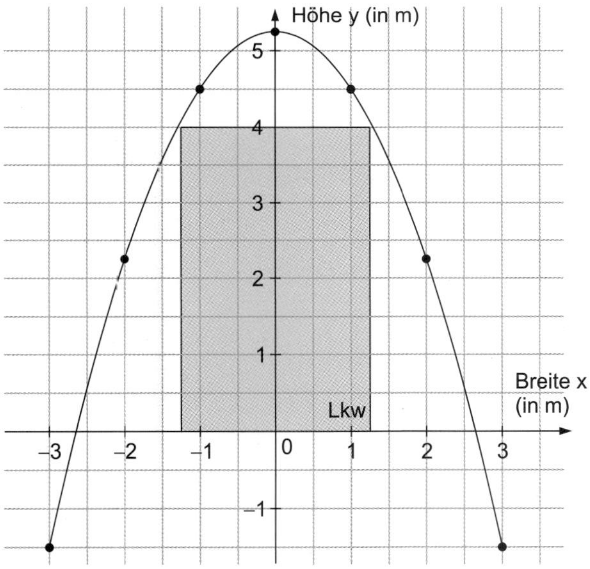

Platziere den Lkw symmetrisch um die y-Achse, sodass sich die Koordinaten $P_1(-1{,}25\,|\,4)$ und $P_2\,(1{,}25\,|\,4)$ als obere Eckpunkte ergeben.

e) $y = -0{,}75x^2 + 5{,}25$

$x = -1{,}25$ eingesetzt:

$y = -0{,}75 \cdot (-1{,}25)^2 + 5{,}25 \approx 4{,}08 > 4$

$x = 1{,}25$ eingesetzt:

$y = -0{,}75 \cdot 1{,}25^2 + 5{,}25 \approx 4{,}08 > 4$

Der Lkw passt also durch den Torbogen.

Setze die x-Werte der Punkte $P_1(-1{,}25\,|\,4)$ und $P_2(1{,}25\,|\,4)$ in die Funktionsgleichung ein.

Sollten sich Funktionswerte größer als 4 ergeben, passt der Lkw durch den Torbogen.

Abschlussprüfung 2020

Hauptteil I

✐ Hinweise und Tipps

1 a) $-7 < -5$

Je größer der Betrag einer negativen Zahl ist, desto kleiner ist sie.

b) $\frac{2}{3} > 0{,}6$

Wandle $\frac{2}{3} \approx 0{,}67$ in einen Dezimalbruch um und vergleiche dann.

c) $50\,000 < 0{,}5$ Millionen

0,5 Millionen = 500 000

---

2 a) z. B. $\mathbf{0} - \mathbf{6} = -6$

Die erste Zahl muss um 6 kleiner sein als die zweite Zahl.

b) z. B. $(\mathbf{-2}) \cdot \mathbf{3} = -6$ oder $(\mathbf{-3}) \cdot \mathbf{2} = -6$

Eine der beiden Zahlen muss ein negatives, die andere Zahl ein positives Vorzeichen haben.

c) $2^{\mathbf{3}} = 8$

Die Potenz gibt an, wie oft die Zahl mit sich selbst multipliziert werden muss, um das gewünschte Ergebnis zu erhalten.

---

3 Rechnung: $1{,}95 \cdot 3\,627 \stackrel{?}{=} 70\,726{,}5$
Überschlagsrechnung: $\mathbf{2} \cdot \mathbf{4\,000} = \mathbf{8\,000}$

Das Ergebnis ist …

☐ richtig.

☒ falsch.

Runde für den Überschlag die erste Zahl auf die Einerstelle und die zweite Zahl auf die Tausenderstelle auf.

---

4 a)

Stelle 1	Stelle 2	Stelle 3	Stelle 4	Stelle 5	Stelle 6	…	Stelle x
0	2	6	12	20	**30**	…	?

Der Wert an jeder Stelle ist größer als an der vorherigen. Am Anfang beträgt dieser Unterschied 2 Einheiten. Er erhöht sich bei jedem Schritt um 2 weitere Einheiten.

b) $x \cdot (x+1)$ ☐ $x \cdot x - 1$ ☐ $x \cdot (x-1)$ ☒

Setze für x z. B. 3 ein und überprüfe, ob das Ergebnis dem Wert an der jeweiligen Stelle (z. B. 6 an Stelle 3) entspricht.

---

5 a) $\frac{3}{4} \cdot 800\ € = \frac{3 \cdot 800\ €}{4} = \frac{2\,400\ €}{4} = 600\ €$

Mert hat bereits **600 €**.

Multipliziere zuerst mit 3, teile dann durch 4.

b)
$$\begin{array}{rcl} 100\ \% & \hat{=} & 800\ € \\ 1\ \% & \hat{=} & 8\ € \\ 20\ \% & \hat{=} & 160\ € \end{array}$$
(Schritte: $:100$, dann $\cdot 20$)

$800\ € - 160\ € = 640\ €$

Er kann sich das Handy nicht kaufen.

Berechne die Ersparnis mit dem Dreisatz und subtrahiere sie anschließend vom ursprünglichen Preis.

Alternative Lösungsmöglichkeit:
$$\begin{array}{rcl} 100\ \% & \hat{=} & 800\ € \\ 1\ \% & \hat{=} & 8\ € \\ 80\ \% & \hat{=} & 640\ € \end{array}$$
(Schritte: $:100$, dann $\cdot 80$)

Er kann sich das Handy nicht kaufen.

Du kannst auch direkt den Preis berechnen, indem du mit dem Dreisatz 80 % (= 100 % – 20 %) des Preises berechnest.

Hinweise und Tipps

Alternative Lösungsmöglichkeit:
Da Mert erst $\frac{3}{4}$ des Geldes hat und dies $0{,}75 = 75\ \%$ entspricht, fehlen ihm 25 %. Er kann also trotz einer 20-%-Reduzierung den Kaufpreis noch nicht bezahlen.

---

6 a)

$$
\begin{array}{llll}
:10 & 10 \text{ Riegel} \mathrel{\hat{=}} 3{,}50\ € & :10 \\
 & 1 \text{ Riegel} \mathrel{\hat{=}} 0{,}35\ € & \\
\cdot 3 & 3 \text{ Riegel} \mathrel{\hat{=}} 1{,}05\ € & \cdot 3
\end{array}
$$

Lotti muss **1,05 €** bezahlen.

Berechne mit dem Dreisatz zuerst den Preis für einen Schokoriegel, dann den für drei Riegel.

b)
$4 \cdot 1{,}05\ € = 4{,}20\ € \mathrel{\hat{=}} 12$ Riegel
$2 \cdot 0{,}35\ € = 0{,}70\ € \mathrel{\hat{=}} 2$ Riegel
$4{,}20\ € + 0{,}70\ € = 4{,}90\ € \mathrel{\hat{=}} 14$ Riegel
$4{,}90\ € + 0{,}35\ € = 5{,}25\ € \mathrel{\hat{=}} 15$ Riegel
Katinka kann sich höchstens **14** Schokoriegel kaufen.

Bestimme, wie oft 0,35 € in 5,00 € passt.

Alternative Lösungsmöglichkeit:
500 : 35 = 14 R10
<u>35</u>
150
<u>140</u>
 10

Katinka kann sich höchstens **14** Schokoriegel kaufen.

Dividiere schriftlich.

c) Die doppelte, dreifache, … Anzahl Schokoladenriegel kostet doppelt, dreimal, … so viel.

Proportional bedeutet: Ändert sich die eine Größe, ändert sich die andere Größe im gleichen Verhältnis.

---

7 a) $100 - (15 + 16 + 14 + 14 + 16) = 100 - 75 = 25$ (Würfe)

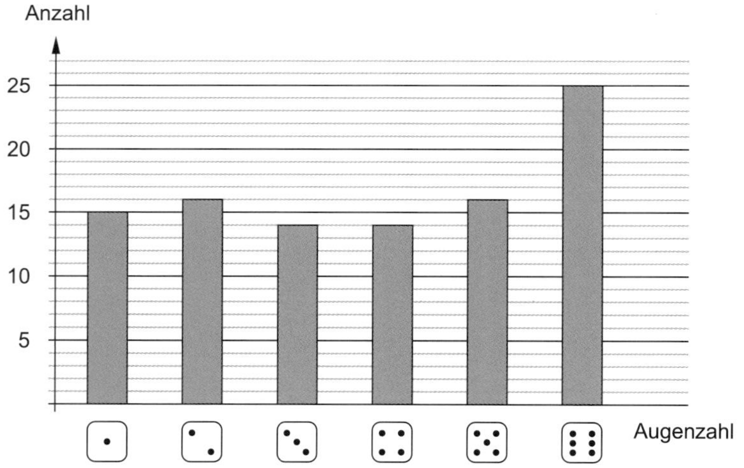

Lies die Anzahl der Würfe für die anderen Augenzahlen aus dem Diagramm ab.
Subtrahiere ihre Summe von 100, um die Anzahl für die Augenzahl zu bestimmen.
Zeichne die fehlende Säule ein. Ihre Höhe entspricht dem Ergebnis deiner Rechnung.

b) Begründung 1: Der Würfel ist nicht fair, da die 6 im Vergleich zu den anderen Zahlen, die alle ungefähr gleich oft geworfen werden, überproportional oft geworfen wird.

Alternative Lösungsmöglichkeit:
Begründung 2: Da die Anzahl der Würfe mit 100 noch relativ klein ist, kann die 6 zufällig am häufigsten geworfen worden sein. Es kann keine Aussage darüber gemacht werden, ob der Würfel fair ist, weil die Stichprobe zu klein ist.

Betrachte die Anzahl der 6er-Würfe im Verhältnis zu den anderen Würfen.
Das Gesetz der großen Zahlen besagt, dass sich bei sehr vielen Würfen die relative Häufigkeit der theoretischen Wahrscheinlichkeit annähert.

Hinweise und Tipps

8 a)

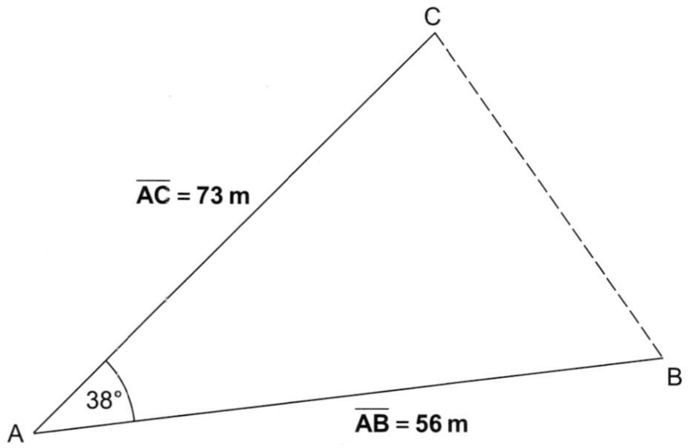

Beschrifte die Skizze.

b)

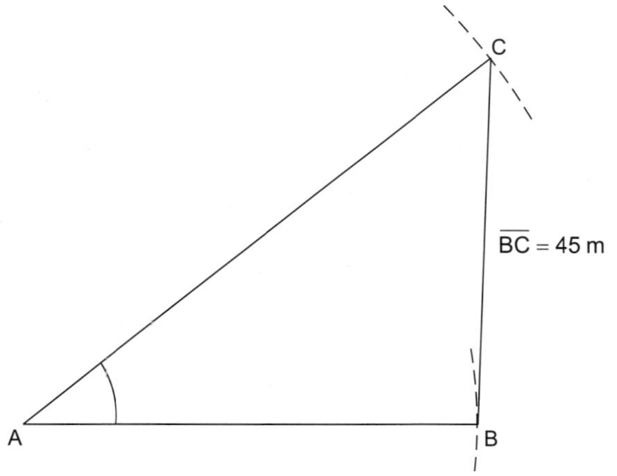

Die Länge der Strecke $\overline{BC}$ beträgt **45** m.

Konstruiere das Dreieck ABC in einem geeigneten Maßstab (hier: 1 : 1 000). Zeichne den Winkel $\alpha = 38°$ und trage die gegebenen Seitenlängen mit dem Zirkel an den Schenkeln ab.

Miss dann die Länge der Strecke $\overline{BC}$ und beachte bei deiner Antwort den Maßstab: 4,5 cm in der Zeichnung entsprechen 45 m in Wirklichkeit.

c) Bei einem Maßstab von 1 : 100 wäre die Seite $\overline{AC}$ im Heft 73 cm lang. Dafür ist ein Heft zu klein!

Der Maßstab 1 : 100 bedeutet, dass 1 cm im Heft 100 cm bzw. 1 m in Wirklichkeit entspricht.

---

9 a)

- [ ] Jedes Rechteck ist ein Quadrat.
- [x] Jedes Rechteck ist ein Parallelogramm.
- [ ] Jeder Drachen ist eine Raute.

Überlege, welche Eigenschaften die genannten Vierecke haben. Passen diese zu den Aussagen?

Bei einem Drachenviereck gibt es zwei Seitenpaare mit jeweils gleicher Länge, bei einer Raute haben alle Seiten die gleiche Länge.

b) Eine Raute hat vier gleich lange Seiten. Dies ist beim Parallelogramm nicht immer der Fall. Beispiel:

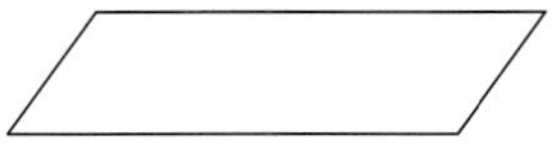

Fertige als Begründungshilfe eine Skizze von einem Parallelogramm mit unterschiedlich langen Seiten an.

Beispiel für eine Raute:

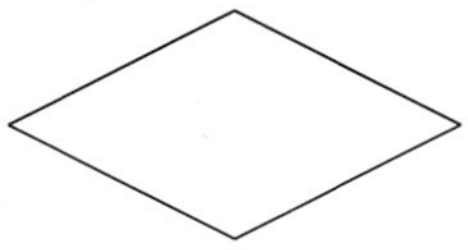

Hauptteil II

✎ Hinweise und Tipps

1 a) $q = 1 + \frac{p\,\%}{100\,\%} = 1 + \frac{0{,}8\,\%}{100\,\%} = 1{,}008$

Bestimme den Zinsfaktor q zum Zinssatz von 0,8 %.

$K_n = K_0 \cdot q^n$

$K_6 = 504\,€ \cdot 1{,}008^6$

$K_6 \approx 528{,}68\,€$

Setze in die Kapitalformel ein.

b) $K_n = K_0 \cdot q^n$

$K_{-1} = 806{,}40\,€ \cdot 1{,}008^{-1}$

$K_{-1} = 800\,€$

Nutze wieder die Kapitalformel.
Tim hat jetzt das Kapital K_0. Da ein Jahr zurückgerechnet wird, gilt $n = -1$.

Alternative Lösungsmöglichkeit:

$K_1 = K_0 \cdot q^1 \quad |:q$

$K_0 = K_1 : q$

$K_0 = 806{,}40\,€ : 1{,}008$

$K_0 = 800\,€$

Tim hat nach einem Jahr das Kapital $K_1 = 806{,}40\,€$. Gesucht ist das Anfangskapital K_0. Stelle die Formel nach K_0 um und setze die Werte ein.

---

2 a)

Wachstumsprozess	lineares Wachstum	quadratisches Wachstum	exponentielles Wachstum
Erhöhung des Kapitals mit Zinseszins → Kapital nach n Jahren			✗
Vergrößerung der Kraftstoffmenge → Kosten des Kraftstoffes	✗		
Vergrößerung der Seitenlänge eines Quadrates → Flächeninhalt des Quadrates		✗	

Überlege, wie die entstehenden Kurven verlaufen bzw. wie die zugehörigen Funktionsgleichungen aussehen.
Die Kapitalformel hat die Form einer Exponentialfunktion: $K_n = K_0 \cdot q^n$
Beim Kraftstoffpreis liegt eine proportionale Zuordnung vor.
$A_{Quadrat} = a^2$

b) Die Behauptung ist falsch, da Kinder im Alter zwischen 10 und 18 Jahren unregelmäßig wachsen und teilweise schon unter 18 Jahren zu wachsen aufhören.

Lineares Wachstum bedeutet gleichmäßiges Wachstum. Ein Kind müsste also jedes Jahr um gleich viele cm wachsen.

3

Funktionsgleichung	Graph
$y = x + 2$	**D**
$y = x$	
$y = 2x$	
$y = 2$	**B**
$y = x^2$	**A**
$y = 2^x$	**C**

In einer Geradengleichung $y = mx - b$ ist b die Schnittstelle mit der y-Achse.
Eine konstante Funktion verläuft parallel zur x-Achse.
Der Graph einer quadratischen Funktion $y = x^2$ ist eine Parabel. Damit bleibt für die exponentielle Kurve nur die letzte Funktionsgleichung übrig.

---

4 a) $y = x^2 - 2x - 3$

$y = (x^2 - 2x + 1) - 4$

$y = (x - 1)^2 - 4$

Scheitelpunkt $S(1\,|\,-4)$

Bestimme vor dem Zeichnen die Scheitelpunktform mithilfe der quadratischen Ergänzung. Lege dann die Parabelschablone am Scheitelpunkt an und zeichne die Funktion.

Hinweise und Tipps

Alternative Lösungsmöglichkeit:

Lege eine Wertetabelle an. Zeichne dann.

x	−2	−1	0	1	2	3
y	5	0	−3	−4	−3	0

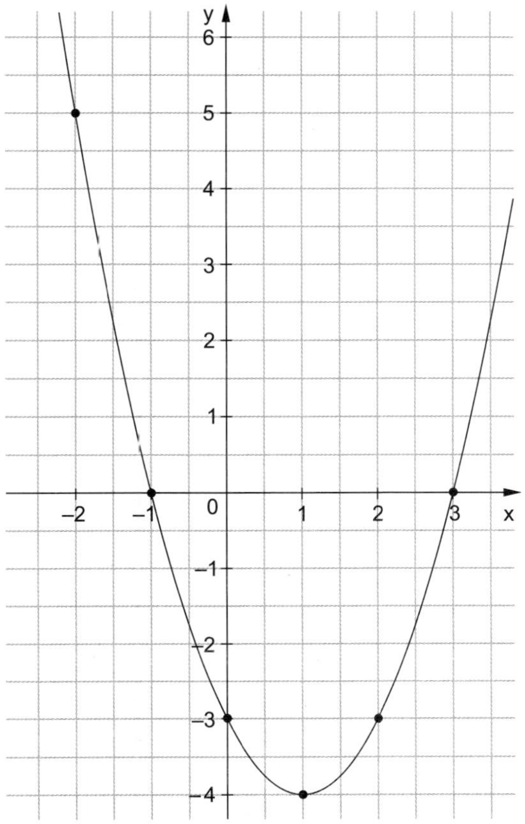

b) $(x-1)^2 - 4 = 0 \quad |+4$

$(x-1)^2 = 4 \quad |\sqrt{\;}$

$x - 1 = \pm 2 \quad |+1$

$x_1 = 2 + 1 = 3$ und $x_2 = -2 + 1 = -1$

Um die Nullstellen zu berechnen, musst du die Funktionsgleichung gleich 0 setzen.

Forme die Scheitelpunktform aus Teilaufgabe a um.

Alternative Lösungsmöglichkeit mit der p-q-Formel:

Bestimme p und q und setze in die Formel ein.

$y = x^2 - 2x - 3 \;\Rightarrow\; p = -2$ und $q = -3$

$$x_{1/2} = -\left(\frac{p}{2}\right) \pm \sqrt{\left(\frac{p}{2}\right)^2 - q}$$

$$x_{1/2} = -\left(\frac{-2}{2}\right) \pm \sqrt{\left(\frac{-2}{2}\right)^2 - (-3)}$$

$x_{1/2} = 1 \pm \sqrt{4}$

$x_{1/2} = 1 \pm 2$

$x_1 = 1 + 2 = 3$ und $x_2 = 1 - 2 = -1$

c) $P(5\,|\,12)$

Setze die x-Koordinate des Punktes P in die Funktionsgleichung ein. Stimmt der sich ergebende y-Wert mit der y-Koordinate von P überein, liegt der Punkt auf der Parabel.

$y = x^2 - 2x - 3 \quad |x = 5$

$y = 5^2 - 2 \cdot 5 - 3$

$y = 25 - 10 - 3$

$y = 12$

$\Rightarrow$ $P(5\,|\,12)$ liegt auf der Parabel.

5 a)

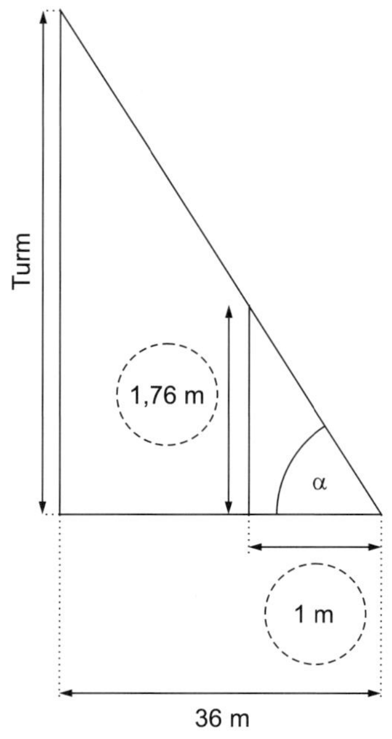

✎ Hinweise und Tipps

Setze die Werte für die Größe der Frau und die Länge ihres Schattens ein.

b) $\frac{1{,}76\text{ m}}{1\text{ m}} = \frac{h}{36\text{ m}} \quad |\cdot 36\text{ m}$

$h = \frac{1{,}76\text{ m}}{1\text{ m}} \cdot 36\text{ m}$

$h = 63{,}36\text{ m}$

Nutze den 2. Strahlensatz. Verwende die in Teilaufgabe a ergänzte Skizze.

c) $\tan\alpha = \frac{1{,}76}{1} \quad |\tan^{-1}$

$\alpha = 60{,}40° \approx 61°$

Ja, sie hat recht.

Alternative Lösungsmöglichkeit:

$\tan 61° = \frac{h_{Frau}}{1\text{ m}} \quad |\cdot 1\text{ m}$

$h_{Frau} = 1\text{ m} \cdot \tan 61° \approx 1{,}80\text{ m}$

Da der berechnete Wert annähernd dem Wert in der Skizze entspricht, hat Beate recht.

Im rechtwinkligen Dreieck gilt:

$\tan\alpha = \frac{\text{Gegenkathete}}{\text{Ankathete}}$

Setze die in Teilaufgabe a ergänzten Größen ein und vergleiche mit dem Sonneneinfallswinkel im Sommer.

Berechne die Größe einer Frau, die im Sommer einen 1 m langen Schatten wirft. Vergleiche dann diesen Wert mit dem in der Angabe gegebenen.

---

6 a) $h_k^2 + \left(\frac{a}{2}\right)^2 = h_a^2$

$(1{,}6\text{ m})^2 + (1\text{ m})^2 = h_a^2 \quad |\sqrt{\ }$

$h_a = \sqrt{3{,}56\text{ m}^2}$

$h_a \approx 1{,}89\text{ m}$

Die Höhe einer Seitenfläche ist die Hypotenuse in einem rechtwinkligen Dreieck.

Nutze den Satz des Pythagoras.

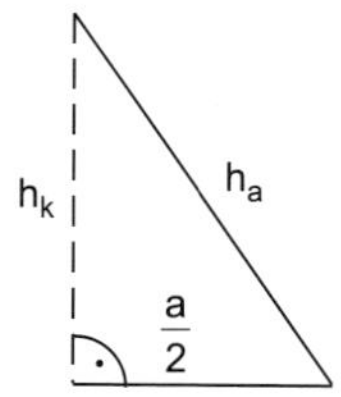

b) $M_{Pyramide} = 4 \cdot \left(\frac{a \cdot h_a}{2}\right)$

$M_{Pyramide} = 2 \cdot a \cdot h_a$

$M_{Pyramide} = 2 \cdot 2\text{ m} \cdot 1{,}89\text{ m}$

$M_{Pyramide} = 7{,}56\text{ m}^2$

Der Mantel einer quadratischen Pyramide besteht aus vier gleich großen Dreiecken.

Hinweise und Tipps

Alternative Lösung mit $h_a = 1{,}83$ m:

$$M_{Pyramide} = 4 \cdot \left(\frac{a \cdot h_a}{2}\right)$$
$$M_{Pyramide} = 2 \cdot a \cdot h_a$$
$$M_{Pyramide} = 2 \cdot 2\ \text{m} \cdot 1{,}83\ \text{m}$$
$$M_{Pyramide} = 7{,}32\ \text{m}^2$$

c) Zeichnung im Maßstab 1 : 100:

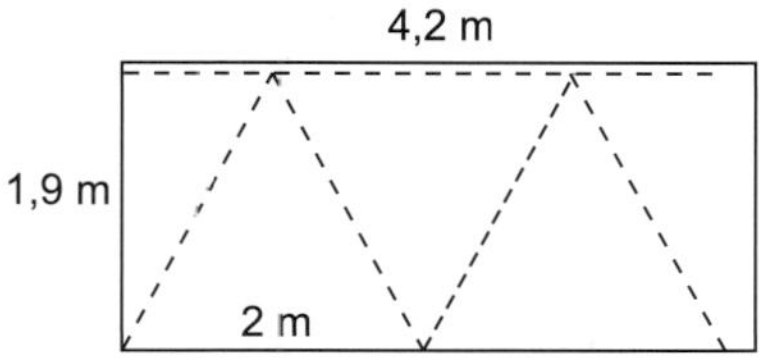

Der Stoff reicht nur für drei Seitenflächen.

Alternativ: Der Stoff reicht, da drei Seitenteile geschlossen sind, das vierte Seitenteil aber für den Eingang offen ist.

Fertige eine maßstabsgerechte Zeichnung an und skizziere die Seitenflächen hinein.

Sinnvolle Maßstäbe sind 1 : 100 oder 1 : 50.

---

7 a)

Münze 1	Münze 2	Münze 3
K	K	K
K	K	Z
K	Z	K
K	Z	Z
Z	K	K
Z	K	Z
Z	Z	K
Z	**Z**	**Z**

Beachte, dass die Ergebnisse in der Tabelle systematisch angeordnet sind. Skizziere ein Baumdiagramm für einen dreifachen Münzwurf und ergänze das noch fehlende Ergebnis in der letzten Zeile.

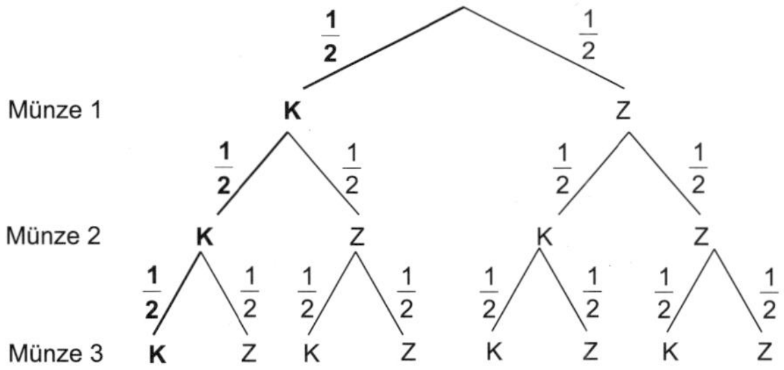

b) $P(KKK) = \frac{1}{2} \cdot \frac{1}{2} \cdot \frac{1}{2} = \frac{1}{8} = 0{,}125 = 12{,}5\ \%$

Wende die 1. Pfadregel (Produktregel) an.

Alternative Lösungsmöglichkeit:

$$P(KKK) = \frac{\text{Anzahl günstiger Ergebnisse}}{\text{Anzahl aller Ergebnisse}}$$

$$P(KKK) = \frac{1}{8} = 0{,}125 = 12{,}5\ \%$$

Betrachte die Tabelle aus Teilaufgabe a.

c) $P(2 \times K) = P(KKZ) + P(KZK) + P(ZKK)$

$$P(2 \times K) = \frac{1}{8} + \frac{1}{8} + \frac{1}{8}$$

$$P(2 \times K) = \frac{3}{8} = 0{,}375 = 37{,}5\ \%$$

Notiere alle Pfade mit genau zweimal K und wende dann die Summenregel (2. Pfadregel) an.

d) z. B. „mindestens zweimal K“ oder „erster Wurf K“

$P(\text{mind. } 2K) = P(KKK) + P(KZK) + P(KKZ) + P(ZKK)$
$= 4 \cdot \frac{1}{8} = \frac{1}{2} = 50\ \%$

Es gibt noch viele weitere Möglichkeiten.

e) Alle 8 unterschiedlichen Ausgänge sind gleich wahrscheinlich mit $p = \frac{1}{8} = 0{,}125 = 12{,}5\ \%$. Die Wahrscheinlichkeit jedes Ereignisses muss daher ein Vielfaches von 12,5 % sein. Dies ist bei 60 % nicht der Fall.

Hinweise und Tipps

Prüfe, ob eine Addition einzelner Pfade (nach der Summenregel) eine Wahrscheinlichkeit von 60 % ergeben kann.

$$\frac{60\ \%}{12{,}5\ \%} = 4{,}8$$

Wahlaufgaben

Hinweise und Tipps

1 a) $\beta = 180° - 43° = 137°$

$\gamma = 180° - \alpha - \beta$
$\gamma = 180° - 24° - 137°$
$\gamma = 19°$

Der Nebenwinkel zu β ist 43°. Nebenwinkel ergeben zusammen 180°.
Berechne γ über die Winkelsumme im Dreieck ABC. Diese beträgt ebenfalls 180°.

b) $\frac{\overline{BC}}{\sin\alpha} = \frac{\overline{AC}}{\sin\beta}$

$\frac{\overline{BC}}{\sin 24°} = \frac{13{,}6\text{ cm}}{\sin 137°} \quad |\cdot \sin 24°$

$\overline{BC} = \sin 24° \cdot \frac{13{,}6\text{ cm}}{\sin 137°}$

$\overline{BC} \approx 8{,}11\text{ cm}$

Verwende den Sinussatz.

Alternative Berechnung:

$\frac{\overline{BC}}{\sin\alpha} = \frac{\overline{AB}}{\sin\gamma}$

$\frac{\overline{BC}}{\sin 24°} = \frac{6{,}49\text{ cm}}{\sin 19°} \quad |\cdot \sin 24°$

$\overline{BC} = \sin 24° \cdot \frac{6{,}49\text{ cm}}{\sin 19°}$

$\overline{BC} \approx 8{,}11\text{ cm}$

Verwende den Sinussatz mit dem anderen bekannten Größenpaar.

Alternative Berechnung mit dem Kosinussatz:

$\overline{BC}^2 = \overline{AC}^2 + \overline{AB}^2 - 2 \cdot \overline{AC} \cdot \overline{AB} \cdot \cos\alpha$

$\overline{BC}^2 = (13{,}6\text{ cm})^2 + (6{,}49\text{ cm})^2 - 2 \cdot 13{,}6\text{ cm} \cdot 6{,}49\text{ cm} \cdot \cos 24°$

$\overline{BC}^2 \approx 65{,}814\text{ cm}^2 \quad |\sqrt{\ }$

$\overline{BC} \approx 8{,}11\text{ cm}$

Nutze den Kosinussatz. Verwende die Form, in der die gesuchte Größe nur quadratisch vorkommt und auf der linken Seite steht.

c) $\overline{BC}^2 = \overline{AC}^2 + \overline{AB}^2 - 2 \cdot \overline{AC} \cdot \overline{AB} \cdot \cos\alpha$

$\overline{BC}^2 = (13{,}6\text{ cm})^2 + (6{,}49\text{ cm})^2 - 2 \cdot 13{,}6\text{ cm} \cdot 6{,}49\text{ cm} \cdot \cos 29°$

$\overline{BC}^2 \approx 72{,}685\text{ cm}^2 \quad |\sqrt{\ }$

$\overline{BC} \approx 8{,}53\text{ cm}$

Nutze den Kosinussatz. Verwende die Form, in der die gesuchte Größe nur quadratisch vorkommt und auf der linken Seite steht.

d)

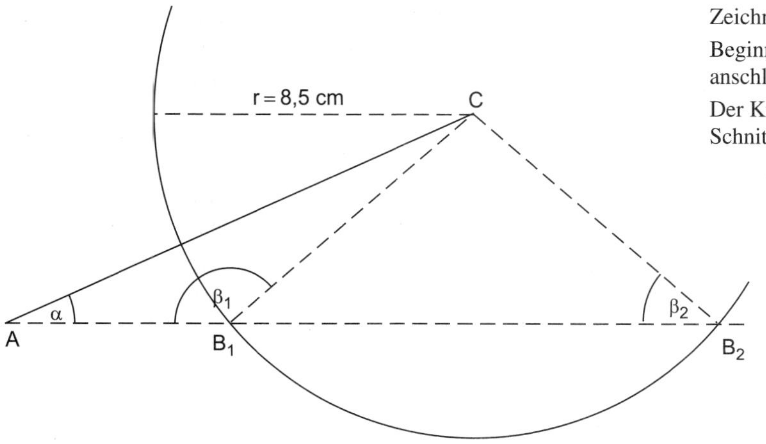

Zeichnung im Maßstab 1 : 2.
Beginne mit der Strecke $\overline{AC}$ und trage anschließend den Winkel α an.
Der Kreis mit Radius $\overline{BC}$ um C hat zwei Schnittpunkte B_1 und B_2 mit dem freien Schenkel.

✐ Hinweise und Tipps

2 a) $11\,\text{cm} : 2 = 5{,}5\,\text{cm}$

$17{,}5\,\text{cm} - 2 \cdot 5{,}5\,\text{cm} = 6{,}5\,\text{cm}$

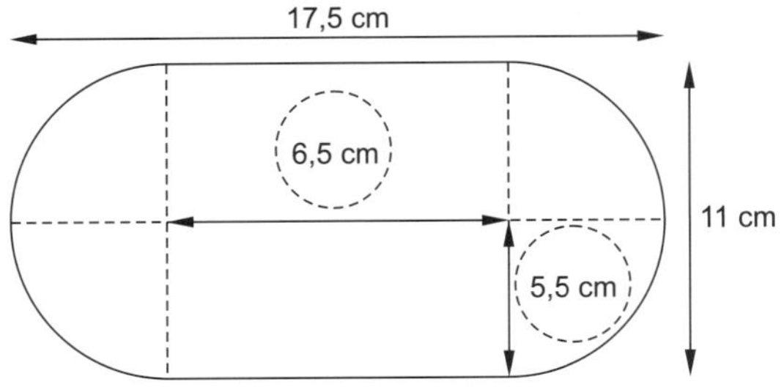

Teile die kurze Seite durch 2, um den Radius einer halbkreisförmigen Teilfläche zu erhalten.

Subtrahiere dann den Radius zweimal von der langen Seite, um die Länge des geraden Abschnitts der längeren Seite zu erhalten.

b) $G = A_{\text{Rechteck}} + A_{\text{Kreis}}$

$G = a \cdot b + \pi \cdot r^2$

$G = 6{,}5\,\text{cm} \cdot 11\,\text{cm} + \pi \cdot (5{,}5\,\text{cm})^2$

$G \approx 166{,}53\,\text{cm}^2$

Teile die Grundfläche in bekannte Flächen auf. Die beiden Halbkreise können zu einem Kreis kombiniert werden, da sie den gleichen Radius haben.

c) $V = G \cdot h_k$

$V = 166{,}53\,\text{cm}^2 \cdot 7\,\text{cm}$

$V = 1165{,}71\,\text{cm}^3$

Berechne das Volumen für den zusammengesetzten Körper.

Alternative Lösungsmöglichkeit:

$V = V_{\text{Quader}} + V_{\text{Zylinder}}$

$V = a \cdot b \cdot c + \pi \cdot r^2 \cdot h_k$

$V = 6{,}5\,\text{cm} \cdot 11\,\text{cm} \cdot 7\,\text{cm} + \pi \cdot (5{,}5\,\text{cm})^2 \cdot 7\,\text{cm}$

$V = 1165{,}73\,\text{cm}^3$

Zerlege die Eispackung in einen Quader und einen Zylinder (aus zwei Halbzylindern zusammengesetzt). Das Volumen der Eispackung ist dann die Summe der Volumina beider Grundkörper.

Alternative Berechnung mit $G = 160\,\text{cm}^2$:

$V = G \cdot h_k$

$V = 160\,\text{cm}^2 \cdot 7\,\text{cm}$

$V = 1120\,\text{cm}^3$

d) $V_{\text{Eiskugel}} = \frac{4}{3} \cdot \pi \cdot r^3$

$V_{\text{Eiskugel}} = \frac{4}{3} \cdot \pi \cdot (2\,\text{cm})^3$

$V_{\text{Eiskugel}} \approx 33{,}51\,\text{cm}^3$

Berechne zuerst das Volumen einer Eiskugel.

$1\,\ell = 1000\,\text{cm}^3$

$1000\,\text{cm}^3 : 33{,}51\,\text{cm}^3 \approx 29{,}84$

Es werden maximal 29 Kugeln geformt.

Wandle das Volumen des Eises in Kubikzentimeter um und teile es durch das Volumen einer Kugel.

Beachte: Da nur ganze Kugeln geformt werden können, musst du das Ergebnis abweichend von den normalen Rundungsregeln abrunden.

e) $V_{\text{Eiskugel,neu}} = \frac{4}{3} \cdot \pi \cdot (0{,}9r)^3$

$V_{\text{Eiskugel,neu}} = \frac{4}{3} \cdot \pi \cdot (0{,}9 \cdot 2\,\text{cm})^3$

$V_{\text{Eiskugel,neu}} \approx 24{,}43\,\text{cm}^3$

$\frac{V_{\text{Eiskugel,neu}}}{V_{\text{Eiskugel}}} = \frac{24{,}43\,\text{cm}^3}{33{,}51\,\text{cm}^3} \approx 72{,}90\,\%$

Berechne das Volumen der neuen Eiskugel. Setze dann dieses Volumen ins Verhältnis zum alten Volumen aus Teilaufgabe d.

Alternative Lösungsmöglichkeit:

$$\frac{V_{\text{Eiskugel,neu}}}{V_{\text{Eiskugel}}} = \frac{\frac{4}{3}\cdot\pi\cdot(0{,}9r)^3}{\frac{4}{3}\cdot\pi\cdot r^3} = 0{,}9^3 = 0{,}792 = 72{,}9\ \%$$

Erklärung in Worten:
Der auf 90 % verringerte Radius steht als 0,9r in der Formel. Da sonst beide Volumenformeln gleich sind, beträgt das neue Volumen $0{,}9^3 = 0{,}729 = 72{,}9\ \%$ des alten Volumens.

Hinweise und Tipps

Anstatt die Werte einzusetzen, kannst du auch zuerst das Verhältnis bilden und kürzen.

---

3 a) $75\ € \cdot 7 + 50\ € = 575\ €$

Die Ferienwohnung kostet 575 €.

Die Kosten setzen sich aus der Miete für jeden Tag und den Kosten für die Endreinigung zusammen. Stelle einen Term auf.

b) $y = mx + b$

$y = 75x + 50$

Die Anzahl x der Tage ist variabel. Die Steigung m entspricht der Miete pro Tag. Die Endreinigung wird nur einmal berechnet und steht daher als Konstante b in der Gleichung.

c) *Lösung mit dem Gleichsetzungsverfahren oder Einsetzungsverfahren:*

I $y = 64x + 35$
II $y = 59x + 80$

$$\begin{aligned} &\text{I} = \text{II} && \text{bzw. I in II} \\ 64x + 35 &= 59x + 80 && \mid -59x \\ 5x + 35 &= 80 && \mid -35 \\ 5x &= 45 && \mid :5 \\ x &= 9 \end{aligned}$$

$x = 9$ in I einsetzen:

$y = 64 \cdot 9 + 35 = 611$

$L = \{(9 \mid 611)\}$

Alternative Lösung mit dem Subtraktionsverfahren:

I $y = 64x + 35$
II $y = 59x + 80$

I − II

$$\begin{aligned} 0 &= 5x - 45 && \mid +45 \\ 45 &= 5x && \mid :5 \\ x &= 9 \end{aligned}$$

$x = 9$ in I einsetzen:

$y = 64 \cdot 9 + 35 = 611$

$L = \{(9 \mid 611)\}$

Löse mit einem der bekannten Lösungsverfahren.

Da beide Gleichungen nach y aufgelöst sind, führen das Gleichsetzungs- und das Einsetzungsverfahren in diesem Fall zum gleichen Lösungsweg.

d) Für weniger als 9 Tage ist Angebot I günstiger, für mehr als 9 Tage ist Angebot II günstiger. Bei 9 Tagen kosten beide gleich viel.

Beachte die Lösung der vorherigen Teilaufgabe.

Die Lösung des Gleichungssystems lässt sich als Schnittpunkt zweier Geraden interpretieren. In diesem haben beide Funktionen den gleichen y-Wert. Ein Angebot ist für einen bestimmten x-Wert (Tage) günstiger, wenn sein zugehöriger y-Wert (Preis) kleiner ist als der des anderen Angebots.

Da der y-Achsenabschnitt bei Angebot I (35) kleiner ist als bei Angebot II (80), ist Angebot I anfangs günstiger.

Hinweise und Tipps

e) I $y = 50x + (\text{beliebige Zahl} \neq 75)$
II $y = 50x + 75$

Es gibt keine Lösung, wenn sich die Graphen der Funktionen nicht schneiden (parallele Geraden). Dies ergibt sich bei gleicher Steigung m, aber anderer Schnittstelle b mit der y-Achse.

---

4 a) $P(w) = \frac{8}{10} = 0{,}80 = 80\,\%$

Teile die Anzahl der weißen Kugeln (günstige Ergebnisse) durch die Anzahl aller Kugeln (mögliche Ergebnisse).

b)

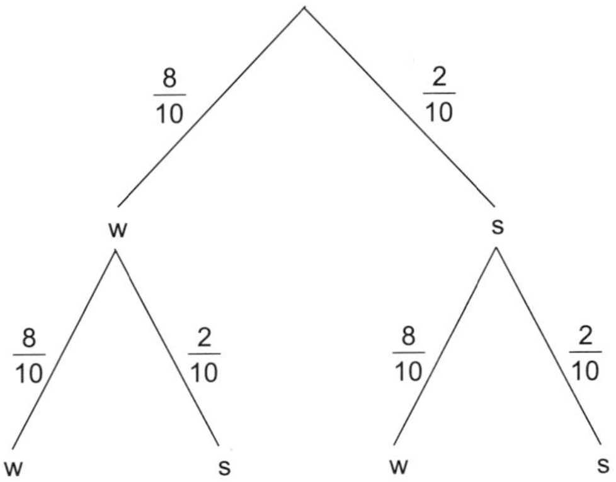

Zeichne ein Baumdiagramm. Beachte, dass die Kugel zurückgelegt wird und die Wahrscheinlichkeiten daher in jeder Stufe gleich sind.

c) $P(ss) = \frac{2}{10} \cdot \frac{2}{10} = \frac{4}{100} = 0{,}04 = 4\,\%$

Verwende das Baumdiagramm. Beachte die 1. Pfadregel.

d)

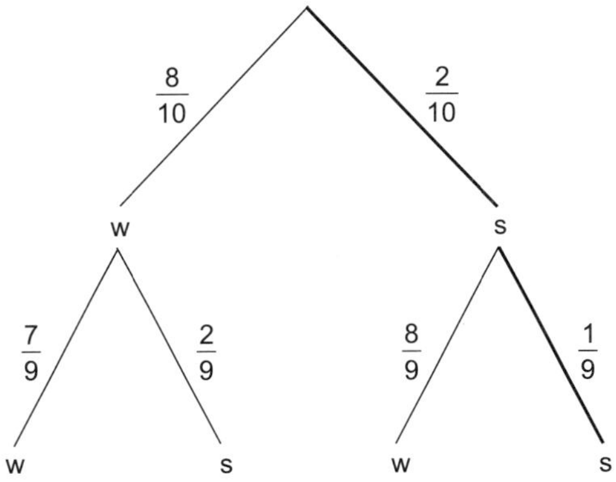

$P(ss) = \frac{2}{10} \cdot \frac{1}{9} \approx 0{,}0222 = 2{,}22\,\%$

Zeichne ein neues Baumdiagramm. Beachte, dass die zuerst gezogene Kugel nicht zurückgelegt wird. Dadurch verringert sich beim zweiten Ziehen die Anzahl der Kugeln und die Wahrscheinlichkeiten ändern sich entsprechend.

Verwende das neue Baumdiagramm zur Berechnung der gesuchten Wahrscheinlichkeit.

e) $P(\text{3. Kugel schwarz}) = P(sss) + P(sws) + P(wss) + P(wws)$

$P(\text{3. Kugel schwarz}) = \frac{2}{10} \cdot \frac{1}{9} \cdot \frac{0}{8} + \frac{2}{10} \cdot \frac{8}{9} \cdot \frac{1}{8} + \frac{8}{10} \cdot \frac{2}{9} \cdot \frac{1}{8} + \frac{8}{10} \cdot \frac{7}{9} \cdot \frac{2}{8}$

$P(\text{3. Kugel schwarz}) = 0 + \frac{16}{720} + \frac{16}{720} + \frac{112}{720}$

$P(\text{3. Kugel schwarz}) = \frac{144}{720} = \frac{1}{5} = 0{,}20 = 20\,\%$

Notiere alle Möglichkeiten und wende die Summen- und Produktregel an.

Beachte, dass sich die Wahrscheinlichkeiten nach jedem Ziehen ändern, da die Kugeln nicht zurückgelegt werden. Verwende das Baumdiagramm aus Teilaufgabe d für das Ziehen der ersten zwei Kugeln.

$P(sss) = 0$, da es nur zwei schwarze Kugeln gibt.

Abschlussprüfung 2021

Hauptteil I

Hinweise und Tipps

1 a) $1{,}5 + 2 \cdot 3 = \mathbf{7{,}5}$

Beachte: Punkt- vor Strichrechnung

b) $\mathbf{-5} - 2 = -7$

Das Ergebnis der Aufgabe ist –7.
Löse mithilfe der Umkehraufgabe: $-7 + 2 = -5$

c) $\frac{1}{2} + \mathbf{\frac{1}{4}} = \frac{3}{4}$

Erweitere $\frac{1}{2}$ auf $\frac{2}{4}$.

$\frac{2}{4} + \frac{1}{4} = \frac{3}{4}$

d) $0{,}4^2 = \mathbf{0{,}16}$

Beachte: Bei einer Multiplikation hat das Ergebnis so viele Nachkommastellen wie alle Faktoren zusammen.

---

2 a) 2,7 cm = **27** mm

Die Umrechnungszahl bei Längen ist 10.

b) $\frac{3}{4}\,\ell = \mathbf{750}\ m\ell$

Die Umrechnungszahl bei Volumen ist 1 000.

c) $2\frac{1}{3}\ \text{h} = \mathbf{140}\ \text{min}$

Die Umrechnungszahl zwischen Minuten und Stunden ist 60.

---

3 a) $18\,465\,232 \approx \mathbf{18\,000\,000}$

Beachte, dass auf die Millionenstelle gerundet werden soll. Da die nächstkleinere Stelle eine 4 ist, wird abgerundet.

b) Überschlag:
$18\,000\,000\ \ell \cdot 400 = 7\,200\,000\,000\ \ell = 7{,}2$ Mrd. Liter

- ☐ 670 Mrd. Liter
- ☒ 6,7 Mrd. Liter
- ☐ 67 Mio. Liter

Die Antwortmöglichkeiten unterscheiden sich in der Anzahl ihrer Stellen. Mache daher eine Überschlagsrechnung.
Ein Jahr hat 365 Tage. Runde auf 400 Tage.
Eine Milliarde hat neun Nullen.

---

4 a) ☒ proportional

Notiere den relativen Zuwachs in der Tabelle.

	x	y	
	2	5	
· 3	6	15	· 3
· 5	10	25	· 5

b) ☒ keines von beidem

Überlege anhand einer kleinen Tabelle.

	Seitenlänge	Flächeninhalt	
	1 cm	1 cm²	
· 2	2 cm	4 cm²	· 4
· 2	4 cm	16 cm²	· 4

Da auf beiden Seiten mit unterschiedlichen Zahlen multipliziert wird, ist die Zuordnung nicht proportional.

c) ☒ antiproportional

Beschrifte die Koordinatenachsen des Graphen und überlege dann.
Der Graph einer antiproportionalen Zuordnung ist eine Kurve, die sich an beide Koordinatenachsen anschmiegt.

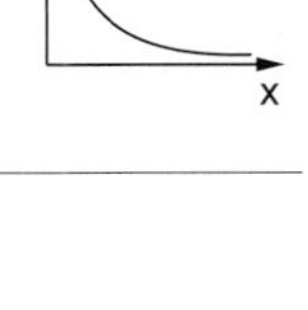

Hinweise und Tipps

5 Die Arbeitsgemeinschaft „Theater“ haben **25 %** der Schülerinnen und Schüler gewählt.

Von den 80 Schülerinnen und Schülern haben 20 % die Arbeitsgemeinschaft „Kochen“ gewählt. Das sind **16** Schülerinnen und Schüler.

Zähle alle bekannten Anteile zusammen und subtrahiere das Ergebnis von 100 %.

$20\ \% + 10\ \% + 45\ \% = 75\ \%$
$100\ \% - 75\ \% = 25\ \%$

Berechne den Prozentwert zum Grundwert 80 und Prozentsatz 20 %.

$80 \cdot 0{,}20 = 16$

---

6 a)

Note	1	2	3	4	5	6
Anzahl	1	4	**8**	4	2	1

Zähle aus. Die Note 3 kommt achtmal in der Urliste vor.

b) Frau Meier setzt für den Buchstaben e die Anzahl der Schülerinnen und Schüler ein, **die eine Fünf geschrieben haben.**

Frau Meier teilt durch 20, **weil die Anzahl der Schüler*innen 20 ist und sie das arithmetische Mittel berechnen will.**

Bei der Bildung des arithmetischen Mittels wird die Anzahl für jede Note mit der Note selbst multipliziert und anschließend durch die Gesamtanzahl der Daten geteilt.

Die Gesamtzahl von 20 Daten erhältst du aus der Urliste oder der Tabelle aus Teilaufgabe a.

Der Begriff „Mittelwert“ kann anstelle von „arithmetisches Mittel“ ebenfalls verwendet werden.

---

7 a)

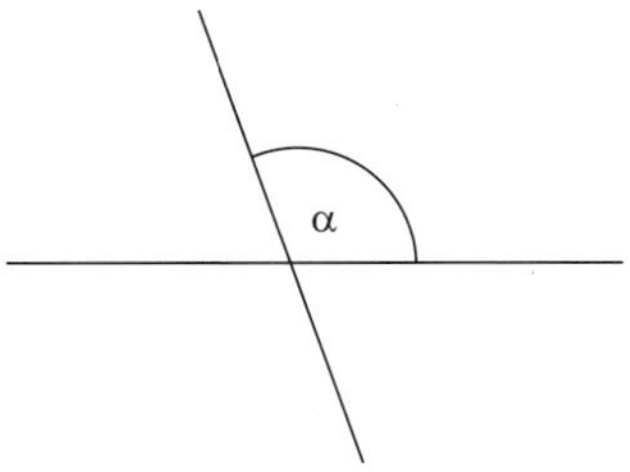

Arbeite mit dem Geodreieck und kennzeichne den Winkel mit α.

b) $180° - 64° = 116°$
$\beta = \mathbf{116°}$

Berechne den Nebenwinkel zu 64°. Dies ist dann der Stufenwinkel zu β.

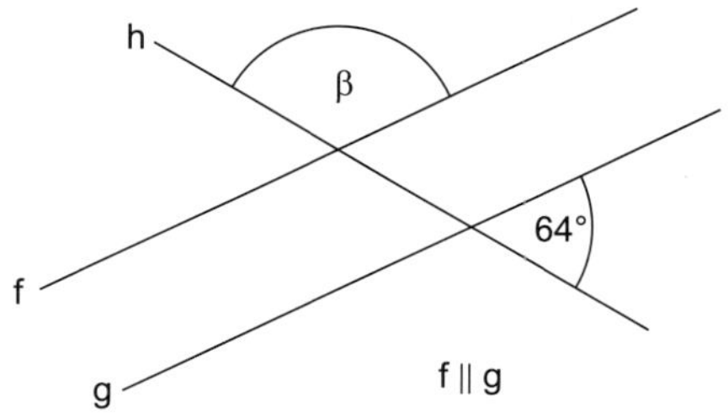

c) Ein Nebenwinkelpaar hat zusammen 180°. Ein spitzer Winkel ist kleiner als 90°, d. h., zwei spitze Winkel sind zusammen kleiner als 180°.

Ein spitzer Winkel ist kleiner als 90°.

8 a)

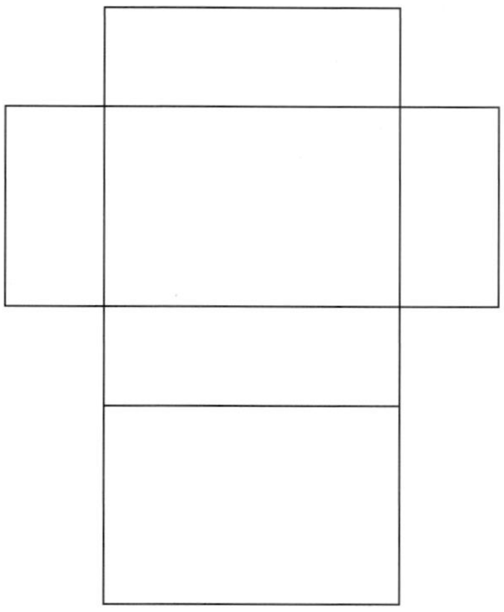

✎ Hinweise und Tipps

Ergänze zu einem vollständigen Netz mit sechs Flächen. Jeweils zwei gegenüberliegende Flächen sind gleich groß.

Es gibt weitere mögliche Lösungen, z. B.:

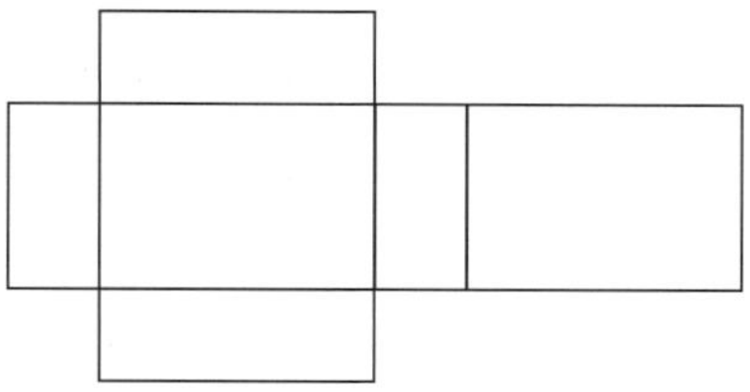

b)

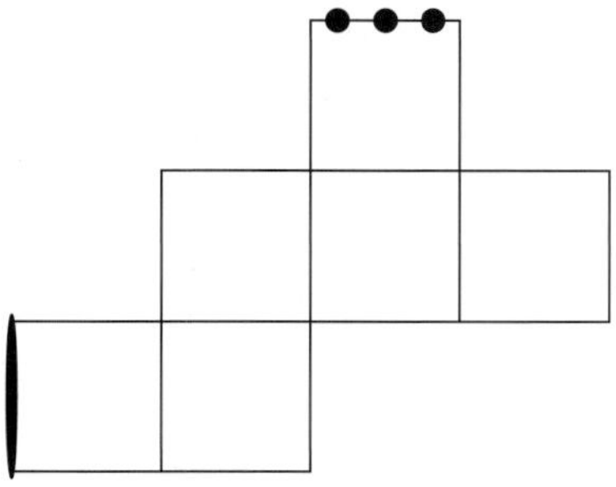

Markiere ein Kästchen als Grundfläche. Klappe das Netz dann gedanklich zu einem Würfel zusammen.

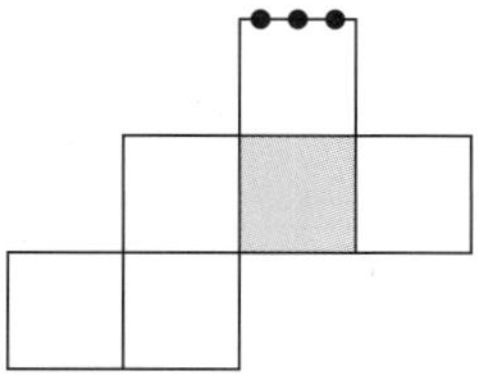

---

9 a)

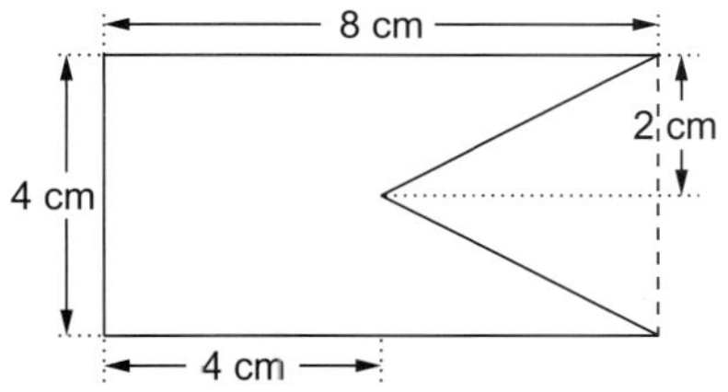

Vervollständige (ergänze) die Figur zu einem großen Rechteck.

Alternativ (Zerlegung):

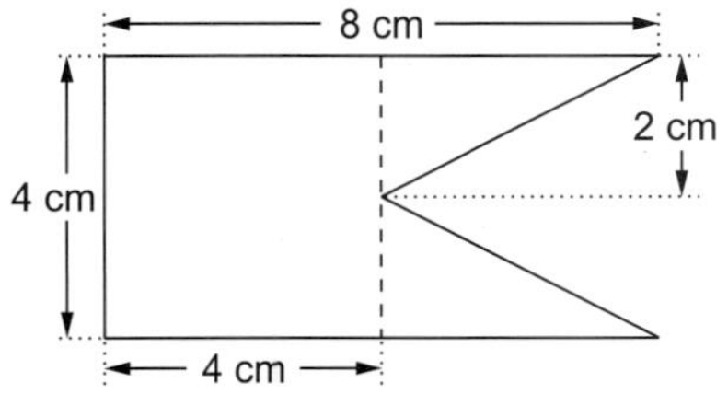

Zerlege die Figur in ein Quadrat und zwei gleich große Dreiecke.

b) $A_{\text{Rechteck}} = a \cdot b = 8\text{ cm} \cdot 4\text{ cm} = 32\text{ cm}^2$

$A_{\text{Dreieck}} = \frac{g \cdot h}{2} = \frac{4\text{ cm} \cdot 4\text{ cm}}{2} = 8\text{ cm}^2$

$A = A_{\text{Rechteck}} - A_{\text{Dreieck}} = 32\text{ cm}^2 - 8\text{ cm}^2$

$A = \mathbf{24}\text{ cm}^2$

Benutze deine Zerlegung oder Ergänzung aus Teilaufgabe a.

Bei der Ergänzung musst du die ergänzten Teilflächen vom Rechteck abziehen.

Alternativ (Zerlegung):

$A_{\text{Quadrat}} = a \cdot a = 4\text{ cm} \cdot 4\text{ cm} = 16\text{ cm}^2$

$A_{\text{Dreieck}} = \frac{g \cdot h}{2} = \frac{4\text{ cm} \cdot 2\text{ cm}}{2} = 4\text{ cm}^2$

$A = A_{\text{Quadrat}} + 2 \cdot A_{\text{Dreieck}} = 16\text{ cm}^2 + 2 \cdot 4\text{ cm}^2$

$A = \mathbf{24}\text{ cm}^2$

Addiere bei der Zerlegung alle Teilflächen.

c) $A_{Rechteck} = 2x \cdot 4x = 8x^2$

$A_{Dreieck} = \frac{2x \cdot 2x}{2} = 2x^2$

$A_{Gesamt} = 8x^2 - 2x^2 = 6x^2$

Alternativ (Zerlegung):

$A_{Quadrat} = 2x \cdot 2x = 4x^2$

$A_{Dreieck} = \frac{2x \cdot x}{2} = x^2$

$A_{Gesamt} = 4x^2 + 2 \cdot x^2 = 6x^2$

Hinweise und Tipps

Die Abbildung zeigt eine Figur, die ähnlich zur Figur aus den vorherigen Teilaufgaben ist. Du kannst daher die Formeln aus der vorherigen Teilaufgabe verwenden.

Setze für die Seitenlängen die vorgegebenen Terme ein.

10

$A = \frac{g \cdot h}{2} \quad | \cdot 2$

$2 \cdot A = g \cdot h \quad | : g$

$\frac{2 \cdot A}{g} = h$

Multipliziere auf beiden Seiten mit 2, teile dann durch g.

Hauptteil II

1

$$\sin 52° = \frac{x}{7{,}3\,\text{cm}} \qquad |\cdot 7{,}3\,\text{cm}$$
$$x = 7{,}3\,\text{cm} \cdot \sin 52°$$
$$x \approx 5{,}75\,\text{cm}$$

Hinweise und Tipps

Im rechtwinkligen Dreieck gilt:

$$\sin\alpha = \frac{\text{Gegenkathete}}{\text{Hypotenuse}}$$

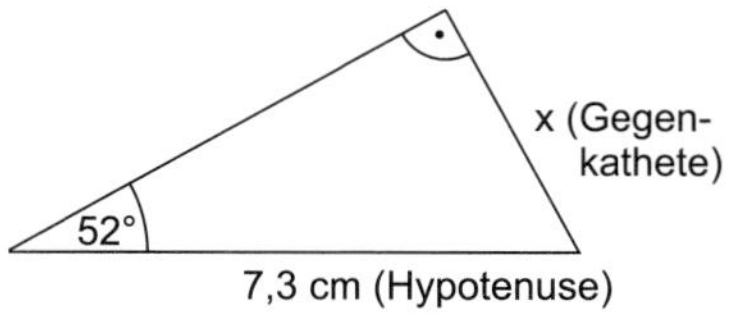

---

2 a)

$$d^2 = a^2 + a^2$$
$$d^2 = 16\,\text{cm}^2 + 16\,\text{cm}^2$$
$$d^2 = 32\,\text{cm}^2 \qquad |\sqrt{}$$
$$d \approx 5{,}66\,\text{cm}$$

Die Grundfläche eines Würfels ist ein Quadrat.
Nutze den Satz des Pythagoras.

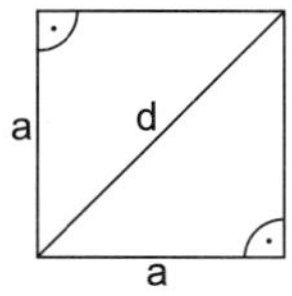

b)

$$\tan\alpha = \frac{a}{d} = \frac{4\,\text{cm}}{5{,}66\,\text{cm}} \qquad |\tan^{-1}$$
$$\alpha \approx 35{,}25°$$

Alternative Lösung mit d = 7,07 cm:

$$\tan\alpha = \frac{a}{d} = \frac{4\,\text{cm}}{7{,}07\,\text{cm}} \qquad |\tan^{-1}$$
$$\alpha \approx 29{,}50°$$

a und d sind die Katheten im rechtwinkligen grauen Dreieck mit Hypotenuse e.
Im rechtwinkligen Dreieck gilt:

$$\tan\alpha = \frac{\text{Gegenkathete}}{\text{Ankathete}}$$

c)

$$e^2 = a^2 + d^2 \qquad |d^2 = 2a^2 \text{ einsetzen}$$
$$e^2 = a^2 + 2a^2$$
$$e^2 = 3a^2 \qquad |\sqrt{}$$
$$e = \sqrt{3} \cdot a$$

Nutze den Satz des Pythagoras und setze die korrekten Seitenbezeichnungen ein.

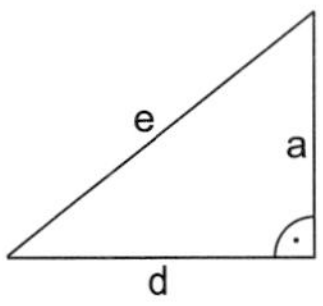

Alternative Lösungsmöglichkeit:

$$a^2 + d^2 = e^2 \qquad |a = 4\,\text{cm};\ d = 5{,}66\,\text{cm}$$
$$(4\,\text{cm})^2 + (5{,}66\,\text{cm})^2 = e^2 \qquad |\sqrt{}$$
$$\sqrt{16\,\text{cm}^2 + 32\,\text{cm}^2} = e$$
$$\sqrt{48\,\text{cm}^2} = e$$
$$6{,}93\,\text{cm} \approx e$$
$$a \cdot \sqrt{3} = 4\,\text{cm} \cdot \sqrt{3} \approx 6{,}93\,\text{cm}$$

Da beide Rechnungen das gleiche Ergebnis liefern, kann die Formel angewandt werden.

Setze die gegebenen Werte für a und d ein und vergleiche das Ergebnis mit dem Ergebnis der Formel $e = \sqrt{3} \cdot a$.

3 a)

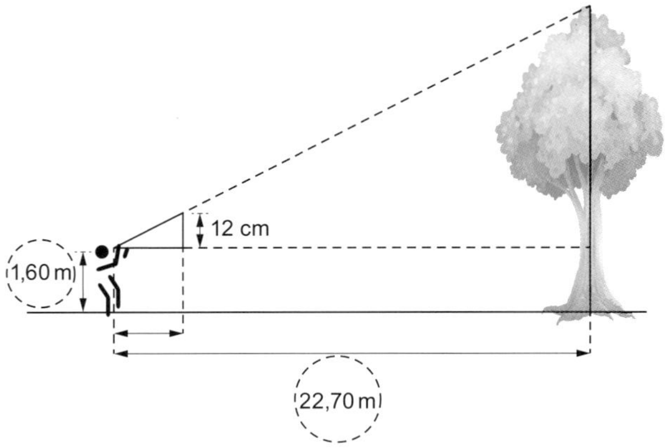

Hinweise und Tipps

Übertrage die Werte aus dem Angabentext in die Skizze.

b) $\frac{x}{0{,}12\text{ m}} = \frac{22{,}70\text{ m}}{0{,}30\text{ m}} \quad |\cdot 0{,}12\text{ m}$

$x = \frac{22{,}70\text{ m}}{0{,}30\text{ m}} \cdot 0{,}12\text{ m}$

$x = 9{,}08\text{ m}$

$h = x + 1{,}60\text{ m} = 10{,}68\text{ m}$

Verwende die in Teilaufgabe a ergänzte Skizze und nutze den 2. Strahlensatz.

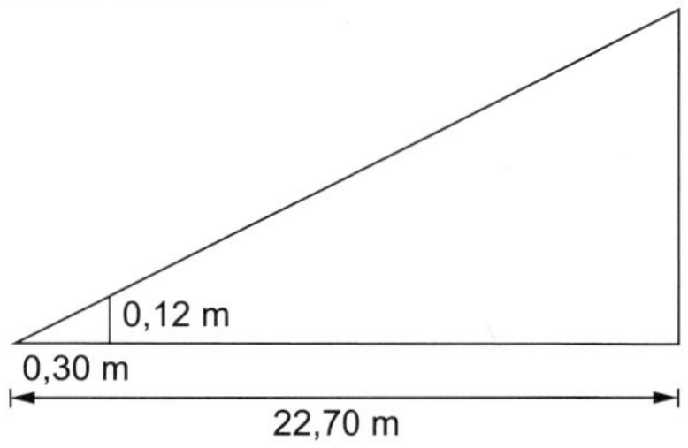

Beachte, dass nicht vom Boden gemessen wurde. Addiere daher noch die Höhe der Unterkante des Peildreiecks.

c) Wenn ich die Seite a verdopple, dann muss ich **die anderen Seiten auch verdoppeln**, damit die Dreiecke ähnlich sind.

Die Seitenlängen zweier ähnlicher Dreiecke stehen immer im gleichen Verhältnis zueinander.

---

4 a) Dreiecksprisma

Das Prisma liegt auf einer Seitenfläche, die Grundfläche ist daher das vordere Dreieck.

b) $V = G \cdot h_k$

$V = \frac{c \cdot h_c}{2} \cdot h_k$

$V = \frac{15\text{ cm} \cdot 12\text{ cm}}{2} \cdot 17\text{ cm}$

$V = 1\,530\text{ cm}^3$

Nutze die Volumenformel für Prismen.
Achte auf die korrekte Grundfläche.

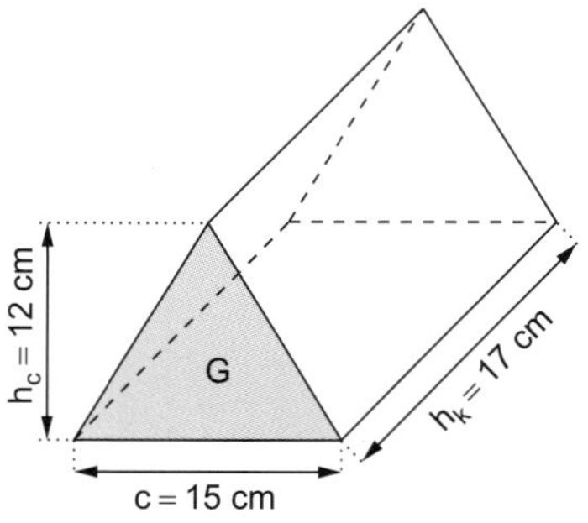

c) $A_{\text{Dreieck}} = \frac{c \cdot h_c}{2} = \frac{15\text{ cm} \cdot 12\text{ cm}}{2} = 90\text{ cm}^2$

$A_{\text{Halbkreis}} = \frac{\pi \cdot r^2}{2} = \frac{\pi \cdot (3\text{ cm})^2}{2} \approx 14{,}14\text{ cm}^2$

$A = A_{\text{Dreieck}} - A_{\text{Halbkreis}}$

$A = 90\text{ cm}^2 - 14{,}14\text{ cm}^2$

$A = 75{,}86\text{ cm}^2$

Der Flächeninhalt der vorderen Fläche des Bausteins beträgt $75{,}86\text{ cm}^2$.

Berechne zuerst den Flächeninhalt des Dreiecks oder verwende dein Ergebnis für die Grundfläche G des Prismas. Subtrahiere dann davon die Fläche des ausgehöhlten Halbkreises mit Radius r = 3 cm.

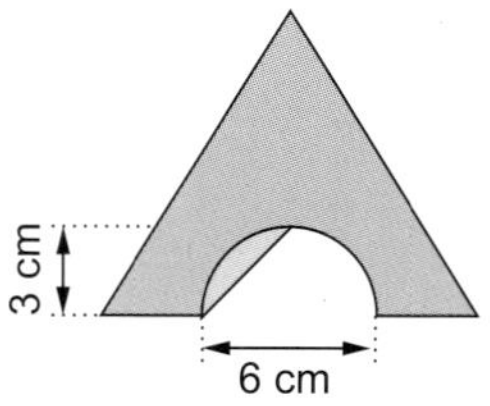

Hinweise und Tipps

d) $A = \frac{M}{2} = \frac{\not{2} \cdot \pi \cdot r \cdot h_k}{\not{2}} = \pi \cdot 3\ \text{cm} \cdot 17\ \text{cm} \approx 160{,}22\ \text{cm}^2$

Bei der zu streichenden Tunnelwand handelt es sich um die Hälfte der Mantelfläche eines Zylinders mit $r = 3$ cm und $h_k = 17$ cm.

e)

$$V = \frac{4}{3} \cdot \pi \cdot r^3$$

$$15{,}59\ \text{cm}^3 = \frac{4}{3} \cdot \pi \cdot r^3 \quad \Big| : \left(\frac{4}{3} \cdot \pi\right)$$

$$\frac{15{,}59\ \text{cm}^3}{\frac{4}{3} \cdot \pi} = r^3 \quad \Big| \sqrt[3]{\ }$$

$$r \approx 1{,}55\ \text{cm}$$

$$d = 2 \cdot r = 3{,}10\ \text{cm} > 3\ \text{cm}$$

Die Kugel passt nicht durch den Tunnel.

Berechne zuerst den Radius der Kugel. Löse dazu die Volumenformel der Kugel nach dem Radius auf.

Prüfe, ob der Durchmesser der Kugel größer als 3 cm (Radius des Tunnels) ist.
Der Durchmesser ist das Doppelte des Radius.

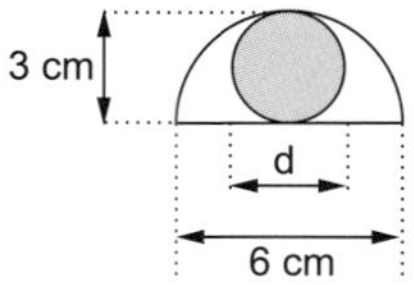

5 a)

Funktionsgleichung	
$y_1 = 2x + 2$	
$y_1 = -2x + 2$	✗
$y_1 = 2x - 2$	
$y_1 = -2x - 2$	

Die Funktionsgleichung einer linearen Funktion lautet $y = mx + b$, wobei m die Steigung und b die Schnittstelle mit der y-Achse (den y-Achsenabschnitt) angibt.
Achte auf die Vorzeichen von m und b.
Die abgebildete Gerade fällt, d. h., sie hat eine negative Steigung ($m < 0$), und schneidet die y-Achse bei +2.

b)

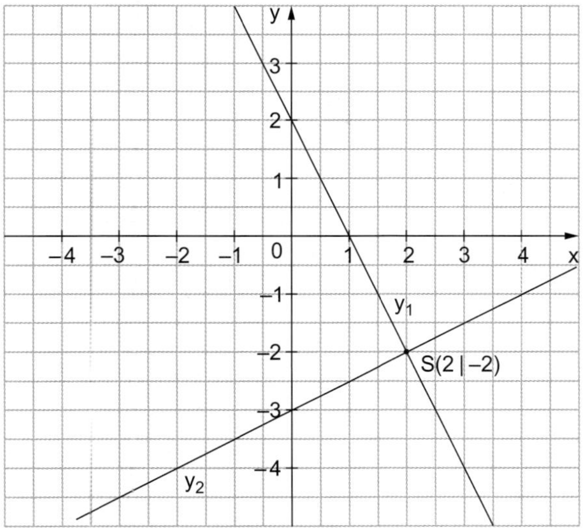

Lösung mit dem Gleichsetzungsverfahren:

I $\quad y = -2x + 2$

II $\quad y = \frac{1}{2}x - 3$

$$\text{I} = \text{II}$$

$$-2x + 2 = \frac{1}{2}x - 3 \quad | +2x$$

$$2 = 2{,}5x - 3 \quad | +3$$

$$5 = 2{,}5x \quad | : 2{,}5$$

$$x = 2$$

x in I einsetzen:

$y = -2 \cdot 2 + 2 = -2$

$\Rightarrow$ Schnittpunkt S(2 | –2)

Zeichne y_2 mithilfe eines Steigungsdreiecks in das Koordinatensystem und lies den Schnittpunkt ab.

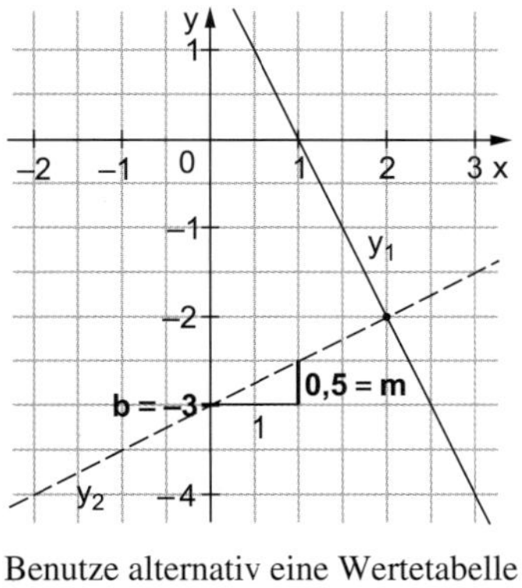

Benutze alternativ eine Wertetabelle zur Zeichnung:

x	–2	–1	0	1	2	3
y	–4	–3,5	–3	–2,5	–2	–1,5

Ermittle mit einem der bekannten Lösungsverfahren für lineare Gleichungssysteme den Schnittpunkt der beiden Geraden.
Da beide Gleichungen nach y aufgelöst sind, führen das Gleichsetzungs- und das Einsetzungsverfahren in diesem Fall zum gleichen Lösungsweg.

oder x in II einsetzen:

$y = \frac{1}{2} \cdot 2 - 3 = -2$

Hinweise und Tipps

Alternative Lösung mit dem Subtraktionsverfahren:

I $y = -2x + 2$

II $y = \frac{1}{2}x - 3$

I − II

$0 = -2x - \frac{1}{2}x + 2 + 3$

$0 = -2{,}5x + 5 \quad |+2{,}5x$

$2{,}5x = 5 \quad |:2{,}5$

$x = 2$

x in I einsetzen:

$y = -2 \cdot 2 + 2 = -2$

$\Rightarrow$ Schnittpunkt $S(2 \,|\, -2)$

oder x in II einsetzen:
$y = \frac{1}{2} \cdot 2 - 3 = -2$

c) $P(-8 \,|\, -7)$

$y_2 = \frac{1}{2}x - 3$

$y_2 = \frac{1}{2} \cdot (-8) - 3$

$y_2 = -4 - 3$

$y_2 = -7$

$\Rightarrow$ $P(-8 \,|\, -7)$ liegt auf dem Graphen der Funktion y_2.

Setze die x-Koordinate des Punktes P in die Funktionsgleichung für y_2 ein. Stimmt der sich ergebende y-Wert mit der y-Koordinate von P überein, liegt der Punkt auf der Geraden.

---

6 $x^2 + 14x + 24 = 0 \quad \Rightarrow \quad p = 14$ und $q = 24$

Bestimme p und q und setze in die Formel ein.

$x_{1/2} = -\frac{p}{2} \pm \sqrt{\left(\frac{p}{2}\right)^2 - q}$

$x_{1/2} = -\frac{14}{2} \pm \sqrt{\left(\frac{14}{2}\right)^2 - 24}$

$x_{1/2} = -7 \pm \sqrt{25}$

$x_1 = -7 + 5 = -2$ und $x_2 = -7 - 5 = -12$

Alternative Lösungsmöglichkeit:

Löse mithilfe der quadratischen Ergänzung.

$x^2 + 14x + 24 = 0$

$(x+7)^2 - 49 + 24 = 0$

$(x+7)^2 - 25 = 0 \quad |+25$

$(x+7)^2 = 25 \quad |\sqrt{}$

$x + 7 = \pm 5 \quad |-7$

$x_1 = -2$ und $x_2 = -12$

---

7 $x_{1/2} = -\frac{6}{2} \pm \sqrt{\left(\frac{6}{2}\right)^2 - q}$

$x_{1/2} = -\frac{6}{2} \pm \sqrt{9 - q}$

$\Rightarrow$ $q = 9$

Bei der Lösungsformel (p-q-Formel) bestimmt die Zahl unter der Wurzel (die Diskriminante) die Anzahl der Lösungen.
Es gibt genau eine Lösung, wenn die Diskriminante gleich null ist:

$9 - q = 0 \quad |+9$

$q = 9$

Wahlaufgaben

1 a)

$$r^2 + h_k^2 = s^2$$
$$(6\text{ cm})^2 + (12\text{ cm})^2 = s^2$$
$$36\text{ cm}^2 + 144\text{ cm}^2 = s^2$$
$$180\text{ cm}^2 = s^2 \quad |\sqrt{}$$
$$13{,}42\text{ cm} \approx s$$

Hinweise und Tipps

Fertige eine beschriftete Skizze an.
Die Mantellinie s ist die Hypotenuse in einem rechtwinkligen Dreieck mit den Katheten r und h_k.
Löse mit dem Satz des Pythagoras.

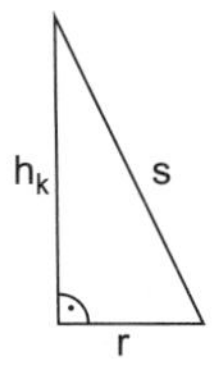

b)

$$A_{\text{Halbkreis}} = \frac{\pi \cdot r^2}{2} = \frac{\pi \cdot (6\text{ cm})^2}{2} \approx 56{,}55\text{ cm}^2$$
$$A_{\text{Halber Mantel}} = \frac{M}{2} = \frac{\pi \cdot r \cdot s}{2} = \frac{\pi \cdot 6\text{ cm} \cdot 13{,}42\text{ cm}}{2}$$
$$A_{\text{Halber Mantel}} \approx 126{,}48\text{ cm}^2$$
$$A_{\text{Dreieck}} = \frac{c \cdot h_c}{2} = \frac{2r \cdot h_k}{2} = \frac{2 \cdot 6\text{ cm} \cdot 12\text{ cm}}{2} = 72\text{ cm}^2$$
$$O_{\text{Gesamt}} = A_{\text{Halbkreis}} + A_{\text{Halber Mantel}} + A_{\text{Dreieck}}$$
$$O_{\text{Gesamt}} = 56{,}55\text{ cm}^2 + 126{,}48\text{ cm}^2 + 72\text{ cm}^2$$
$$O_{\text{Gesamt}} = 255{,}03\text{ cm}^2$$

Alternativ mit s = 13,21 cm:

$$A_{\text{Halbkreis}} = \frac{\pi \cdot r^2}{2} = \frac{\pi \cdot (6\text{ cm})^2}{2} \approx 56{,}55\text{ cm}^2$$
$$A_{\text{Halber Mantel}} = \frac{M}{2} = \frac{\pi \cdot r \cdot s}{2} = \frac{\pi \cdot 6\text{ cm} \cdot 13{,}21\text{ cm}}{2}$$
$$A_{\text{Halber Mantel}} \approx 124{,}50\text{ cm}^2$$
$$A_{\text{Dreieck}} = \frac{c \cdot h_c}{2} = \frac{2r \cdot h_k}{2} = \frac{2 \cdot 6\text{ cm} \cdot 12\text{ cm}}{2} = 72\text{ cm}^2$$
$$O_{\text{Gesamt}} = A_{\text{Halbkreis}} + A_{\text{Halber Mantel}} + A_{\text{Dreieck}}$$
$$O_{\text{Gesamt}} = 56{,}55\text{ cm}^2 + 124{,}5\text{ cm}^2 + 72\text{ cm}^2$$
$$O_{\text{Gesamt}} = 253{,}05\text{ cm}^2$$

Die Oberfläche des Körpers setzt sich aus drei Teilflächen zusammen:
- der halben Grundfläche des Kegels (Halbkreis)
- dem halben Mantel des Kegels
- dem Schnitt durch den Kegel (Dreieck mit Grundseite 2r und Höhe h_k)

c)

$$V_{\text{Halber Kegel}} = \frac{1}{2} \cdot V_{\text{Kegel}}$$
$$V_{\text{Halber Kegel}} = \frac{1}{2} \cdot \frac{1}{3} \pi \cdot r^2 \cdot h_k$$
$$V_{\text{Halber Kegel}} = \frac{1}{2} \cdot \frac{1}{3} \pi \cdot (6\text{ cm})^2 \cdot 12\text{ cm}$$
$$V_{\text{Halber Kegel}} \approx 226{,}19\text{ cm}^3$$

Multipliziere die Volumenformel für einen ganzen Kegel mit $\frac{1}{2}$, um das Volumen des halben Kegels zu erhalten. Setze dann die gegebenen Werte ein.

d)

$$V_{\text{Halber Kegel}} = \frac{1}{2} \cdot \frac{1}{3} \pi \cdot r^2 \cdot h_k$$
$$V_{\text{Halber Kegel}} = \frac{1}{\not{2}} \cdot \frac{1}{3} \pi \cdot r^2 \cdot \not{2} r$$
$$V_{\text{Halber Kegel}} = \frac{1}{3} \cdot \pi \cdot r^3$$

Setze in der Formel aus Teilaufgabe c für h_k den Term 2r ein und vereinfache.

Hinweise und Tipps

2 a) Der Volleyball erreicht nach **6 m** seine maximale Höhe von **2,5 m**.

Der Volleyball erreicht im Scheitelpunkt der parabelförmigen Wurfbahn seine maximale Höhe.

Der Scheitelpunkt S(d | e) einer verschobenen Parabel kann aus der Scheitelpunktform $y = a(x-d)^2 + e$ abgelesen werden. Der Parameter d beschreibt die Verschiebung nach links ($d < 0$) oder rechts ($d > 0$), der Parameter e die Verschiebung nach oben ($e > 0$) oder unten ($e < 0$).
Da $a < 0$ gilt, ist die Parabel nach unten geöffnet.

Hinweis: Der Scheitelpunkt kann im Prinzip auch aus der Zeichnung abgelesen werden. Da die Parabel stark gestaucht ist, ist das jedoch ungenau.

b) Für $x = 0$ gilt:

$y = -0,02 \cdot (x-6)^2 + 2,5$
$y = -0,02 \cdot (0-6)^2 + 2,5$
$y = -0,02 \cdot 36 + 2,5$
$y = 1,78\,[m]$

Der Aufschlagpunkt liegt auf der y-Achse. Setze daher $x = 0$ und berechne den y-Wert.

c) Für $x = 9$ gilt:

$y = -0,02 \cdot (x-6)^2 + 2,5$
$y = -0,02 \cdot (9-6)^2 + 2,5$
$y = -0,02 \cdot 9 + 2,5$
$y = 2,32\,[m]$

Die Grundlinie des Volleyballfeldes befindet sich bei $x = 0$. Der x-Wert des Netzes liegt also bei 9 [m]. Berechne die Höhe des Balls an dieser Stelle.

Vergleich: 2,32 m > 2,04 m
$\Rightarrow$ Der Ball fliegt über das Netz.

Der Ball fliegt über das Netz, wenn sein y-Wert größer ist als die Höhe des Netzes (2,04 m).

d) Für $x = 18$ gilt:

$y = -0,02 \cdot (18-6)^2 + 2,5$
$y = -0,02 \cdot 144 + 2,5$
$y = -0,38\,[m]$

$-0,38\text{ m} < 0$

Der Ball ist also innerhalb des Spielfelds aufgekommen.

Nach Erreichen der maximalen Flughöhe bei $x = 6$ sinkt der Ball immer weiter.

Es reicht daher, für den Spielfeldrand bei $x = 18$ zu prüfen, ob $y > 0$ gilt.

Ist das der Fall, ist der Ball noch in der Luft und geht ins Aus. Ist der Wert $y < 0$, trifft er vor der Auslinie auf den Boden.

Alternative Lösungsmöglichkeit:

$y = -0,02(x-6)^2 + 2,5 \quad |\ y = 0 \text{ setzen}$
$0 = -0,02(x^2 - 12x + 36) + 2,5 \quad |: (-0,02)$
$0 = x^2 - 12x + 36 - 125$
$0 = x^2 - 12x - 89 \quad \Rightarrow \quad p = -12 \text{ und } q = -89$

$$x_{1/2} = -\frac{-12}{2} \pm \sqrt{\left(\frac{-12}{2}\right)^2 + 89}$$
$$x_{1/2} = 6 \pm \sqrt{36 + 89}$$
$$x_{1/2} = 6 \pm \sqrt{125}$$
$$x_1 = 6 + \sqrt{125} \approx 17,18 < 18$$
$$x_2 = 6 - \sqrt{125} \approx -5,18 \text{ (entfällt)}$$

Bestimme die Nullstellen der gegebenen Funktion mithilfe der p-q-Formel.

Multipliziere dazu die Scheitelpunktform aus und teile durch den Vorfaktor –0,02, um die Normalform zu erhalten.

Da der Ball in positive x-Richtung geschlagen wird, entfällt die Nullstelle x_2.

Der Ball ist also innerhalb des Spielfelds aufgekommen.

3

a) Lars hat die Karte **nicht** zurückgelegt, da sich die Anzahl der Karten von 20 in der ersten Stufe auf 19 in der zweiten Stufe reduziert hat. Diese Anzahl steht jeweils im Nenner der Wahrscheinlichkeiten.

> Hinweise und Tipps
>
> Für die Wahrscheinlichkeit eines Ereignisses E gilt:
>
> $P(E) = \frac{\text{Anzahl günstiger Ergebnisse}}{\text{Anzahl möglicher Ergebnisse}}$
>
> Vergleiche die Nenner der Wahrscheinlichkeiten in beiden Stufen des Baumdiagramms entlang des rechten Pfades. Dieser ist in der 2. Stufe um 1 niedriger, da die gezogene Karte nicht mehr zur Verfügung steht.
>
> *Hinweis:*
> Statt mit der Anzahl aller Karten kannst du auch mit der Anzahl der Karten ohne Joker argumentieren. Diese bilden den Zähler der bereits eingetragenen Wahrscheinlichkeiten.

b) $P(kJ, kJ) = \frac{17}{20} \cdot \frac{16}{19} = \frac{68}{95}$

> Wende die 1. Pfadregel (Produktregel) für P(kJ, kJ) an. Entnimm die Einzelwahrscheinlichkeiten entlang des Pfades dem Baumdiagramm.

c)

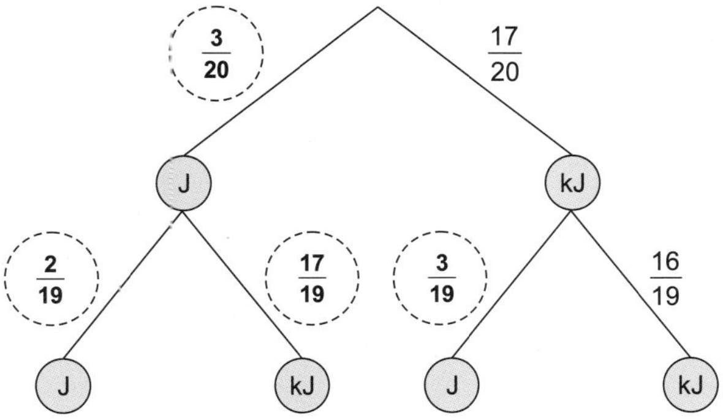

> An jeder Verzweigung muss die Summe der Wahrscheinlichkeiten gleich 100 % sein. Ergänze die zu 1 fehlenden Anteile.
>
> Innerhalb einer Stufe ist der Nenner aller Wahrscheinlichkeiten gleich.
>
> Beachte wieder, dass es sich um ein Ziehen ohne Zurücklegen handelt. In der zweiten Stufe steht daher eine Karte weniger zur Verfügung. Wurde z. B. ein Joker gezogen, sind nur noch zwei weitere Joker im Spiel.

d) $P(\text{mindestens 1x Joker}) = P(J, J) + P(J, kJ) + P(kJ, J)$

$P(\text{mindestens 1x Joker}) = \frac{3}{20} \cdot \frac{2}{19} + \frac{3}{20} \cdot \frac{17}{19} + \frac{17}{20} \cdot \frac{3}{19}$

$P(\text{mindestens 1x Joker}) = \frac{27}{95} \approx 0{,}2842 = 28{,}42\ \%$

Lars gewinnt mit einer Wahrscheinlichkeit von 28,42 %.

> Es gibt insgesamt drei Pfade, die zum Erfolg führen. Wende die Summen- und die Produktregel an.

Alternative Lösungsmöglichkeit:

$P(\text{mindestens 1x Joker}) = 1 - P(kJ, kJ)$

$P(\text{mindestens 1x Joker}) = 1 - \frac{68}{95}$

$P(\text{mindestens 1x Joker}) = \frac{27}{95} \approx 0{,}2842 = 28{,}42\ \%$

Lars gewinnt mit einer Wahrscheinlichkeit von 28,42 %.

> Berechne mithilfe des Gegenereignisses P(kJ, kJ).
> Da Ereignis und Gegenereignis zusammen immer die Wahrscheinlichkeit 1 haben, muss P(kJ, kJ) von 1 abgezogen werden.
>
> P(kJ, kJ) ist bereits in Teilaufgabe b berechnet worden.

e) Das Ereignis (kJ, kJ) hat die Wahrscheinlichkeit $P(kJ, kJ) = \frac{17}{20} \cdot \frac{16}{19}$. Da diese von 1 (= 100 %) subtrahiert wird, ist das gesuchte Ereignis dessen Gegenereignis. Es lautet: „Nora zieht bei zweimaligem Ziehen mindestens einen Joker."

> Bei Noras Berechnung handelt es sich um das Gegenereignis zu Teilaufgabe b.
>
> Das Ereignis ist damit gleich dem in Teilaufgabe d berechneten Ereignis.

4 a)

$$\cos\alpha = \frac{h}{x}$$

$$\cos 4° = \frac{47{,}27\ \text{m}}{x} \qquad |\cdot x$$

$$x \cdot \cos 4° = 47{,}27\ \text{m} \qquad |:\cos 4°$$

$$x = \frac{47{,}27\ \text{m}}{\cos 4°}$$

$$x \approx 47{,}39\ \text{m}$$

Alternative Lösungsmöglichkeit:

$$\beta = 180° - 90° - \alpha = 86°$$

$$\sin\beta = \frac{h}{x}$$

$$\sin 86° = \frac{47{,}27\ \text{m}}{x} \qquad |\cdot x$$

$$x \cdot \sin 86° = 47{,}27\ \text{m} \qquad |:\sin 86°$$

$$x = \frac{47{,}27\ \text{m}}{\sin 86°}$$

$$x \approx 47{,}39\ \text{m}$$

b)

$$h^2 + y^2 = x^2 \qquad |-h^2$$

$$y^2 = x^2 - h^2 \qquad |\text{einsetzen}$$

$$y^2 = (47{,}39\ \text{m})^2 - (47{,}27\ \text{m})^2 \qquad |\sqrt{\ }$$

$$y = \sqrt{(47{,}39\ \text{m})^2 - (47{,}27\ \text{m})^2}$$

$$y \approx 3{,}37\ \text{m}$$

Alternative Lösungsmöglichkeit:

$$\tan\alpha = \frac{y}{h}$$

$$\tan 4° = \frac{y}{47{,}27\ \text{m}} \qquad |\cdot 47{,}27\ \text{m}$$

$$y = \tan 4° \cdot 47{,}27\ \text{m} \approx 3{,}31\ \text{m}$$

c) Neigungswinkel des Turms von Suurhusen:

$$\tan\alpha = \frac{2{,}47\ \text{m}}{23{,}37\ \text{m}} \qquad |\tan^{-1}$$

$$\alpha \approx 6{,}03° > 4°$$

Der Schiefe Turm von Suurhusen müsste demnach im Guinness-Buch der Rekorde stehen.

d)

$$\sin\alpha = \frac{\text{Gegenkathete zu } \alpha}{\text{Hypotenuse}} = \frac{a}{c}$$

$$\cos\beta = \frac{\text{Ankathete zu } \beta}{\text{Hypotenuse}} = \frac{a}{c}$$

$$\Rightarrow \sin\alpha = \cos\beta$$

Hinweise und Tipps

x ist die Hypotenuse im abgebildeten rechtwinkligen Dreieck mit den Katheten y und h.

Verwende den Kosinus und löse nach x auf.

Bestimme den fehlenden Winkel β über die Winkelsumme im Dreieck.

Verwende den Sinus und löse nach x auf.

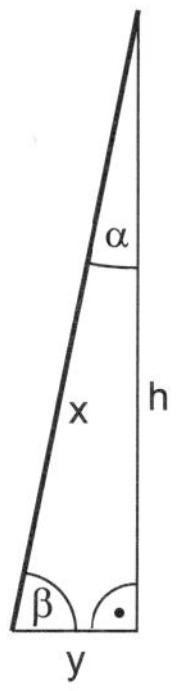

Zwei Seiten eines rechtwinkligen Dreiecks sind gegeben. Berechne die fehlende Kathete y mit dem Satz des Pythagoras.

y ist die Gegenkathete, h die Ankathete zu α im rechtwinkligen Dreieck.

Verwende den Tangens und löse nach y auf.

Die unterschiedlichen Ergebnisse für y lassen sich auf das Rechnen mit gerundeten Zwischenwerten zurückführen.

Berechne den Neigungswinkel α des Schiefen Turms von Suurhusen.

Rechne mit dem Tangens, da Ankathete (Überhang) und Gegenkathete (Höhe über dem Boden) für den Vergleichswinkel α gegeben sind.

Vergleiche mit dem Neigungswinkel 4° des Schiefen Turms von Pisa.

Setze bei den Formeln für Sinus und Kosinus jeweils die Seiten ein. a ist die Gegenkathete des Winkels α und die Ankathete von β.

Abschlussprüfung 2022

Hauptteil I

✐ Hinweise und Tipps

1 a) $\mathbf{12} \cdot 6 = 72$

Rechne rückwärts und teile 72 durch 6.

b) $2{,}7 + 1{,}6 = \mathbf{4{,}3}$

Addiere die ganzen Zahlen und die Dezimalstellen getrennt.
$2{,}7 + 1{,}6 = 3 + 1{,}3 = 4{,}3$

c) $\mathbf{30} - (9+4) = 17$

Beachte, dass Klammern zuerst gerechnet werden.
Bezeichne die gesuchte Zahl mit x und löse mithilfe einer Äquivalenzumformung.

$x - (9+4) = 17$

$x - 13 = 17 \quad | +13$

$x = 30$

d) $\frac{1}{2} : 2 = \mathbf{\frac{1}{4}}$

Wandle 2 in einen Bruch um und nimm mit dem Kehrwert mal.

$\frac{1}{2} : 2 = \frac{1}{2} : \frac{2}{1} = \frac{1}{2} \cdot \frac{1}{2} = \frac{1}{4}$

Alternative Überlegung:
Skizziere einen halben Kreis,
teile diesen durch 2.
Es entstehen zwei Viertelkreise.

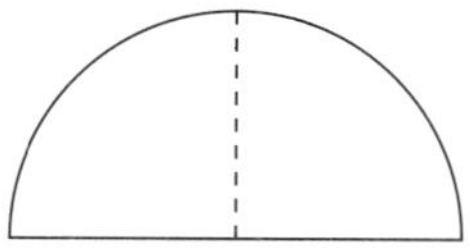

---

2 a) $2{,}3\ \text{km} + 840\ \text{m} = \mathbf{3{,}14}\ \text{km}$

Beachte die geforderte Einheit (km).
Die Umrechnungszahl zwischen m und km ist 1 000:
$840\ \text{m} = 0{,}84\ \text{km}$

b) $0{,}5\ \text{t} + \mathbf{20}\ \text{kg} = 0{,}520\ \text{t}$

Forme um und beachte die geforderte Einheit (kg).
Die Umrechnungszahl bei Masseneinheiten ist 1 000.

$0{,}5\ \text{t} + x = 0{,}520\ \text{t} \quad | -0{,}5\ \text{t}$

$x = 0{,}020\ \text{t} = 20\ \text{kg}$

3

6,24 cm²	62,4 cm²	624 cm²	6 240 cm²
☐	☐	☒	☐

Schätze die Seitenlängen eines DIN-A4-Blattes und mache einen Überschlag.
$20\ \text{cm} \cdot 30\ \text{cm} = 600\ \text{cm}^2 \Rightarrow 624\ \text{cm}^2$ ist korrekt.

---

4 a)

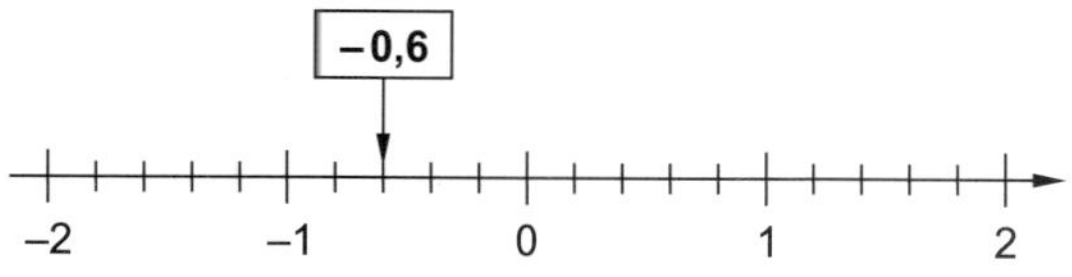

Alternativ:

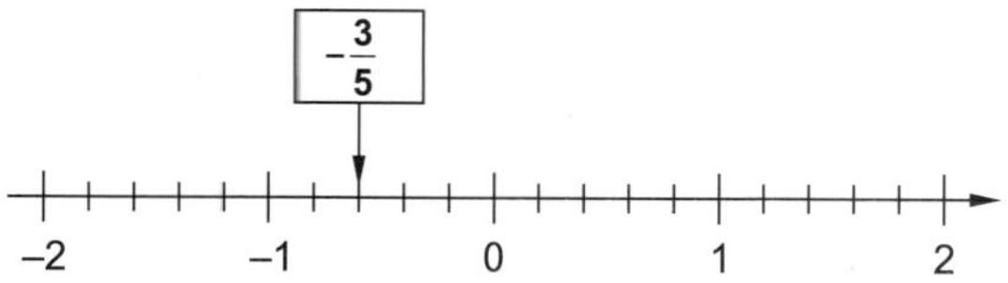

Beachte die Skala und beschrifte ggf. weitere Einheiten.
Ein kleiner Strich entspricht 0,2 bzw. $\frac{1}{5}$.
Da die gesuchte Zahl links von 0 steht, muss sie ein negatives Vorzeichen haben.
Du kannst die Zahl entweder als Dezimalzahl oder als Bruch angeben.

Hinweise und Tipps

b)

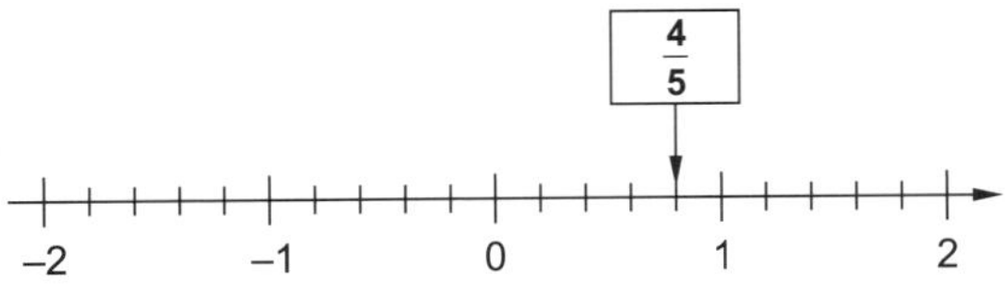

Gehe vier kleine Striche von der Null aus nach rechts.

---

5 a) $7x+12-5x=2x+12$
Für $x=2$ folgt:
$2\cdot 2+12=4+12=\mathbf{16}$

Fasse den Term zuerst zusammen, setze dann ein.

b) $-14+9x-47=-16$
$-61+9x=-16 \quad |+61$
$9x=45 \quad |:9$
$x=\mathbf{5}$

Fasse weiter zusammen und isoliere die Variable x.

c) $4x+13{,}60\text{ €}=47{,}60\text{ €}$

Die Variable x bezeichnet den Preis einer Eintrittskarte.
Markiere die Zahlen und Zahlwörter im Text:
Er kauft eine Tüte Popcorn für 13,60 € und vier Eintrittskarten. Insgesamt bezahlt Thomas 47,60 €.

---

6 a)

Menge	Preis „Roter Boskop“	Preis „Jonagold“
1 kg	2,80 €	3,20 €
2 kg	5,60 €	6,40 €
3 kg	8,40 €	**9,60 €**
5 kg	14,00 €	16,00 €

(Pfeile von 1 kg: · 3 zu 3 kg, · 5 zu 5 kg)

Es liegt eine proportionale Zuordnung vor.
Ergänze Pfeile zwischen den Schritten, die angeben, mit welchem Faktor multipliziert wird.
Den Preis für 3 kg „Jonagold“ kannst du alternativ auch durch Addition der beiden Preise für 1 kg und 2 kg bestimmen: 3,20 € + 6,40 € = 9,60 €.

b) Der Graph gehört zur Apfelsorte **Jonagold**.

Verwende die Werte aus der Tabelle (Teilaufgabe a).
Am leichtesten ist eine Entscheidung an der Stelle 5 kg, da hier der Preisunterschied zwischen beiden Sorten am größten ist. Aufgrund der Achseneinteilung kannst du eindeutig feststellen, dass der zugehörige y-Wert größer ist als 15 €.

Für 20 € erhält man etwa **6,3** kg Äpfel dieser Apfelsorte.

Lies den zu y = 20 € gehörenden x-Wert ab.
Der genaue Wert beträgt 6,25 kg.

c) Die Einteilung auf beiden Achsen ist zu grob. Weder lässt sich der x-Wert 3,5 kg genau einzeichnen noch der dazugehörige Preis eindeutig ablesen.

Versuche selbst, den Preis für 3,5 kg Äpfel mithilfe des Diagramms zu bestimmen. Beschreibe deine Schwierigkeiten.

---

7 a)

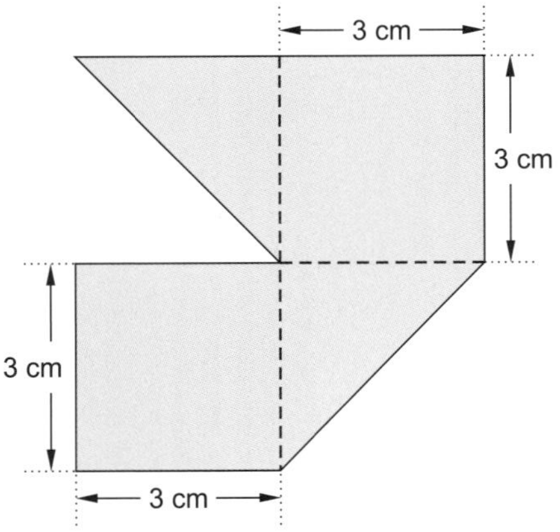

Zerlege die Figur in zwei Quadrate mit Seitenlänge 3 cm und zwei deckungsgleiche Dreiecke.

Alternativ (Ergänzung):

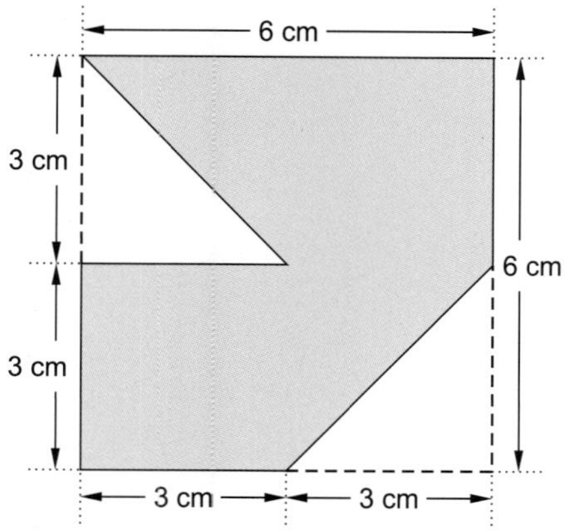

b) $A_{Quadrat} = 3\text{ cm} \cdot 3\text{ cm} = 9\text{ cm}^2$

$A_{Dreieck} = \frac{3\text{ cm} \cdot 3\text{ cm}}{2} = \frac{9\text{ cm}^2}{2}$

$A = 2 \cdot A_{Quadrat} + 2 \cdot A_{Dreieck}$

$A = 2 \cdot 9\text{ cm}^2 + 2 \cdot \frac{9\text{ cm}^2}{2}$

$A = 18\text{ cm}^2 + 9\text{ cm}^2$

$A = \mathbf{27}\text{ cm}^2$

Alternative Lösungsmöglichkeit:

$A_{Quadrat} = 6\text{ cm} \cdot 6\text{ cm} = 36\text{ cm}^2$

$A_{Dreieck} = \frac{3\text{ cm} \cdot 3\text{ cm}}{2} = \frac{9\text{ cm}^2}{2}$

$A = A_{Quadrat} - 2 \cdot A_{Dreieck}$

$A = 36\text{ cm}^2 - 9\text{ cm}^2$

$A = \mathbf{27}\text{ cm}^2$

c) $A_{Quadrat} = 2x \cdot 2x = 4x^2$

$A_{Dreieck} = \frac{2x \cdot 2x}{2} = 2x^2$

$A = 2 \cdot A_{Quadrat} + 2 \cdot A_{Dreieck} = 2 \cdot 4x^2 + 2 \cdot 2x^2 = \mathbf{12x^2}$

Alternativ:

$A_{Quadrat} = 4x \cdot 4x = 16x^2$

$A_{Dreieck} = \frac{2x \cdot 2x}{2} = 2x^2$

$A = A_{Quadrat} - 2 \cdot A_{Dreieck} = 16x^2 - 2 \cdot 2x^2 = \mathbf{12x^2}$

✎ Hinweise und Tipps

Ergänze zu einem großen Quadrat mit Seitenlänge 6 cm.

Berechne nach der Einteilung in Teilaufgabe a.

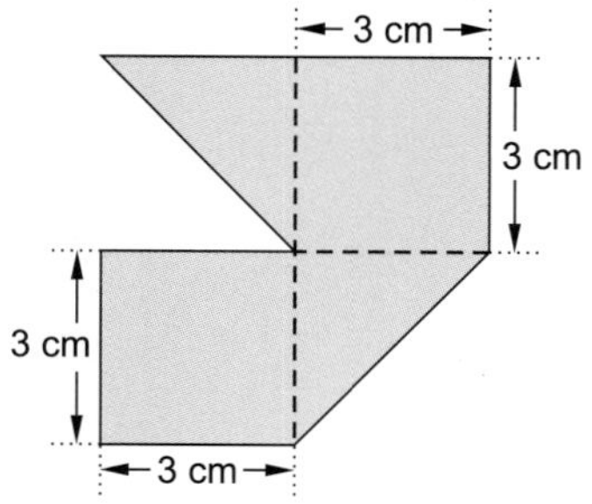

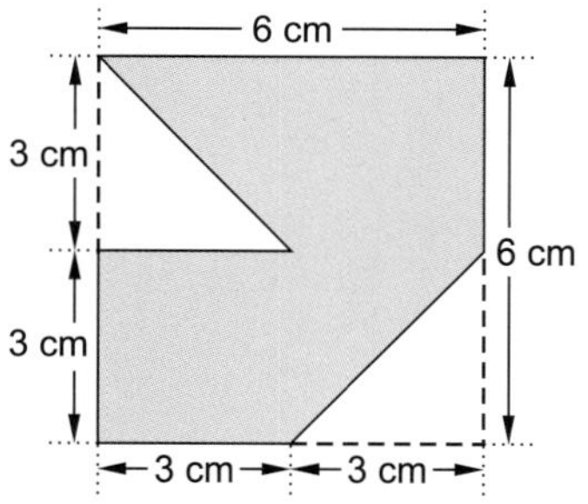

Die beiden ergänzten deckungsgleichen Dreiecke müssen vom Flächeninhalt des Quadrates subtrahiert werden.

Die Abbildung zeigt eine Figur, die ähnlich zu der Figur aus den vorherigen Teilaufgaben ist. Nutze daher deine Lösung aus Teilaufgabe b und setze 2x statt 3 cm ein.

Hinweise und Tipps

8 a)

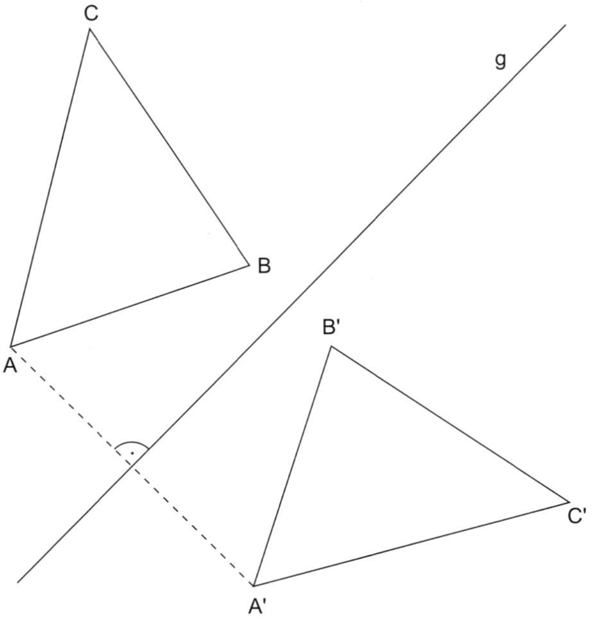

Verbinde den Punkt A senkrecht mit der Spiegelachse g und trage die Entfernung zwischen beiden auf der anderen Seite ab. Verwende dazu am besten dein Geodreieck.

Benenne den entstandenen Punkt mit A' und verbinde ihn mit B' und C' zu einem Dreieck.

b)

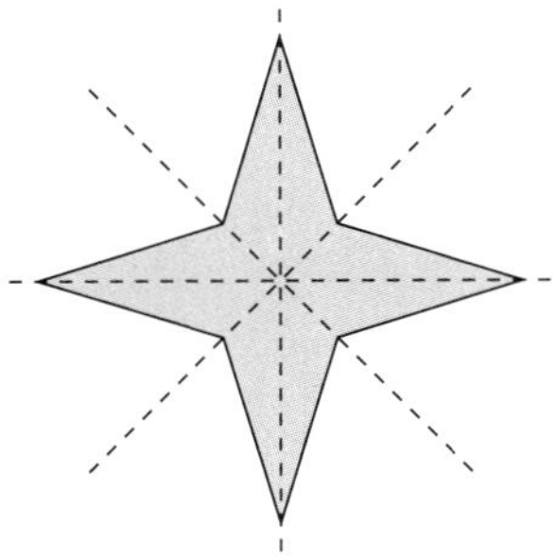

Der Stern hat insgesamt vier Symmetrieachsen.

c) Bei einer Spiegelung an der Geraden kommen die beiden Pfeile nicht aufeinander zu liegen. Sie ist daher keine Spiegelachse.

Überlege dir anhand der Skizze, wie die Spiegelung aussehen müsste.

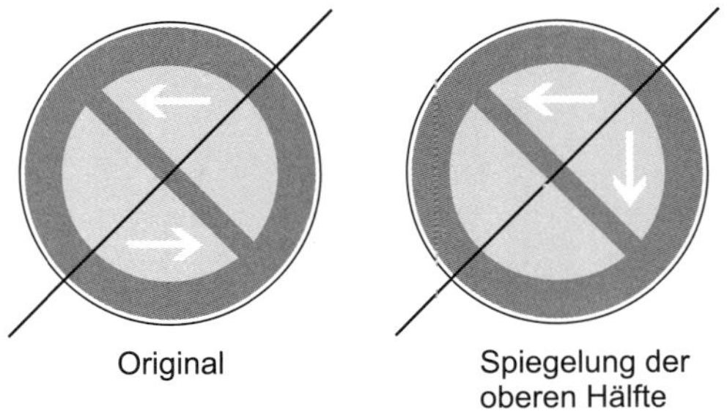

Hauptteil II

Hinweise und Tipps

1 a) $W = G \cdot \frac{p}{100} = 14\,560\,€ \cdot \frac{116}{100} = 16\,889,60\,€$

Alternativ mit dem Dreisatz:

$$\begin{array}{rrcrl} :100 & 100\,\% & \triangleq & 14\,560,00\,€ & :100 \\ & 1\,\% & \triangleq & 145,60\,€ & \\ \cdot 116 & 116\,\% & \triangleq & 16\,889,60\,€ & \cdot 116 \end{array}$$

Alternativ:

$p\,\% = 16\,\% \Rightarrow q = 1 + \frac{p}{100} = 1 + \frac{16}{100} = 1,16$

$G_1 = G_0 \cdot q^1 = 14\,560\,€ \cdot 1,16 = 16\,889,60\,€$

Berechne mit der Formel oder dem Dreisatz.

Gesucht ist der Prozentwert zum Prozentsatz $p\,\% = 100\,\% + 16\,\% = 116\,\%$.

Rechne beim Dreisatz zuerst auf 1 % zurück.

Arbeite mit dem Prozentfaktor.

Achte darauf, dass bei Geldbeträgen immer zwei Stellen nach dem Komma angegeben werden müssen.

b) $G = \frac{W \cdot 100}{p} = \frac{8\,900\,€ \cdot 100}{119} = 7\,478,99\,€$

$W = G \cdot \frac{p}{100} = 7\,478,99\,€ \cdot \frac{116}{100} = 8\,675,63\,€ \neq 8\,633\,€$

Alternativ mit dem Dreisatz:

$$\begin{array}{rrcrl} :119 & 119\,\% & \triangleq & 8\,900,00\,€ & :119 \\ & 1\,\% & \triangleq & 74,79\,€ & \\ \cdot 116 & 116\,\% & \triangleq & 8\,675,63\,€ & \cdot 116 \end{array}$$

$8\,675,63\,€ \neq 8\,633\,€$

Alternativ:

$8\,900\,€ : 1,19 \approx 7\,478,99\,€$

$7\,478,99\,€ \cdot 1,16 \approx 8\,675,63\,€ \neq 8\,633\,€$

Der Preis von 8 900 € enthält die Mehrwertsteuer von 19 %, d. h., der Grundwert muss erst ermittelt werden.

Rechne zuerst auf 1 % zurück.

Rechne wieder mit dem Prozentfaktor.

c) Nein, Olga hat das Diagramm nicht richtig interpretiert, da die y-Achse bei 400 Personen und nicht bei 0 Personen beginnt. Daher wirkt die rechte Säule niedriger. Das Vierfache von 650 (rechte Säule) wäre 3 000, tatsächlich entspricht die linke Säule aber weniger als 1 400 Personen.

Beachte die Achseneinteilung des Diagramms.

Die linke Säule wirkt zwar ca. viermal so hoch wie die rechte, wäre aber eigentlich nur gut doppelt so hoch.

Jede nachvollziehbare Begründung kann als richtige Lösung gewertet werden.

---

2 a)

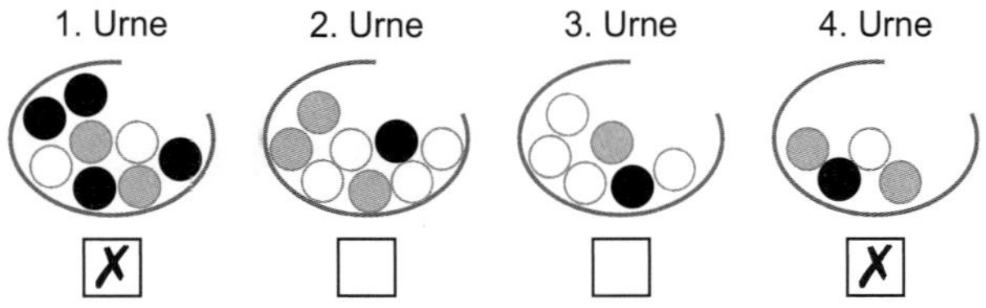

Für die Wahrscheinlichkeit eines Ereignisses E gilt:

$P(E) = \frac{\text{Anzahl günstiger Ergebnisse}}{\text{Anzahl möglicher Ergebnisse}}$

Ermittle für jede Urne die Anzahl der weißen Kugeln und die Anzahl aller Kugeln.

Die erste Urne muss auch angekreuzt werden, da $\frac{2}{8} = \frac{1}{4}$.

b)

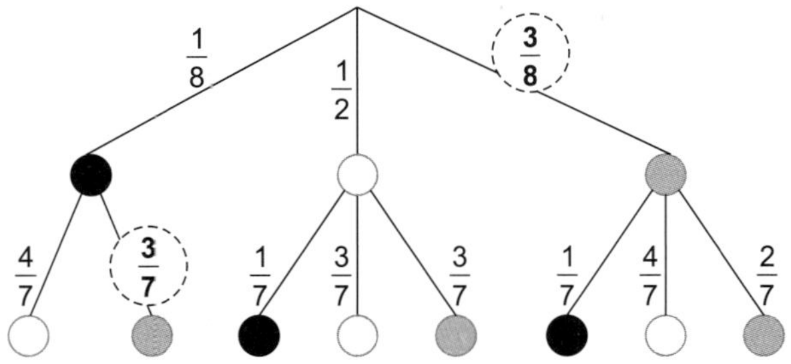

Die Summe der Wahrscheinlichkeiten muss an jeder Verzweigung 1 (100 %) ergeben.

Beachte, dass es sich um ein Ziehen ohne Zurücklegen handelt. In der 2. Stufe steht daher eine Kugel weniger zur Verfügung und die Wahrscheinlichkeiten ändern sich entsprechend.

Rechts oben:

$1 - \frac{1}{8} - \frac{1}{2} = \frac{8}{8} - \frac{1}{8} - \frac{4}{8} = \frac{3}{8}$

Links unten:

$1 - \frac{4}{7} = \frac{7}{7} - \frac{4}{7} = \frac{3}{7}$

c) $P(1\times S, 1\times W) = P(S, W) + P(W, S)$

$P(1\times S, 1\times W) = \frac{1}{8}\cdot\frac{4}{7} + \frac{1}{2}\cdot\frac{1}{7}$

$P(1\times S, 1\times W) = \frac{4}{56} + \frac{1}{14}$

$P(1\times S, 1\times W) = \frac{8}{56} = \frac{1}{7} \approx 0{,}1429 = 14{,}29\,\%$

Die Wahrscheinlichkeit, dass Lisa eine schwarze und eine weiße Kugel in beliebiger Reihenfolge zieht, beträgt ca. 14,29 %.

Hinweise und Tipps

Die beiden Pfade P(S, W) und P(W, S) führen zum Erfolg.
Wende die Summen- und die Produktregel an.
Entnimm die Einzelwahrscheinlichkeiten entlang eines Pfades dem Baumdiagramm.

---

3 a)

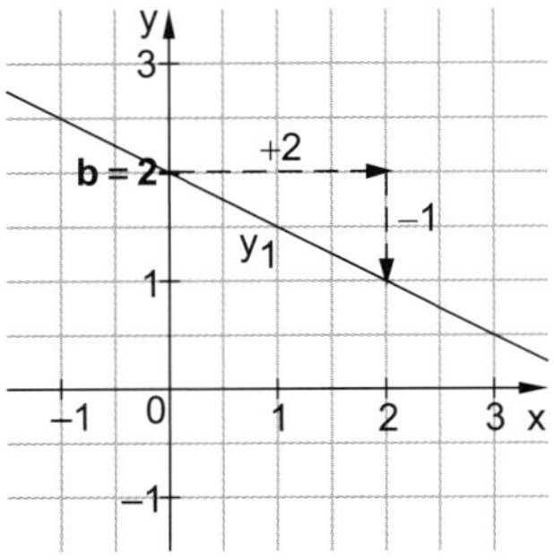

Funktionsgleichung: $y_1 = -\frac{1}{2}x + 2 = -0{,}5x + 2$

Eine Geradengleichung hat immer die Form $y = m \cdot x + b$.
Lies den y-Achsenabschnitt b als Schnittstelle der Geraden mit der y-Achse ab.
Ermittle die Steigung m mit einem Steigungsdreieck. Beachte dabei die Richtung der Geraden: fallende Geraden haben eine negative Steigung:

$m = \frac{\Delta y}{\Delta x} = \frac{-1}{2} = -\frac{1}{2} = -0{,}5$

Du kannst m entweder als Bruch oder als Dezimalbruch schreiben.

b)

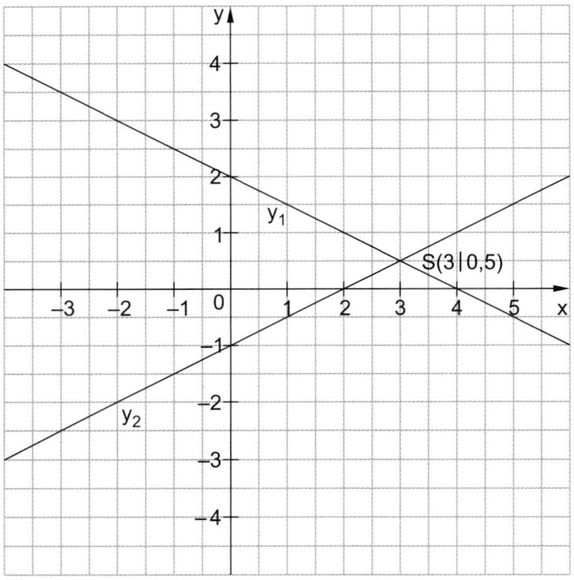

Schnittpunkt S(3 | 0,5)

Zeichne den Graphen der Funktion y_2 in das Koordinatensystem ein und lies den Schnittpunkt ab.
Wertetabelle zu $y_2 = \frac{1}{2}x - 1$:

x	0	1	2	3	4
y_2	−1	−0,5	0	0,5	1

Alternative Lösung mit dem Gleichsetzungsverfahren:

I $\quad y = -\frac{1}{2}x + 2$

II $\quad y = \frac{1}{2}x - 1$

$I = II$

$-\frac{1}{2}x + 2 = \frac{1}{2}x - 1 \quad \left| + \frac{1}{2}x \right.$

$2 = x - 1 \quad | +1$

$3 = x$

Ermittle mit einem der bekannten Lösungsverfahren für lineare Gleichungssysteme den Schnittpunkt der beiden Geraden.
Da beide Gleichungen nach y aufgelöst sind, führen das Gleichsetzungs- und das Einsetzungsverfahren in diesem Fall zum gleichen Lösungsweg.

✎ Hinweise und Tipps

x = 3 in II einsetzen:

$y = \frac{1}{2} \cdot 3 - 1 = \frac{1}{2} \quad \Rightarrow$ Schnittpunkt S(3 | 0,5)

oder x = 3 in I einsetzen:

$y = -\frac{1}{2} \cdot 3 + 1 = \frac{1}{2}$

c) $y = -\frac{1}{2}x + 1$

Alternativ:

$y = -\frac{1}{2}x + b$ mit $b \neq 2$

Eine parallele Gerade muss dieselbe Steigung m wie die Ausgangsgerade haben. Da die beiden Geraden nicht aufeinanderliegen sollen, muss der y-Achsenabschnitt b ungleich 2 sein.

---

4 a) $a^2 + (8\text{ cm})^2 = (12\text{ cm})^2$

$a^2 + 64\text{ cm}^2 = 144\text{ cm}^2 \quad | -64\text{ cm}^2$

$a^2 = 80\text{ cm}^2 \quad | \sqrt{}$

$a \approx 8{,}94\text{ cm}$

Die Strecke a ist eine Kathete im rechtwinkligen Dreieck. Wende den Satz des Pythagoras an.

b) $a = d = 8{,}94\text{ cm} \quad \Rightarrow \quad r = 8{,}94\text{ cm} : 2 = 4{,}47\text{ cm}$

$A_{\text{Halbkreis}} = \frac{\pi \cdot r^2}{2} = \frac{\pi \cdot (4{,}47\text{ cm})^2}{2} \approx 31{,}39\text{ cm}^2$

$A_{\text{Dreieck}} = \frac{g \cdot h}{2} = \frac{8{,}94\text{ cm} \cdot 8\text{ cm}}{2} = 35{,}76\text{ cm}^2$

$A = A_{\text{Halbkreis}} + A_{\text{Dreieck}}$

$A = 31{,}39\text{ cm}^2 + 35{,}76\text{ cm}^2$

$A = 67{,}15\text{ cm}^2$

Der Flächeninhalt der abgebildeten Figur beträgt 67,15 cm².

Die Figur setzt sich aus einem halben Kreis und einem rechtwinkligen Dreieck zusammen. Berechne zuerst beide Teilflächen und addiere diese anschließend.

Beachte, dass a der Durchmesser des Halbkreises ist, aber der Radius r für die Formel benötigt wird.

Alternativ mit a = 8,34 cm:

$a = d = 8{,}34\text{ cm} \quad \Rightarrow \quad r = 8{,}34\text{ cm} : 2 = 4{,}17\text{ cm}$

$A_{\text{Halbkreis}} = \frac{\pi \cdot r^2}{2} = \frac{\pi \cdot (4{,}17\text{ cm})^2}{2} \approx 27{,}31\text{ cm}^2$

$A_{\text{Dreieck}} = \frac{g \cdot h}{2} = \frac{8{,}34\text{ cm} \cdot 8\text{ cm}}{2} = 33{,}36\text{ cm}^2$

$A = A_{\text{Halbkreis}} + A_{\text{Dreieck}}$

$A = 27{,}31\text{ cm}^2 + 33{,}36\text{ cm}^2$

$A = 60{,}67\text{ cm}^2$

Der Flächeninhalt der abgebildeten Figur beträgt 60,67 cm².

c) Damit der Flächeninhalt der Figur viermal so groß wird, müssen alle Längen …

☒ verdoppelt werden.
☐ verdreifacht werden.
☐ vervierfacht werden.

Überlege anhand der Flächenformeln für beide Teilfiguren, wie sich die Flächeninhalte verändern.

$A_{\text{Halbkreis}} = \frac{\pi \cdot r^2}{2}$

$A_{\text{Dreieck}} = \frac{g \cdot h}{2}$

Wird z. B. der Radius verdoppelt, vervierfacht sich die Fläche des Halbkreises.

---

5 a) $\tan\gamma = \frac{c}{b}$ ☒ $\sin\gamma = \frac{c}{b}$ ☐ $\cos\gamma = \frac{c}{b}$ ☐

Überprüfe die Antwortmöglichkeiten mithilfe der Formelsammlung. Es gilt:

$\tan\gamma = \frac{\text{Gegenkathete}}{\text{Ankathete}}$

b ist die Ankathete, c die Gegenkathete zum Winkel γ im rechtwinkligen Dreieck ABC.

Hinweise und Tipps

b) $\sin 37° = \frac{9\text{ cm}}{a} \quad |\cdot a$

$a \cdot \sin 37° = 9\text{ cm} \quad |: \sin 37°$

$a = \frac{9\text{ cm}}{\sin 37°}$

$a \approx 14{,}95\text{ cm}$

Beachte, dass die gesuchte Seite a die Hypotenuse ist.
Es gilt: $\sin 37° = \frac{\text{Gegenkathete}}{\text{Hypotenuse}}$

Alternative Lösungsmöglichkeit:

$\tan 37° = \frac{9\text{ cm}}{c} \quad |\cdot c$

$c \cdot \tan 37° = 9\text{ cm} \quad |: \tan 37°$

$c = \frac{9\text{ cm}}{\tan 37°}$

$c \approx 11{,}94\text{ cm}$

Berechne erst c mithilfe des Tangens. c ist die Ankathete, b die Gegenkathete zum Winkel 37°.

$a^2 = b^2 + c^2 \quad |\sqrt{}$

$a = \sqrt{(9\text{ cm})^2 + (11{,}94\text{ cm})^2}$

$a \approx 14{,}95\text{ cm}$

Nutze dann den Satz des Pythagoras, um a zu bestimmen.

---

6 a) $r_{groß} = 2{,}6\text{ cm} : 2 = 1{,}3\text{ cm}$

$r_{klein} = 2{,}5\text{ cm} : 2 = 1{,}25\text{ cm}$

$V_{groß} = \pi \cdot r_{groß}^2 \cdot h_k$

$V_{groß} = \pi \cdot (1{,}3\text{ cm})^2 \cdot 500\text{ cm}$

$V_{groß} \approx 2\,654{,}65\text{ cm}^3$

$V_{klein} = \pi \cdot r_{klein}^2 \cdot h_k$

$V_{klein} = \pi \cdot (1{,}25\text{ cm})^2 \cdot 500\text{ cm}$

$V_{klein} \approx 2\,454{,}37\text{ cm}^3$

Das Rohr hat die Form eines Hohlzylinders. Beachte, dass seine Länge in Metern angegeben wird. Rechne diese in cm um.

Berechne die Volumina des kleineren und des größeren Zylinders mithilfe der Formel. Da in der Abbildung die Durchmesser angegeben sind, musst du zuerst die Radien berechnen.

$V_{Rohr} = V_{groß} - V_{klein}$

$V_{Rohr} = 2\,654{,}65\text{ cm}^3 - 2\,454{,}37\text{ cm}^3$

$V_{Rohr} = 200{,}28\text{ cm}^3$

Subtrahiere dann beide Volumina, um das Volumen des Rohrs zu erhalten.

b) $m = V \cdot \rho = 200{,}28\text{ cm}^3 \cdot 8{,}96\,\frac{\text{g}}{\text{cm}^3} \approx 1\,794{,}51\text{ g}$

Multipliziere das Volumen mit der Masse von 1 cm^3 Kupfer (der Dichte ρ).

Alternativ mit $V = 273{,}45\text{ cm}^3$:

$m = V \cdot \rho = 273{,}45\text{ cm}^3 \cdot 8{,}96\,\frac{\text{g}}{\text{cm}^3} \approx 2\,450{,}11\text{ g}$

Wahlaufgaben

1 a) $\beta = 180° - 90° - 41° = 49°$
Anna hat also recht.

Hinweise und Tipps: Berechne β über die Winkelsumme im linken Dreieck. Diese beträgt 180°.

b)

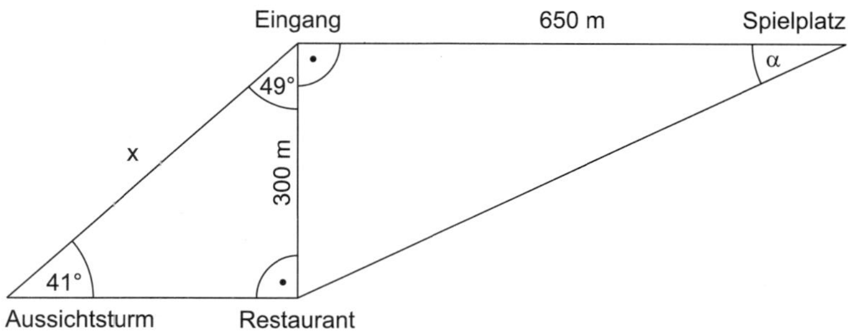

Zeichne den Winkel $\beta = 49°$ mit dem Geodreieck (verlängere ggf. die Strecke Restaurant–Eingang).

Zeichne die Strecke Aussichtsturm–Restaurant senkrecht zur Strecke Restaurant–Eingang.

Miss die Strecke Restaurant–Eingang (3 cm) und berechne den Umwandlungsfaktor von cm zu m. Es gilt:
3 cm ≙ 300 m ⇒ 1 cm ≙ 100 m
Die Strecke Eingang–Spielplatz ist also 6,5 cm lang.

c)

1 : 100	1 : 1 000	1 : 10 000
☐	☐	☒

Verwende deine Messung aus Teilaufgabe b und beachte die Umrechnungszahl von m zu cm.

Maßstab 1 : 10 000 bedeutet 1 cm ≙ 10000 cm (= 100 m) in Wirklichkeit.

d)
$$\tan\alpha = \frac{\text{Gegenkathete}}{\text{Ankathete}}$$
$$\tan\alpha = \frac{300\text{ m}}{650\text{ m}} \qquad \mid \tan^{-1}$$
$$\alpha \approx 24{,}78°$$

Im rechtwinkligen Dreieck Restaurant–Eingang–Spielplatz sind die Ankathete und die Gegenkathete zum gesuchten Winkel α gegeben.

Zur Kontrolle kann der Winkel α aus der maßstäblichen Zeichnung von Teilaufgabe b abgelesen werden. Die Aufgabenstellung verlangt aber eine Rechnung.

e)
$$\sin 41° = \frac{300\text{ m}}{x} \qquad \mid \cdot x$$
$$x \cdot \sin 41° = 300\text{ m} \qquad \mid : \sin 41°$$
$$x = \frac{300\text{ m}}{\sin 41°}$$
$$x \approx 457{,}28\text{ m}$$

Im rechtwinkligen Dreieck Aussichtsturm–Restaurant–Eingang sind der Winkel 41° und die zugehörige Gegenkathete bekannt, gesucht ist die Hypotenuse x. Rechne daher mit dem Sinus.

Alternative Lösungsmöglichkeit:
$$\cos 49° = \frac{300\text{ m}}{x} \qquad \mid \cdot x$$
$$x \cdot \cos 49° = 300\text{ m} \qquad \mid : \cos 49°$$
$$x = \frac{300\text{ m}}{\cos 49°}$$
$$x \approx 457{,}28\text{ m}$$

Die Strecke Eingang–Restaurant ist die Ankathete zum Winkel $\beta = 49°$ im selben Dreieck. Löse mit dem Kosinus.

✎ Hinweise und Tipps

2 a) ☐ Pyramide
☐ Kegel
☐ Kugel
☒ Halbkugel
☒ Zylinder
☐ Quader

Der Schokokuss hat eine kreisförmige Grundfläche.

Da die Deckfläche des unteren Zylinders gleich der Grundfläche des oberen Teilkörpers sein muss, kommt von den angegebenen Möglichkeiten nur eine Halbkugel in Frage.

b) Entlang der Länge: 20 cm : 3,8 cm = 5,26…
Entlang der Breite: 16 cm : 3,8 cm = 4,21…
Übereinander: 19 cm : 6,2 cm = 3,06…

$5 \cdot 4 \cdot 3 = 60$

Es können maximal 60 Schokoküsse in diesem Karton verpackt werden.

Die Grundfläche des Kartons ist ein Rechteck. Berechne, wie viele Schokoküsse mit Durchmesser 3,8 cm jeweils entlang der Länge und Breite nebeneinander verpackt werden können.

Bestimme die maximale Anzahl an Schichten übereinander. Beachte, dass ein Schokokuss 4,3 cm + 1,9 cm = 6,2 cm hoch ist.

c) $V_{\text{Halbkugel}} = \frac{1}{2} \cdot V_{\text{Kugel}}$

$V_{\text{Halbkugel}} = \frac{1}{2} \cdot \frac{4}{3} \cdot \pi \cdot r^3$

$V_{\text{Halbkugel}} = \frac{2}{3} \cdot \pi \cdot (1,9 \text{ cm})^3$

$V_{\text{Halbkugel}} \approx 14,37 \text{ cm}^3$

$V_{\text{Zylinder}} = \pi \cdot r^2 \cdot h_k$

$V_{\text{Zylinder}} = \pi \cdot (1,9 \text{ cm})^2 \cdot 4,3 \text{ cm}$

$V_{\text{Zylinder}} \approx 48,77 \text{ cm}^3$

$V_{\text{Schokokuss}} = V_{\text{Halbkugel}} + V_{\text{Zylinder}}$

$V_{\text{Schokokuss}} = 14,37 \text{ cm}^3 + 48,77 \text{ cm}^3$

$V_{\text{Schokokuss}} = 63,14 \text{ cm}^3$

Der Schokokuss ist ein zusammengesetzter Körper aus einer Halbkugel und einem Zylinder (s. Teilaufgabe a). Berechne zuerst die Volumina der Teilkörper.

Benutze für die Halbkugel die Volumenformel der Kugel und multipliziere mit $\frac{1}{2}$.

Addiere beide Teilvolumina, um das Volumen des Gesamtkörpers zu erhalten.

d) $V_{\text{Halbkugel}} = \frac{2}{3} \cdot \pi \cdot r^3$

$V_{\text{Zylinder}} = \pi \cdot r^2 \cdot h_k = \pi \cdot r^2 \cdot 2r = 2\pi \cdot r^3$

$V_{\text{Schokokuss}} = V_{\text{Halbkugel}} + V_{\text{Zylinder}}$

$V_{\text{Schokokuss}} = \frac{2}{3} \cdot \pi \cdot r^3 + 2\pi \cdot r^3$

$V_{\text{Schokokuss}} = \frac{8}{3} \cdot \pi \cdot r^3$

Betrachte die Formeln aus Teilaufgabe c.

Ersetze in der allgemeinen Formel für Zylinder die Körperhöhe durch 2r. Fasse die Potenz zusammen und addiere zur Formel für die Halbkugel.

πr^3 steht in beiden Summanden. Fasse zusammen.

$\frac{2}{3} + 2 = \frac{2}{3} + \frac{6}{3} = \frac{8}{3}$

✎ Hinweise und Tipps

3 a) $70 \cdot 70\,\% = 70 \cdot 0{,}7 = 49$

Eine Abnahme um 30 % bedeutet, dass noch 70 % des Farbstoffs erhalten bleiben. Gehe vom Wert für 10 Minuten aus einen Schritt weiter.

Alternativ:

$G_n = G_0 \cdot q^n = 100\,\% \cdot 0{,}7^2 = 49\,\%$

Setze n = 2 in die Formel für exponentiellen Zerfall ein (vgl. Teilaufgabe d).

Vollständige Tabelle:

Zeit in Minuten	0	10	20	30	40	50	…	80
Farbstoffmenge in %	100	70	**49**	34,3	24	16,8	…	5,8

b) 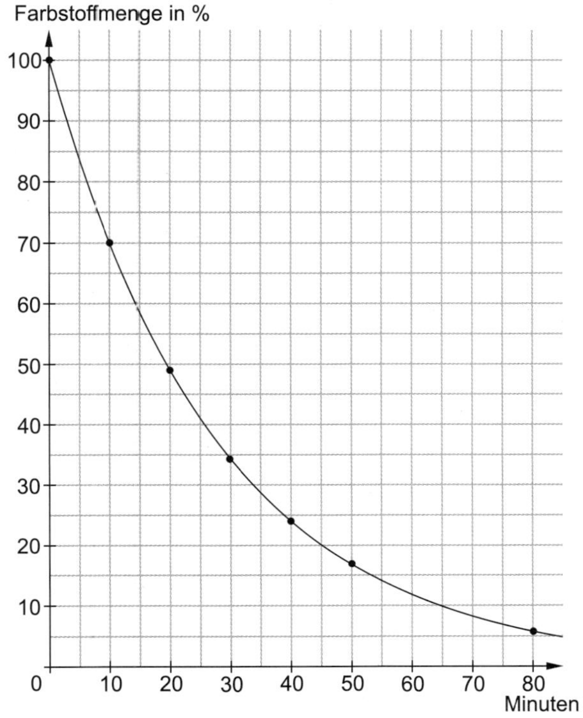

Beschrifte die Achsen eindeutig und verbinde die Werte zu einer Kurve.

Achte darauf, sehr sauber und ordentlich zu arbeiten. Dann kannst du die Teilaufgaben d und e auch durch Ablesen aus dem Graphen lösen.

c) linear ☐ quadratisch ☐ exponentiell ☒

Betrachte die Zeichnung in Teilaufgabe b.
Der Graph ist weder eine Gerade (linear) noch eine Parabel (quadratisch). Die Zuordnung muss also exponentiell sein.

d) $G_n = G_0 \cdot q^n$

$G_{2,5} = 100\,\% \cdot 0{,}7^{2,5} \approx 41\,\%$

Nach 25 Minuten sind noch ca. 41 % des Farbstoffs vorhanden.

Du benötigst für die rechnerische Lösung die Formel für exponentielle Prozesse. Da es sich um eine exponentielle Abnahme handelt, ist $q < 1$.

Beachte, dass es sich bei 25 Minuten und einer Schrittlänge von 10 Minuten um einen Zwischenschritt handelt. Der Exponent ist daher nicht ganzzahlig ($n = 25 : 10 = 2{,}5$).

Falls du den Wert aus dem Graphen abliest, werden Werte von 39 % bis 43 % als richtig gewertet.

e) *Lösung durch Probieren:*

$G_n = 100\,\% \cdot 0{,}7^n \stackrel{!}{=} 10\,\%$

Fortgeführte Tabelle:

Zeit in Minuten	60	64	65	66	70
Farbstoff-menge in %	**11,76**	**10,20**	**9,84**	**9,50**	**8,24**

Nach ca. 65 Minuten sind noch 10 % des Farbstoffs vorhanden.

Aus der Tabelle kannst du erkennen, dass der gesuchte Wert zwischen 50 und 80 Minuten liegen muss. Setze daher zunächst n = 6 und n = 7 in die Formel ein. Taste dich von dort immer näher an den Zielwert von 10 % heran.
Du musst mit Zwischenschritten rechnen, z. B. n = 6,4 für 64 Minuten.

Lösung durch Ablesen:

Nach ca. 65 Minuten sind noch 10 % des Farbstoffs da.

Es werden Werte von 63 Minuten bis 67 Minuten als richtig gewertet.

Hinweise und Tipps

Alternative Lösungsmöglichkeit (mit Logarithmus):

$G_n = G_0 \cdot q^n$

$10\,\% = 100\,\% \cdot 0{,}7^n \quad |:100\,\%$

$0{,}1 = 0{,}7^n \quad |\log_{0,7}$

$\log_{0,7} 0{,}1 = n$

$n \approx 6{,}46$

Nutze die Formel für die exponentielle Abnahme. Gesucht ist die Zahl der Schritte n.

Berechne mit dem Logarithmus.

$6{,}46 \cdot 10$ Minuten $= 64{,}6$ Minuten

Nach ca. 65 Minuten sind noch 10 % des Farbstoffs vorhanden.

Multipliziere mit der Schrittlänge von 10 Minuten.

f) Der Patient ist gesund. 0,1 g entspricht der Hälfte des Ausgangswertes 0,2 g und stimmt gut mit dem Wert von 49 % für eine gesunde Bauchspeicheldrüse überein (vgl. Teilaufgabe a).

Nutze die vervollständigte Tabelle aus Teilaufgabe a.

Da gemessene Werte immer mit einem gewissen Fehler behaftet und daher nie genau sind, ist der Unterschied von 1 % gegenüber dem erwarteten Wert vernachlässigbar.

---

4 a)

Funktionsgleichung	**Graph**	**Scheitelpunkt**
$y = x^2 - 3$	**2**	S(0 | −3)
$y = (x-1)^2$		S(1 | 0)
$y = (x+2)^2 - 2$	**1**	S(−2 | −2)
$y = (x-3)^2$	**3**	S(3 | 0)
$y = -(x+2)^2 + 3$		S(−2 | 3)
$y = -x^2 + 2$	**4**	S(0 | 2)

Der Scheitelpunkt S(d | e) einer verschobenen Parabel kann aus der Scheitelpunktform $y = a(x-d)^2 + e$ abgelesen werden. Der Parameter d beschreibt die Verschiebung nach links ($d < 0$) oder rechts ($d > 0$), der Parameter e die Verschiebung nach oben ($e > 0$) oder unten ($e < 0$).

Ergänze eine Spalte mit den jeweiligen Scheitelpunkten.

Lies die Scheitelpunkte aus der Abbildung ab und vergleiche mit den Koordinaten, die sich jeweils aus der Funktionsgleichung ergeben.

b) $y(-2) = (-2)^2 + 2 \cdot (-2) - 4 = 4 - 4 - 4 = -4$

Setze $x = -2$ in die Funktionsgleichung ein.

Vollständige Wertetabelle:

x	−4	−3	−2	−1	0	1	2
$y = x^2 + 2x - 4$	4	−1	**−4**	−5	−4	−1	4

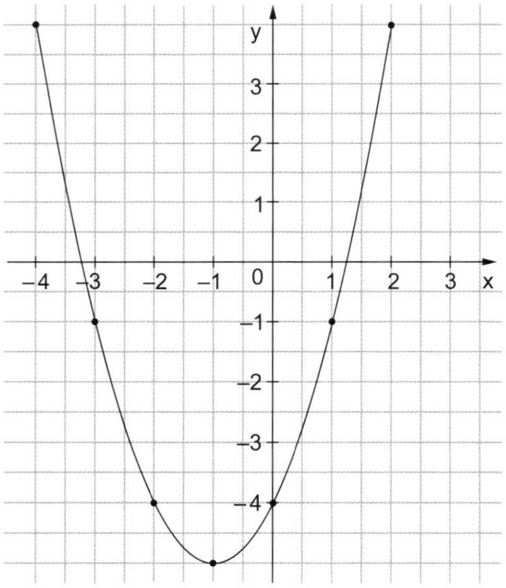

Achte beim Anlegen des Koordinatensystems darauf, dass alle Punkte aus der Wertetabelle eingezeichnet werden können.

Trage die Punkte aus der Wertetabelle ein und zeichne die Parabel mithilfe der Parabelschablone.

c) Durch Ablesen:
Scheitelpunkt S(−1 | −5)

Alternative Lösungsmöglichkeit:

$y = x^2 + 2x - 4$

$y = (x+1)^2 - 1 - 4$

$y = (x+1)^2 - 5$

Scheitelpunkt S(−1 | −5)

Hinweise und Tipps: Lies den Scheitelpunkt aus der Zeichnung (Teilaufgabe b) ab.

Forme die Funktionsgleichung mithilfe der quadratischen Ergänzung zur Scheitelpunktform um.
Lies dann die Koordinaten aus der Formel ab.

d) $x^2 + 2x - 4 = 0 \Rightarrow p = +2$ und $q = -4$

$$x_{1/2} = -\frac{p}{2} \pm \sqrt{\left(\frac{p}{2}\right)^2 - q}$$

$$x_{1/2} = -\frac{2}{2} \pm \sqrt{\left(\frac{2}{2}\right)^2 - (-4)}$$

$$x_{1/2} = -1 \pm \sqrt{5}$$

$$x_1 = -1 + \sqrt{5} \approx 1{,}24$$

$$x_2 = -1 - \sqrt{5} \approx -3{,}24$$

Löse mit der p-q-Formel. Bestimme p und q und setze in die Formel ein.

Alternative Lösungsmöglichkeit:

$$x^2 + 2x - 4 = 0$$

$$(x+1)^2 - 1 - 4 = 0$$

$$(x+1)^2 - 5 = 0 \quad |+5$$

$$(x+1)^2 = 5 \quad |\sqrt{\ }$$

$$x + 1 = \pm\sqrt{5} \quad |-1$$

$$x_1 = \sqrt{5} - 1 \approx 1{,}24$$

$$x_2 = -\sqrt{5} - 1 \approx -3{,}24$$

Löse mithilfe der quadratischen Ergänzung.

e) $D = \left(\frac{p}{2}\right)^2 - q = \left(\frac{2}{2}\right)^2 - q = 1 - q \overset{!}{<} 0$

$\Rightarrow q > 1$

Veränderte Funktionsgleichung:

$y = x^2 + 2x + 4$

Alternative Lösungsmöglichkeit:

$y = -x^2 + 2x - 4$

Eine quadratische Funktion hat keine Nullstellen, wenn der Scheitelpunkt oberhalb der x-Achse liegt und die Parabel nach oben geöffnet ist. Es gilt dann:

$$D = \left(\frac{p}{2}\right)^2 - q < 0$$

Bestimme q so, dass die Ungleichung erfüllt wird.

Eine nach unten geöffnete Parabel, deren Scheitelpunkt eine negative y-Koordinate hat, hat ebenfalls keine Nullstellen.
Ergänze ein Minus vor dem x^2:

$y = -x^2 + 2x - 4$

$p = -2$ und $q = 4$ in D einsetzen:

$$D = \left(\frac{p}{2}\right)^2 - q = \left(\frac{-2}{2}\right)^2 - 4 = 1 - 4 = -3 < 0$$

Abschlussprüfung 2023

Um dir die Prüfung 2023 schnellstmöglich zur Verfügung stellen zu können, bringen wir sie in digitaler Form heraus.

Sobald die Original-Prüfungsaufgaben 2023 zur Veröffentlichung freigegeben sind, können sie als PDF auf der Plattform **MyStark** heruntergeladen werden (Zugangscode vgl. Umschlaginnenseite).

Aktuelle Prüfung

www.stark-verlag.de/mystark